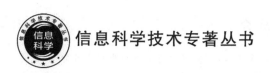

信息科学技术专著丛书

基于人工智能的测试用例
自动生成与测试用例集优化

邢　颖　宫云战　于秀丽　著

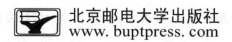

北京邮电大学出版社
www.buptpress.com

内 容 简 介

作为软件测试(包括白盒测试和黑盒测试)中的一个基本问题,测试用例自动生成尤为重要,这是因为白盒测试中的许多问题(如控制流测试和数据流测试)以及黑盒测试中的一些问题都可以归结为测试用例生成问题。解决这个问题的本质在于约束系统的建立和求解。约束求解是人工智能的一个传统研究方向。本书将系统地研究如何进行软件系统的约束建模和求解,利用人工智能的各种技术,对一些特殊情况(复杂数据类型、线性约束的区间初始化、库函数等)给出切实可行的解决方案。

提升回归测试效率的一个重要方法是对测试用例集进行优化,目前常见的优化方法有 3 种,分别是测试用例集约简、选择和优先级排序。这 3 种方法分别适用于不同的场景,本书主要关注测试用例集约简和测试用例优先级排序,通过对相关问题和已有方法的调研,将现在应用比较广泛的人工智能中的群智能算法和一些进化算法引入测试用例集优化问题中,提出新的测试用例集约简和测试用例优先级排序技术。

本书的主要读者对象为软件工程研究者和从业人员。

图书在版编目(CIP)数据

基于人工智能的测试用例自动生成与测试用例集优化/邢颖,宫云战,于秀丽著 . --北京:北京邮电大学出版社,2022.12(2024.9重印)

ISBN 978-7-5635-6670-9

Ⅰ.①基… Ⅱ.①邢…②宫…③于… Ⅲ.①软件—测试—研究 Ⅳ.①TP311.55

中国版本图书馆 CIP 数据核字(2022)第 115633 号

策划编辑:彭 楠 责任编辑:刘春棠 责任校对:张会良 封面设计:七星博纳

出版发行:北京邮电大学出版社
社 址:北京市海淀区西土城路 10 号
邮政编码:100876
发 行 部:电话:010-62282185 传真:010-62283578
E-mail:publish@bupt.edu.cn
经 销:各地新华书店
印 刷:保定市中画美凯印刷有限公司
开 本:787 mm×1 092 mm 1/16
印 张:14.5
字 数:333 千字
版 次:2022 年 12 月第 1 版
印 次:2024 年 9 月第 2 次印刷

ISBN 978-7-5635-6670-9 定 价:68.00 元

前　言

随着计算机技术的飞速发展,计算机已经应用到国民经济和社会生活的方方面面,随之而来的是计算机系统的规模和复杂性急剧增加。软件作为计算机系统的灵魂,其规模和复杂性也以惊人的速度发生着变化。软件质量问题已成为制约计算机发展的主要因素之一。许多计算机科学家在展望计算机科学发展方向和策略时,都把提高软件质量放在优先于提高软件功能和性能的地位。

一些常见操作系统的代码达到百万行乃至上千万行,而大规模软件中的缺陷更是难以避免。据统计,在编译和传统的软件测试之后,平均每千行软件代码中包含 10～20 个缺陷。由软件缺陷引起的失效和故障轻则给用户带来不便,重则造成巨大的经济损失,甚至生命财产损失。

虽然已经出现了实用的形式化方法和程序正确性证明技术,但软件测试在今后较长时间内仍将是保障软件质量的重要手段。软件测试在整个软件开发周期中所占比重很大,据统计,软件测试的开销占所有开发成本的 50％,甚至更多。单元测试作为软件测试中的重要环节,是指对软件中的基本组成单位进行测试,其目的就是完整检测代码单元的功能逻辑,找出代码单元本身的所有功能逻辑错误。单纯的人工单元测试通常会花费大量的人力和时间,且不能保证准确性。对于上述提到的大规模软件来说,人工测试几乎是不可能的。而测试用例自动生成技术可以节省测试时间,拓展测试人员的能力,降低开发成本,在软件测试领域发挥着不可替代的作用。

在软件测试开始时,测试用例生成器可能会自动生成大量测试用例。同时,在开发的过程中,软件的代码会不断改进和增加,因此需要执行其测试用例来检查新代码中是否产生了错误。软件开发人员可以通过删除冗余测试用例来减小测试用例集大小,或者通过排序的方法将检测出故障可能性大的测试用例率先运行,同时仍然确保满足所有测试要求,这样测试效率可能会更高,并且测试的有效性也不会受到损害。

本书作者及其团队一直致力于软件测试方面的研究,在本书所涉及的软件测试和人工智能相关方面做了大量研究,为本书研究工作的开展奠定了扎实的学术研究基础。作者之前曾经出版过关注程序分析的专著《源代码分析》(科学出版社,2018 年出版)。比较而言,《源代码分析》更加侧重程序分析和软件工程本身,而本书更加偏重各种人工智能技术在其中的应用,即关注学科交叉的内容。而在此学科交叉领域,本书是国内外第一本如此细致地介绍测试用例相关内容的书籍,因而具有创新性和启发性。

感谢王兴德和王启明在本书撰写过程中给予的大力支持,感谢张旭舟、张博、白玉、徐健豪、李晋忠等对本书内容所作的贡献。

限于作者水平,书中难免存在不足之处,敬请读者批评指正。

作 者

2022 年 2 月

目　　录

第 1 章

软件测试

1.1 软件系统开发的可靠性问题

在 20 世纪 70 年代以前,软件对于大多数人来说,还是个新鲜名词。人们只能在政府机构、科研院所、军事机构以及大型企业里才能看到体积庞大、操作复杂的大型计算机以及运行在它们之上的软件系统。从 70 年代末开始,以微软和 IBM 为代表的软件、硬件厂商将计算机带进了人们的日常生活。从那以后,软件的发展可谓日新月异,迅速渗透到各个行业。时至今日,软件在我们的日常生活中已经司空见惯,PC、笔记本计算机、平板电脑、智能手机等,无一不是以软件为基础的。小到肉眼难以看清的微型芯片,大到关系国家安全的国防军事工业,软件都按照人们既定的设计,支撑着这个世界的运转。

今天在世界各地,软件都太重要了。一旦软件出现故障,就会造成损失,甚至是灾难。2007 年 11 月 11 日,美国洛杉矶国际机场海关的计算机发生故障,导致 60 多个航班受到影响,2 万多名旅客滞留在飞机上和候机楼,无法入关,14 个小时后计算机故障才得到解决。EDS 是美国著名的电子数据系统公司,英国国内收入局曾选择该公司为其设计内部计算机系统。2004 年,由于该公司设计的计算机系统不完善,英国税收抵免陷入混乱,造成 10 亿英镑的损失。在中国,也不乏软件缺陷造成重大损失的例子。2011 年,号称"全球最大的中文 IT 社区"的网站 csdn. net 被黑客入侵,众多该网站用户的登录信息被黑客打包上传到互联网上。由于现在很多互联网用户在多个网站使用同样的用户名和密码,他们不得不去更改其他网站的密码。而 csdn. net 将用户密码用明文的形式存储于数据库,也被业内人士嘲笑为"极其不专业和不负责任"。

软件如此重要,软件缺陷造成的影响如此重大,因此保证软件质量就显得尤为关键。软件测试,作为保证软件质量最常用的手段[1],被很多公司和机构采用。微软公司的测试人员和开发人员的比例一般为 1∶1[2],而在 Windows 2000 开发团队中,有 1 800 名测试人员,900 名开发人员,测试人员和开发人员的比例达到了 2∶1。在谷歌公司,测试人员和开发人员的比例一般为 1∶10。微软和谷歌两家公司测试人员和开发人员的比例差距如此之大,原因是:在微软,工作量巨大的单元测试工作是由测试人员完成的;而在谷歌,单元测试则是开发人员的职责。在国内的龙头企业阿里巴巴,测试人员和开发人员的比例大致为 1∶4,而在其子公司蚂蚁金服,由于涉及对安全性要求更高的互联网金融行业,其测试人员和开发人员的比例达到了 1∶3,且还有逐年递增的趋势。

就像制造行业每一道工序后都有质检过程一样,软件开发的每一个阶段都有对应的测试环节。以传统软件开发常用的模型为例,软件的开发过程被分为需求分析、概要设计、详细设计、编码阶段。与之对应,软件测试被分为单元测试、集成测试、系统测试、验收测试[3]。而在一些要求更高的系统中,还会涉及性能测试、压力测试、容量测试、兼容性测试、安全性测试等。在这一系列的测试中,单元测试是最低级别的测试活动,它的目的是检测程序模块有无故障存在。也就是说,在基础的测试阶段,不是把程序作为一个整体来测试,而是集中精力测试程序中较小的结构块,以便发现并纠正模块内部的故障[4]。通过单元测试的程序,能够确保每一个模块正确运行,后续的测试如集成测试、系统测试等都是在每个模块能正确运行的基础之上进行的。因此,单元测试是耗时最多、发现问题最早也最多、修复问题成本最低的测试。

软件测试是伴随着软件的产生而产生的,在早期的软件开发过程中,由于软件规模小、复杂度低,也没有形成通用的开发模型,人们通常把软件测试等同于调试,这部分工作常常由开发人员自己完成。

到了 20 世纪 80 年代初期,软件进入了快速发展阶段,软件向大型化、复杂化方向发展[5]。这时,一些软件测试的基础理论和实用技术开始形成,软件测试进入了正规化、结构化的阶段。这个阶段的测试是以人工测试为主,人工编写测试用例,人工执行测试用例,人工统计测试结果。人工测试有一个优势——人的思维。对于一些逻辑性很强的软件,人可以在测试的过程中从不同的角度来思考问题,使得设计的测试用例能更好地覆盖软件的功能。

然而,人工测试的代价也是高昂的。测试会遇到许多重复性的工作,重复完成同一项工作,被很多人视为没有价值或者没有挑战的工作。现代软件的规模决定了测试工作量巨大,测试人员在长时间的工作后,会出现疲劳、注意力下降等情况,这不仅导致工作效率下降,也容易导致错误产生[6]。

而自动化测试可以弥补上述缺陷,程序按照人们的设定有条不紊地运行,完成测试工作,它不会觉得重复的工作毫无挑战,也不会因为连续运行数小时而降低精度、产生错误。因此,自动化测试是软件测试发展到一定阶段的必然产物,是软件测试发展的方向。和人工测试相比,自动化测试的优势显而易见,例如,它能够提高测试效率和降低测试成本,将重复性测试独立出来。自动实现快速的回归测试可以避免人工测试容易犯的错测、漏测、多测等错误,模拟人工测试几乎无法办到的多用户并发场景[7]。

1.2 回归测试的必要性

软件测试的关键是测试用例的设计,好的用例设计策略能用较少的用例覆盖更多的功能点,发现更多的缺陷。因此,自动化测试的关键是要自动地生成好的测试用例,至于测试的执行,只是带着测试用例运行程序而已。

测试用例的设计从来都不是一件简单的事,它需要达到一定的目标。例如,在阿里巴巴公司 Java 工程的测试中,衡量测试用例好坏的标准就有类覆盖率、方法覆盖率、行覆盖率、分支覆盖率等。在不同类型的工程中,各种覆盖率的要求也不一样。这就要求在设计测试用例时要有一定的策略。类覆盖和方法覆盖比较简单,只需要调用该类里面的方法,就算覆盖到了该类及其中的方法。但是,语句覆盖、分支覆盖等要达到一个比较高的覆盖率,就需要在设计测试用例时,能以程序内部结构,特别是分支语句为依据。当然,怎样根据程序的内部结构来设计测试用例,正是测试用例自动生成领域主要的研究内容。近年来,在这个领域已经有一些较为成熟的算法,它们都有各自适用的场景。比较常见的算法有以下几种。

1. 基于随机算法的测试用例自动生成

该算法由 Hamlet 在 1994 年提出[8],它的基本思想是使用程序输入域上随机产生的数据生成测试用例,将生成的测试用例代入待测程序,检测测试目标是否被覆盖。该算法没有任何的反馈机制,它的优点就是简单,生成测试用例的效率高,由于数据是随机生成的,能较好地避免测试人员的主观因素。当然,由于完全随机,它生成的测试用例覆盖率低,还有较多的无效用例。

2. 基于遗传算法的测试用例自动生成

该算法是一种启发性或者说有反馈机制的算法,由 Jones 在 1995 年首次提出[9]。它实际上是在随机生成用例的基础上,去除不满足约束的测试用例,保留满足约束的用例(次优解),再以次优解为基础,重复这个过程,直到找到最优解。最后得到的测试用例是适合测试环境的最优测试用例。这种算法和随机算法相比,复杂度有所增加,但是生成的测试用例质量(包括覆盖率和执行时间两个方面)明显提高。该算法在开始阶段由于数据量大,能产生大量次优解,然而随着算法的进行,符合要求的次优解越来越少,算法会遇到瓶颈,所以该算法"重大体而不重精确解"。

3. 基于蚁群算法的测试用例自动生成

该算法是 Mcminn 等人将 Dorigo 等人提出的仿生寻优启发式算法引入测试用例生成领域的[10]。该算法先把需要求解的约束抽象为一张有向图 G,把寻找最优解的过程看作一只"蚂蚁"在 G 中移动,移动的过程中不断获取和释放信息(获取的信息如一个变量的取值范围等,释放的信息如是否已经覆盖到目标元素等),最终找到满足约束的解。该算法和遗传算法相比,是一个增强的学习系统,能够更好地利用程序本来的信息,但是由于需要"不断学习",所以在初期,信息相对匮乏,算法效率偏低,而一旦形成了一定量的信息积累,算法效率将会显著提高。

当然,除了上面所列的 3 种算法,还有其他的算法也在近年被提出,用于测试用例自动生成。这些算法各有优劣,共同服务于测试用例自动生成领域。

1.3 单元测试概述

单元测试通常是由开发者编写一小段代码,用这段代码检测被测代码的一个很小、很明确的功能是否正常[11]。通常情况下一个单元测试是用于判断某个特定条件下特定函数的行为的,通过执行单元测试,证明某段代码的行为是否和开发者期望的一致。

单元测试是软件测试的早期阶段,它的主要测试对象是函数,主要方法是对被测代码中的控制结构和处理过程进行分析,检查程序的功能是否正常,最主要的检查对象包括语句结构、分支和循环等[12]。由于需要对被测程序的代码进行分析,因此单元测试的代价往往比较高昂。在实际有需求进行单元测试的项目中,人工测试仍然是最主要的单元测试方法,如执行手动设计的单元测试用例、找同事进行代码复审等都是常用的方法。然而,这部分工作相当烦琐,特别是在大型项目中,由于代码量巨大,单元测试的工作量相当大。像人工测试或者代码复审这些传统的方法,对设计测试用例或者审查代码的人要求都比较高,不仅需要他们具有很高的代码水平和测试经验,而且要求他们有耐心。所以,随着软件规模的不断发展,自动化是进行单元测试的迫切需求[13]。

自动化测试虽然能克服人工测试低效和易错的缺点,但是难以很好地实现,原因是被测代码复杂多样,几乎不存在一个通用的解决方法。

1.4 静态测试与动态测试

对程序进行单元测试时,根据是否需要执行被测程序分为动态测试和静态测试。动态测试需要实际执行程序用以收集信息进而生成测试用例,然而动态测试随机选取初值以及执行程序时的不确定性使得程序产生大量迭代,甚至产生溢出。静态测试不实际运行程序,而是通过静态分析和模拟的手段来生成测试用例,开销更小,是测试领域的一个重要分支。

动态测试是由 Webb Miller 和 David L. Spooner 在 1976 年针对浮点型的测试用例生成问题提出的方法。该方法需要反复执行被测程序,并收集程序信息,判断当前特定的测试需求,依据检查运行结果来指导之后的程序分析和用例生成工作。动态测试相比于静态测试具有一定优势,这是因为程序运行时各个输入变量的值就已经确定。然而由于赋值的随机性和试探性的搜索导致的不确定性,动态测试不能保证一定能为存在解的约束集合找到解。

静态测试不实际运行程序,而是通过静态分析和模拟的手段来生成测试用例。这种方法对被测程序语法、结构、接口等结构进行解析后,用符号变量代替实际变量去执行一条程序路径并提取出这条路径上所有需要满足的约束条件,最后通过求解约束满足问题即约束求解器来生成满足这些约束的测试用例。一般来讲,静态分析技术采用"保守的"分析,并且得到的结果也是可靠的。常用的静态分析技术有以下几种。

1. 符号分析技术

符号分析技术是指用符号变量而不是实际的程序变量去模拟程序的执行过程,即生成用例的过程中并不去实际执行程序。符号分析技术在 20 世纪 70 年代被引入程序分析领域[14],其认为赋值语句是符号分析的参数条件,条件语句则是符号值的约束系统。符号执行包括前向替换和后向替换。前向替换更符合程序真实的自顶向下的执行过程,通过判断路径中的谓词从而得到路径上的约束。后向替换则是从程序出口依次向前替换。

符号分析理论主要面向变量间的现行关联问题求解,而不讨论变量间的逻辑关联。符号分析能够精确地分析程序的行为,并在遍历数据流的过程中对所有变量在任何可达路径下的可能取值进行计算,提供保守的分析结果。但是当程序中包含结构体、数组、字符串、库函数等较为复杂的数据结构或约束形式时,为其生成相应的符号是一项比较困难的工作。本书第 5 章介绍的库函数约束求解模型即可较好地处理包含库函数的约束,为其输入参数生成用例。

2. 区间抽象和区间运算

抽象解释是一种程序行为的逼近理论,用于不同抽象级来逼近程序的形式语义[15]。它的主要思想就是把程序的语义计算替换为抽象域的计算,抽象执行的结果能够反映程序的实际运行情况。在程序分析过程中,程序的状态集合是由抽象域中的域元素来近似的,而程序的动作语义(如判断、赋值、循环等)则由抽象域中的域操作进行建模。区间抽象域(interval domain)是对程序中变量的取值范围进行的区间抽象,它忽略了变量之间的关系,认为变量之间是相互独立的,即区间抽象是一种非关联的抽象。区间运算就是用区间集合代替具体数值的数学方法,它可以更加保守地描述变量的可能性取值。区间运算由 Burkill 和 Young 提出,Moore 将区间运算运用到数值分析领域求解舍入误差。在后来的发展中,区间运算被越来越多地运用到科学计算、工程计算领域。为了提高软件测试精度并保证测试结果是可靠的,区间运算被应用到软件测试领域。

1.5　黑盒测试和白盒测试

软件测试从不同的角度有不同的分类,不同的分类有不同的测试方法。一般来讲,根据是否分析程序内部结构或逻辑,软件测试可以分为黑盒测试和白盒测试。

1. 黑盒测试

黑盒测试也被称为功能测试或基于规格说明的测试,它是一种从软件外部对软件实施的测试,目的是尽可能发现软件的外部行为错误[4]。对于采用黑盒测试相关方法的测试人员来讲,被测程序被看作一个打不开的黑盒,内部的逻辑完全不可见,它只是从输入定义域到输出值域的映射。

在使用黑盒测试方法时,测试人员根据软件规格说明对软件功能、性能、安全性、兼容性等指标进行测试,目的是检测出软件已有的或者潜在的错误,从而保证软件的质量。如果希望采用黑盒测试检测出软件程序中的所有故障,就要对程序进行穷举测试。然而在实际工程中,穷举测试常常是不切实际的。常用的黑盒测试方法有以下几种。

(1)划分等价类

等价类划分法将程序所有可能的输入数据(有效的和无效的)划分成若干个等价类,从每个部分中选取具有代表性的数据当作测试用例进行合理的分类,测试用例由有效等价类和无效等价类的代表组成,从而保证测试用例具有完整性和代表性。等价类是输入域中互不相交的子集,所有等价类的并集便是整个输入域[4]。划分等价类的测试方法具有测试完备性,可以避免生成冗余的测试用例。

(2)边界值分析法

大量的软件测试实践表明,故障往往出现在定义域或值域的边界上,而不是在其内部[3]。程序的边界是一种特殊的情况,应用边界值分析法设计测试用例时需要先确定边界情况,再找出合适的边界,针对问题的输入域、边界值条件等细致地进行考虑。

(3)因果图法

因果图法运用简单的直线、节点和逻辑符号表示原因、结果及其联系。因果图法帮助测试人员按照一定步骤,检测被测程序输入条件的各种组合情况,从而高效而全面地开发测试用例。由于它可以将自然语言转化为严格的形式化规格语言,因此可以指出规格说明中存在的不完整性和二义性[4]。

(4)决策表法

决策表将作为条件的所有输入及其各种组合值以及对应输出值均罗列出来,形式简明并且可以避免遗漏。由于决策表可以将复杂的问题按照各种情况列举出来,因此可以设计出完整的测试用例集合[3],但其工作量在几种方法中是最大的。

2. 白盒测试

白盒测试一般用于分析程序的内部结构,因此又称白盒测试为结构测试或基于程序的测试。白盒测试不再将被测程序当作一个不透明的盒子,而要分析其内部逻辑,并达到一定程度的覆盖以判断软件测试的充分性。

白盒测试分为面向程序结构的控制流测试和面向变量的数据流测试。一般情况下,用控制流图中的路径描述程序运行过程。常用的控制流覆盖准则及覆盖测试的标准有语句覆盖、分支覆盖、谓词覆盖以及路径覆盖准则,通过对测试用例在以上测试准则的覆盖率统计来检测测试的完备性。数据流测试则用于测试用例定义和使用的正确性,其常用的覆盖准则有定义覆盖测试准则、引用覆盖测试准则、定义-引用覆盖准则等[4]。

除了以上的覆盖准则外,程序插装也是白盒测试的一个基本测试手段,它通过在被测程序中插入操作来实现测试目的,如统计覆盖信息、断言证实运行特性等。

1.6 基于路径和覆盖率的测试

软件测试中的控制流和数据流测试等问题都可以归结为面向路径的测试用例生成问题。该问题可以描述为:给定一个程序 P 和 P 中一条路径 w,设 P 的输入空间为 D,求 x,使得 P 以 x 为输入运行,所经过的路径为 w。求解面向路径的测试用例生成问题归根到底是一个约束满足问题(Constraint Satisfaction Problem,CSP),即怎样使得生成的用例满足当前路径 w 上的所有约束。

约束满足问题的求解往往结合使用推理和搜索方法[16]。推理技术本质上是一个问题等价转换技术,即将问题转化为一个更易于求解且与原问题等价的问题;搜索技术则是指在所有变量的当前值域中寻找问题的解。一般来讲,传统搜索算法的搜索空间非常庞大,因而求解算法效率较低。一致性技术(包括弧一致性、路径一致性等)的出现使得求解约束满足问题的效率得到很大提升。在使用搜索算法求解一个约束满足问题时,通常需要使用启发式算法帮助做一些决定,例如,选取哪一个变量进行赋值或者该给某个变量赋何值等[16]。

测试是否完整需要一个判定标准,覆盖率就是判定测试完备性的一个重要指标。判定一个面向路径生成的测试用例是否满足路径上的约束,就要检测该用例是否覆盖了其目标元素;判定一组面向路径生成的测试用例是不是此组约束集合的解,就要检测该组用例是否覆盖这条路径上的所有目标元素。假设测试完成后,当前用例已经覆盖的目标元素个数为 t,路径上所有目标元素的个数为 T,那么当前用例的覆盖率为

$$p = \frac{t}{T} \times 100\% \tag{1-1}$$

由此可见,覆盖率与目标覆盖元素个数相关,而目标覆盖元素的确定则与覆盖准则相关。一组优秀的测试用例就是用最少的用例去覆盖最多的目标元素。100%覆盖率是软件测试追求的目标,然而这个目标在实际工程中却很难达到,主要有以下几个原因。

1. 程序本身存在不可达路径

不可达路径就是指无论为变量在其输入域中取何值均不能满足此条路径中某个或某些约束。为不可达路径生成用例或者生成失败,即选值失败,或者随机生成不满足约束要求的任意用例,使得程序中的某些代码或目标元素无法被覆盖。

2. 程序存在死码

程序死码表示在系统实现阶段,由于设计问题,程序存在一些永远不会被执行的代码,因此在生成用例阶段有一些目标元素可能永远不会被覆盖,最终影响覆盖率。

3. 测试用例有遗漏

在用例设计阶段,由于测试人员疏漏或者约束求解系统存在的缺陷,生成的测试用例不够完备,不能覆盖所有目标元素,覆盖率不能达到100%。

虽然达到100%的覆盖率是所有软件测试活动追求的目标,但是我们还必须考虑到现实情况中各种条件的限制,用最小的代价完成最完备的测试。因此在软件测试阶段,各个公司、测试项目等需要根据自己的需求和实际情况制定最合适的覆盖准则和测试标准。

1.7 约束求解问题

为指定的程序路径自动生成测试用例是软件单元测试的一个基本问题。解决该问题的一个难点是为路径中的约束建立一个系统并且求解[17],这就是人工智能中的一个传统问题——约束求解问题。在数学上,约束求解问题被定义为一个对象的集合的状态必须满足一些约束或者限制。而在面向路径的单元测试中,约束求解的含义是把该路径中所有的约束提取出来,组成一个约束系统,通过一定的算法,找到一组特定的值,使得这一组值能够满足约束系统中的每一个约束。

随机法是最直观、最简单的算法,不管是什么约束,它都随机地为约束中的变量选值。也不管选出的值是否符合约束,甚至都不管选出来的值对约束来说是不是一个合法的取值,例如,对于条件语句"if($\log(x)>0$)",随机法可能给 x 的值是一个负数。

而其他的算法和随机算法相比,都加入了一些反馈的机制和利用被测代码本来信息的机制。例如,对于条件语句"if($x>5$)",这些算法在经历了初始几次的取值都小于5的失败后,可能就会感知到也许 x 的取值应该大于5。

总之,这些算法的作用就是找到一个合适的机制,来求解路径中的约束,达到生成的测试用例能满足约束的目的。

1.8 代码测试系统

代码测试系统(Code Testing System,CTS)是一款面向 C 语言的自动化单元测试工具。CTS 支持多种覆盖准则,通过静态分析技术对被测试单元自动生成测试用例,同时动态执行测试用例并统计代码覆盖率;支持代码度量、故障定位以及回归测试。CTS 的自动生成测试用例、回归测试以及故障定位等功能可以大大提高测试效率,提高测试的完整性。CTS 的总体框架如图 1-1 所示。

1. 程序预处理

这一阶段主要是扫描被测程序,对被测文件进行模块划分,划分出测试单元,生成驱

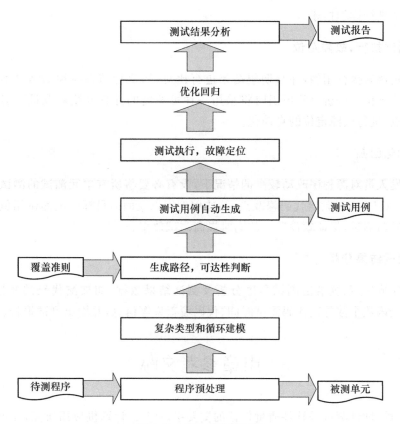

图 1-1　CTS 的总体框架

动文件,进行软件度量从而统计被测程序信息,同时生成抽象语法树以便程序的后续分析、建模、生成路径以及生成测试用例等工作的进行。

2. 复杂类型和循环建模

被测程序中可能存在结构体、数组等复杂的数据结构以及循环等较为复杂的控制结构,因此需要对这些结构做特殊建模处理以便生成合适的符号进行处理。

3. 生成路径,可达性判定

根据预处理阶段生成的抽象语法树、程序控制流图以及符号执行结果,按照输入的覆盖准则,确定目标覆盖元素,调用区间运算筛选出不可达路径并最终确定可达的路径集合。本书也将给出一些路径可达性判定策略。

4. 测试用例自动生成

测试用例自动生成是整个系统的核心模块,在上一阶段生成可达路径的基础上,通过路径约束表达式的提取和约束求解,运用分支限界及其加速算法生成测试用例。本书将围绕测试用例自动生成问题,基于区间运算对分支限界的加速技术和策略进行研究,并在下文中进行详细描述。

5．测试执行，故障定位

生成用例后执行用例，并与期望结果进行比对，当执行结果与预期结果不一致时可以进行故障定位。分析故障原因时将采用一种可疑度的计算方法获取最可能发生故障的边和节点，进行故障定位的自动化。

6．优化回归

在开发人员对源程序改动较少的情况下，没有必要将所有单元测试的测试用例进行回归测试。CTS通过判定代码修改点、筛选用例库以及面向目标生成测试用例等手段进行选择性回归测试，保证软件质量的同时提高测试效率。

7．测试结果分析

测试完成后，系统给出测试程序分析及测试结果数据，如被测代码的属性（代码行数、注释率、函数个数等）、代码测试时间、代码覆盖率等信息，并输出测试报告。

本章参考文献

[1] 牟光灿. 软件测试是软件质量保证的重要手段[J]. 计算机应用研究，1997，14(2)：3-5.

[2] Google v；microsoft，and the dev；test ratio debate [EB/OL]. (2008-12-09) [2015-05-06]. https：//docs. microsoft. com/en-us/archive/blogs/james _ whittaker/google-v-microsoft-and-the-devtest-ratio-debate.

[3] 曾凡晋. 浅议软件测试领域V模型与X模型[J]. 邢台职业技术学院学报，2009，26(1)：72-74.

[4] 宫云战. 软件测试教程[M]. 北京：机械工业出版社，2008：4-5.

[5] 凌川，汤洪. 论软件的可维护性设计[J]. 科技信息，2012(14)：216-216.

[6] 金虎. 自动化软件测试技术研究[D]. 成都：四川大学，2006.

[7] 吴显光. 软件自动化测试[J]. 中国新通信，2012，14(14)：67-69.

[8] HAMLET R. Random testing[M]. New York：Wiley，1994.

[9] Jones B F，Sthamer H H，Eyres D E. Automatic structural testing using genetic algorithms[J]. Software Engineering Journal，1996，11(5)：299-306.

[10] McMinn P，Holcombe M. The state problem for evolutionary testing[C]//Genetic and Evolutionary Computation-GECCO 2003. Springer Berlin Heidelberg，2003：2488-2498.

[11] 陈站华. 软件单元测试[J]. 无线电通信技术，2003，29(5)：50-51.

［12］ 严俊，郭涛，阮辉，等.JUTA：一个 Java 自动化单元测试工具［J］.计算机研究与
发展，2010(10)：1840-1848.

［13］ guoguo6138. Interview Questions for QA Tester（Software Tester）［EB/OL］.（2002-
01-09)［2015-05-06］.https：//blog.csdn.net/guoguo6138/article/details/6753339.

［14］ 邢颖.测试用例自动生成的分支限界算法及研究［D］.北京：北京邮电大学，2014.

［15］ 曾勇军，王清贤，奚琪.基于抽象区间域的数组边界检查技术［C］//计算机研究
新进展（2010）——河南省计算机学会 2010 年学术年会论文集，2010.

［16］ 郭劲松.约束满足问题(CSP)的求解技术研究［D］.长春：吉林大学，2013.

［17］ 单锦辉，王戟，齐治昌.面向路径的测试数据自动生成方法述评［J］.电子学报，
2004，32(1)：109-113.

第 2 章
测试用例自动生成技术

因为面向路径的测试用例生成的本质在于求解约束系统,所以研究人员对于基于约束求解的测试用例生成做了大量研究。面向路径的测试用例生成技术从 20 世纪 70 年代开始发展,在研究中逐渐形成了 3 种主要的方法:基于符号执行和区间运算的静态方法[1-4]、基于程序实际执行的动态方法[5-7]和基于动态符号执行(动静结合)的方法[8-11]。静态方法不实际运行程序,通过静态分析和模拟的手段来生成测试用例,开销较小,是测试领域的一个重要分支。动态方法初始值的随机性以及动态执行的不确定性,经常会导致大量的迭代,甚至会产生迭代溢出。动静结合的方法在 2005 年开始提出。这种方法动态执行被测程序,并在这个过程中进行静态符号分析,收集路径约束,用具体执行的结果取代符号分析难以处理的符号表达式,从而使得符号分析得到的路径约束易于求解。近 10 年来这种方法得到了改进,但是仍然存在着一些问题。

2.1　静态测试用例自动生成方法

静态测试用例生成方法最早提出于 20 世纪 70 年代,这种方法首先对被测程序进行解析,然后用符号变量代替实际变量执行一条程序路径,并提取出执行这条路径要满足的约束条件,最后通过约束求解器对这些条件进行求解来得出满足这些路径约束的测试用例[2]。

2.1.1　常用的静态分析技术

静态分析技术的发展要早于静态测试用例生成技术,从 20 世纪 50 年代就已经开始发展,到现在无论是在工程应用还是理论研究方面都取得了长足的进步。静态分析技术采用"保守的"分析,得到的结果是可靠的(sound),通常是真实程序语义的超集。从静态分析领域的顶级期刊、会议的研究方向来看,该领域包括以下一些常用的技术和热点。

1. 基于抽象解释的数据流分析技术

Rice 定理表明,静态分析无法做到分析程序的所有非平凡属性,所以程序分析工具在分析过程中需要某种程度上的抽象,把无法分析的或较复杂的"具体"程序属性转化成可分析的或相对简单的"抽象"属性[2],从而在满足某种"保守性"的前提下完成原本"不可能完成的任务"。

抽象解释是 P. Cousot[12-16] 和 R. Cousot[16-18] 最先提出的一种针对计算机系统语义模型的近似理论。抽象解释的主要思想就是把实际程序语义的计算替换为抽象域上的计算,而抽象执行的结果能部分反映程序的实际运行信息。抽象域是来自抽象解释理论的一个重要概念,它包括一个特定类别的、计算机可以表示的对象(域)集合和用来操作这些对象的操作(域操作)集合。在程序分析中,程序的状态集合是通过抽象域中的域元素来近似的,而程序的动作语义,包括条件判断、赋值、循环等,则通过抽象域中的域操作建模。例如,区间抽象域把程序中某执行位置处变量取值抽象为离散区间,使用区间运算模拟变量间的各种运算,从而分析得到该位置处变量的取值范围[17]。

在计算机科学中,抽象解释基于有序集尤其是格上的单调函数,是计算机程序语义的可靠逼近理论。抽象解释在本质上是在计算的效率和精度之间寻求平衡,先通过损失计算精度来减少计算代价,再通过迭代增强精度。抽象解释在软件领域的主要应用是形式静态分析和程序可能执行信息的自动提取。在满足一定约束的条件下,抽象解释能保证分析的正确性、安全性和可计算性。对象域抽象、伽罗瓦链接(Galois connection)和完备格上的加宽(widening)算子以及收窄(narrowing)算子是抽象解释理论的基本概念[13]。

作者所在项目组 CTS 所依赖的静态分析技术也是基于抽象解释的,目前已经在程序的静态分析方面做了大量工作并取得了很好的效果。项目组在抽象理论的基础上,扩展了经典的区间抽象,首先提出区间集的概念,定义了新的数值型区间集代数、引用型及布尔型代数,给出了统一的变量值范围分析方法 RABAI,并引入加宽算子计算循环体变量取值范围,对过程参数定义了特殊的未定义取值(undefined),采用函数摘要计算过程调用对上下文状态的影响[19,20]。这个方法能压缩变量取值空间,并有效地检测出程序中的矛盾语句节点和不可达路径。本书基于上述理论,依据抽象解释的不动点理论对区间运算技术进行了迭代优化,提高了对于不可达路径的预判和求解约束的精确度。

2. 区间运算

对程序中的变量取值范围进行区间抽象得到区间抽象域(interval domain),区间抽象是一种非关联抽象,即变量之间被认为是互相独立的,所以忽略它们之间存在的关系。区间运算是用区间集合代替具体数值的数学方法,可以更保守地描述一种可能性取值。区间运算由 Burkill[21] 和 Young 提出[22]。此后在他们的研究基础上有了很多后续研究[23,24],其中做出最大贡献的是 Moore[25-28] 的研究。在数值分析领域,Moore 利用区间运算解决了数值计算的可信边界问题,用来计算舍入误差[26]。近些年来,在 Moore 模型的基础上,区间运算也被更多地应用于工程计算、计算科学和金融经济等方面,并涌现出大量关于区间运算的文章和书籍。

区间运算在计算机领域主要用于图形处理和辅助设计等方面。Muder 将区间运算技术应用到计算几何学中[29]。而 Maekawa 基于区间运算提出了一种解决计算几何学中外形分析的方法,这种方法对自动生成自由形态对象很有效[30]。在其他一些研究中,区间运算也在图形处理等方面做出了贡献[31-34]。

为了提高软件测试的精度,同时使测试结果是保守的,区间运算被应用到软件测试领域。Harrison 将区间运算用于编译器分析,对不同语句给出确定的变量取值范围[35]。王志言将区间运算用于约束集求解,但他给出的方法的求解效率无法满足代码规模庞大的实际工程需求[36]。李福川将区间运算引入航天领域的软件测试,通过数值型的区间运算保守地估算数值表达式的可能取值范围[37]。高传平通过区间运算检测数组越界,但只给出了整数数组的模型,对其他数值类型及非数值类型没有进行分析[38]。Ghodratl 通过区间运算限定变量和表达式的取值范围,检验算术表达式的等价性[39]。

区间运算通过静态分析,将路径上所有语句转换成变量表和正则约束式表。变量表保存路径上各语句的定值或引用的全部变量,包括临时变量和常量。正则约束式记录变量之间的约束关系,其形式为 $r=d_1 \text{ op } d_2$,其中 op 是算术运算符、关系运算符或逻辑运算符,d_1 和 d_2 是数值变量或常量。

在基于区间运算的测试用例生成方法中,通过穷举布尔变量值和对参与乘除运算的变量分区间,确定各变量在所有可能情况下的取值范围,再根据正则约束式,用区间削减和区间对分穷举等方法逐渐缩小各变量的取值范围,直至发现问题的解或者发现路径不可达。由于正则约束式的引入,区间运算能够处理复杂的逻辑表达式,以及包含二次函数等的非线性约束。

3. 符号分析

符号分析技术在 20 世纪 70 年代就被引入程序分析领域[1,2,40-42]。符号分析用符号值代替程序变量的值模拟程序执行,也就是说并不实际执行程序。赋值语句被认为是符号分析的参数条件,条件语句被认为是符号值的约束系统。具体来说,符号执行包括前向替换(forward substitution)和后向替换(backward substitution)[41]。前向替换自顶向下依次执行程序语句,通过判断路径中的谓词得到路径约束,这种方法更符合真实的执行过程。后向替换从程序出口向前依次用赋值语句右侧的表达式替换判断语句中相应赋值表达式中被赋值变量,从而得到一个仅包含判断语句的约束集合,这就是目标路径关于输入变量的约束集合。具体的更新过程是:如果在布尔表达式中出现被赋值变量,则直接替换为赋值语句右端的值;若被赋值的是数组成员,还要考虑其下标和布尔表达式中同名数组下标是否相等,是就替换,否就不替换。当数组多层嵌套时,需要为数组标记层次,再从里向外更新。后向替换法无须保存各变量的符号值,但是两种方法得到的约束是一致的。

现有的符号分析理论主要面向变量间的线性关联问题求解[43]，通常对变量间的逻辑关联不讨论。目前比较常见的符号分析工具 GSE[44] 和 jCUTE[45] 等可以将复杂数据类型作为输入，处理多线程复杂逻辑程序。符号分析技术的应用领域很广，包括软件测试、调试与维护、程序验证、故障定位等[46]。

符号分析的基本思想是用抽象的符号表示程序中变量的值并模拟程序执行，所以程序输出是符号表达式。符号分析技术的优势是在不执行被测程序的前提下，使用符号运算静态地模拟程序的实际运行情况。它可以描述程序中变量间的约束关系，发现程序中的不可达路径和分支。具体来说，就是在进行符号分析时，控制流图的分支条件隐含地赋予条件变量以约束，这些约束就是执行相应路径的条件；用代数中的抽象符号处理变量，结合路径约束推理出描述变量之间关系的表达式，并通过该表达式是否矛盾来判断这条路径是否可达。因为它在遍历数据流的过程中对所有变量在任何可达路径下的可能取值进行计算，所以其分析结果是保守的。对于大规模程序的处理，在计算数据流信息时，随着代码行的增加，程序可执行路径数呈指数级增长。为了防止数据爆炸，需要选择性地采用上限阈值等限制策略。

符号分析能精确地分析程序行为，但存在以下缺点：第一，当程序中包含字符串、结构体、数组等复杂数据结构时，为它们生成相应的符号值比较困难；第二，如果被测程序包含很多函数调用，而符号分析需要对程序进行逐句分析，从而消耗大量计算资源，进一步，如果这些函数的代码不可见，也没有相关的函数摘要，则符号分析就无法进行；第三，对于符号分析收集的路径约束进行求解需要一个功能非常强大的约束求解器。

为了减少符号分析的开销，在实际应用中多采用"晚初始化 (lazy-initialization)"方式为变量生成符号，即在符号分析过程中首次访问该变量时才为其生成符号[10]。在本书提出的算法中，为了满足测试用例生成的需要，对符号分析技术进行了修改：不再采用"晚初始化"方式，而是在函数入口处为所有输入参数生成符号，并记录每个符号所代表的输入变量（逆向映射关系），这样在路径的尾节点处可以查看哪些符号代表了输入参数。

4. 程序切片

程序切片技术（program slicing）[47-49] 的应用涵盖了很多方面，如软件维护、程序调试、代码测试、代码理解和逆向工程等。1979 年，Mark Weiser 在他的博士论文中首次提出程序切片的原理及方法。他认为程序切片相当于人们在调试程序时所做的智力抽象，并认为程序 P 的切片 S 是个可执行程序，S 在某个功能属性上与 P 完全等效。根据在分析和理解程序时的不同兴趣点，可以定义不同的切片准则，由此"按需"对源程序进行切片。这种"简化问题、缩小目标范围"的原则使程序切片成为提高静态分析的一个有效方法。

在这之后，出现了许多略有不同的定义和用于计算切片的算法。大体上说，程序切片的发展经历了从静态到动态、从非分布式程序到分布式程序、从前向到后向等几个阶段。S. Horwitz 等人对程序切片的定义[50]是："一个程序切片是由程序中的一些语句和判定表达式组成的集合。这些语句和判定表达式可能会影响在程序的某个位置 p 上所定义的或所使用的变量 v 的值。(p,v) 称为切片准则（slicing criterion）。"

静态切片技术使用静态控制流和数据流分析方法来计算程序切片。该技术所做的分析完全依据程序的静态信息，不对程序输入做任何假设。而动态切片技术使用动态控制流和数据流分析方法，切片的计算过程依赖程序的具体输入。

1991 年，K. B. Gallagher 等人提出分解切片技术[51]，其目的是把程序分解成不同模块。分解切片构成的集合仍是程序切片，它能够捕获程序中对某一变量的所有计算。使用这种技术，可以很直观地判断出可以安全地修改一个模块中哪些语句和变量，即这种修改不会向其他模块扩散，以及不能随意修改哪些语句和变量。

2.1.2　典型的测试用例生成技术

1. 区间削减

1991 年，Demillo 和 Offutt 提出了一种叫作区间削减（domain reduction）的静态分析技术，来进行基于约束的测试用例自动生成[52]。基于约束的测试能够对于测试的目标建立起一个约束系统，而这个约束系统的解能够满足测试目标。作者进行基于约束测试的最初目标是为变异测试生成测试用例。在这个约束系统内，可达性约束（reachability constraints）描述了到达某个特定语句要满足的条件。必要性约束（necessity constraints）描述了杀死一个变异体要满足的条件。区间削减技术尝试在这个系统内进行求解。系统的输入是每个变量的区间，这个区间可以根据变量类型得到，也可以由测试人员指定。区间削减流程主要考虑两类约束：一类是由一个关系运算符、一个变量和一个常数组成的，另一类是由一个关系运算符和两个变量组成的。其余的约束可以通过反向替换进行化简。当无法再进行化简时，就选取区间最小的变量并给它赋一个随机值，这个随机值在系统内进行反向替换，然后就可以对其余变量进行类似操作。如果所有的变量都以这种方式成功地被赋值，则约束系统被满足，否则就重复变量赋值阶段的操作，并希望能够找到新的随机值使约束得到满足。文中提出了一个用于测试用例生成的工具 Godzilla，其结构如图 2-1 所示。

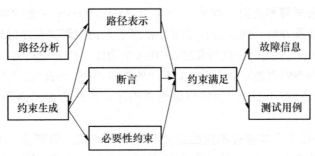

图 2-1　测试用例自动生成工具 Godzilla 的结构

使用基于约束的测试,必须在分析约束前对其进行计算。而这些约束是通过符号分析得到的,所以这个方法也会遇到符号分析的常见问题,如循环和过程调用。于是 Offutt 等人后来又提出了一种叫作动态区间削减(dynamic domain reduction)[53]的方法,试图解决上述问题。虽然叫作动态区间削减,但这个方法并没有实际执行变量的输入,因此仍然属于静态测试用例生成。与文献[52]的区间削减相比,文献[53]中变量的区间是在符号分析阶段根据待覆盖路径中所遇到的谓词"动态"削减的。如果分支谓词涉及变量之间的比较,那么在分支处参与比较的变量的区间就会在某个"分割点"处进行分裂,而不是随机地赋予一个值。例如,有两个输入变量 y 和 z,它们的区间都是[−10,10],如果出现了分支谓词 $y<z$,并且需要覆盖其真分支,那么为了满足条件就会对变量的区间进行分裂,如令 y 的区间为[−10,0], z 的区间为[1,10]。如果以这种方式进行的区间分裂遭遇了死端无法前进,则需要进行回溯操作纠正前面的区间分裂操作。

尽管这种方法试图解决符号分析所带来的问题,但是实际上类似循环之类的问题仍然没有得到解决。而且作者也没有提到对于其他类型变量如何进行区间削减,如枚举类型。总之,动态区间削减使用代数约束来描述测试用例,通过变量区间的比较和阈值的设定进行变量区间的缩减,使用二分搜索方法,但是缺乏启发信息引导搜索的方向。本书方法和动态区间削减有一些相似之处,但是由于 10 多年来静态分析技术的进步,以及本书中大量启发策略的应用,加上 CTS 抽象内存模型对复杂数据类型的支持和动静结合的循环处理模型,本书的方法更加高效和实用。

2. KLEE

2008 年,斯坦福大学的 Cadar 等人开发了一个符号执行工具 KLEE[54],使用了一系列的约束求解优化算法,通过分析约束和变量之间的相关性,将约束表达式划分为相互独立的子集来提高约束求解的效率,从而达到高覆盖率的目标。国防科技大学的李仁见等人[55]提出了一种链表抽象表示方法。该方法根据变量对链表节点的可达性质定义了变量可达向量,采用带计数的变量可达向量集描述链表的形态及数量性质,并定义了基本链表操作的抽象语义。通过简单扩展,该方法可以建模包括环形链表在内的所有单向链表。为了验证该链表抽象方法的正确性,采用 KLEE 作为基本的符号执行器,并对常见链表操作程序的运行时错误、长度相关性质等关键性质进行了分析与验证。

3. 静态单一赋值

Robschink 方法先将程序静态转换成静态单一赋值(Static Single Assignment,SSA)形式,将程序切片与求解路径约束相结合,依据系统依赖图中的路径,确定并简化路径执行的必要条件,然后用约束求解器求解[56]。为了便于采用基于量词消解的约束求解器,该方法要求路径中所有变量都是存在量词。

该方法仅限于算术公式,而求解其他类型的公式则需要用到其他的约束求解技术。另外,该方法所建立的约束系统会很大,因为它需要将被测试的程序(路径上的语句)转换成 SSA,甚至可能包括一些与求解问题无关的变量。该方法对于线性路径约束不是完备的。

4. 基于抽象内存模型的方法

针对复杂数据类型变量的表示和存储问题,本书作者所在的北京邮电大学网络与交换技术国家重点实验室的 CTS 项目组提出了面向测试用例生成的抽象内存模型[57]来存储动态数据类型约束,模拟程序实际语义,可以解决指针的别名、数组的变下标等问题,并支持链表、树、字符串等动态数据类型。该模型的功能包括:①能准确记录在符号执行过程中字符串、复杂结构体和数组变量的状态;②通过对抽象内存模型的操作可以精确模拟指向字符串和复杂结构体的指针操作;③字符串库函数操作可以准确映射到对抽象内存模型的操作;④通过对抽象内存模型的操作可以模拟动态下标对应的数组元素的操作;⑤在符号执行过程中,被测路径的字符串、复杂结构体和数组变量的约束条件被准确记录到抽象内存模型中。

通过开源的约束求解器 Choco,验证了这个模型对于数组、字符串等类型的支持[58-60]。而本书方法正是建立在这个模型基础上的,并开发出具有独立知识产权的测试用例生成工具。

5. 其他方法

C. V. Ramamoorthy 方法将输入变量排好序后,通过将解方程、回溯法和随机法结合起来的方式进行测试用例的求解[41];P. D. Coward 将目标函数定义为各有关变量之和,用线性规划求解线性约束系统[61];Euclide 系统则基于符号执行和数值分析,将约束传播、整数线性松弛和搜索算法结合起来进行约束求解[62]。南京大学的李宣东等人[63]提出面向对象的分层切片方法及其算法,并将其用于分析和理解程序;张健等人用后向替换法建立线性约束系统,用线性规划法进行求解[64]。

2.2 动态测试用例自动生成方法

动态测试用例生成基于程序的实际执行。早在 1976 年,Webb Miller 和 David L. Spooner[65]就提出了这种方法,当时其只针对浮点型的测试用例生成问题。这种方法反复执行被测程序,在执行过程中进行信息的收集,根据这些信息判断对于特定的测试需求,当前输入能够在多大程度上令其得到满足,并依据判断结果指导后面的过程。由于各输入变量的值在程序运行时已经确定,动态法相比于静态法具有一定优势。但是当问题有解时,由于随机性和试探搜索导致的不确定性,动态法不保证一定能找到解。

2.2.1 直线式程序法

Webb Miller 和 David L. Spooner 提出的就是直线式程序法[65]。这种方法将路径上的判断语句进行替换,替换之后都变成了布尔型赋值语句,其形式为 $B=(b_j\geqslant 0)$,$B=(b_j>0)$,$B=(b_j=0)$,其中b_j反映第 j 个分支谓词在多大程度上接近满足。这种方法还使用等价的直线式程序替换路径上的语句。

该方法可用于黑盒测试,能处理一些非线性约束,对被测程序预处理很少。但它要求用户提前提供问题的部分解,即所有整数类型的变量值。该方法对于输入变量无整数限制的线性约束路径是完备的。但由于数值优化过程可能陷入局部极值,故该方法对非线性约束不是完备的。

2.2.2 分支函数极小化法

1990 年,Korel 对 Webb Miller 和 David L. Spooner 的研究进行了扩展,他提出了应用于 Pascal 语言的最具代表性的一种动态方法[5]。该方法先试探性搜索前进方向,再用模式性搜索使分支函数值尽快达到最小,为了尽量减少盲目搜索还采用动态数据流分析技术确定影响分支谓词的变量。该方法最适合处理数值型变量,在搜索过程中可能受限于局部最优解,从而无法找到满足路径约束的测试用例。对于非线性路径约束,该方法只能找到局部极小值,当谓词函数有多个局部极小值时难以找到解。因此,该方法对于非线性路径约束不是完备的。

1992 年 Korel 发表的论文提出了面向目标的方法[66],其中所有的技术都集中在对于某条路径的执行上。之前为了满足某种覆盖准则如语句覆盖,需要首先选出一条覆盖每一个待覆盖元素的路径。而面向目标的方法省去了这个步骤,这是由于该方法依据目标节点,将分支分为 3 类:关键的、半关键的、非必需的。这种分类可以在控制流图上自动进行。

随着研究的深入,这种方法暴露出越来越多的问题,很多研究人员开始尝试其他搜索方法。但是 Korel 方法包括其对于分支函数的定义(如表 2-1 所示)对后来的研究产生了深远的影响,很多方法的分支函数都是对于 Korel 方法的改进。奚红宇等人将该方法用于 Ada 软件的测试用例生成[67]。1996 年,这种方法被扩充为面向目标的链方法[68],链方法被应用于面向断言的测试用例生成[69]和回归测试用例自动生成[70]。

表 2-1 Korel 方法的分支函数定义方法

关系断言	f	rel
$a>b$	$b-a$	$<$
$a\geqslant b$	$b-a$	$\leqslant$
$a<b$	$a-b$	$<$
$a\leqslant b$	$a-b$	$\leqslant$
$a=b$	$\mathrm{abs}(a-b)$	$=$
$a\neq b$	$-\mathrm{abs}(a-b)$	$<$

2.2.3 ADTEST

M. Gallagher 等人开发的 ADTEST[71] 是对于 Korel 的研究在 Ada 语言上的扩展。该方法通过插装程序强制程序以任意一组数据为输入执行路径,插装语句会将各变量和分支谓词的状态返回到测试用例生成器。在执行路径时,该方法对路径上每个分支谓词施加一个指数形式的罚函数,而目标函数定义为各罚函数之和,从而将问题简化为不带约束的数值优化问题。

这种方法支持整型、实型、离散类型以及子程序和异常处理。M. Gallagher 等人用该方法为 6 万行 Ada 程序生成测试用例。采用罚函数后,该方法可以有效处理逻辑运算符。但是为尽早发现不可达路径,每次只考虑一个输入变量或者一个判断谓词,以及回溯和迭代方法的应用,都会导致大量的资源浪费。该方法求解效率比较低,难以处理真实的程序。

2.2.4 迭代松弛法

1998 年,Neelam Gupta 提出了迭代松弛法[72]。该方法引入程序切片思想,任选一组数据输入考察路径上的分支谓词,通过数据流分析确定谓词函数对输入变量的依赖关系,构造谓词片和动态切片,先建立谓词函数关于当前输入的线性算术表示,再建立输入变量的增量线性约束系统,求解约束系统,获得一个输入增量,进而得到下次迭代的输入值,最终产生覆盖路径的测试用例。由于该方法在每次迭代时程序执行次数与路径长度无关,仅受限于变量个数,因此它能够避免 Korel 和 Gallagher 方法中回溯带来的资源浪费。

Neelam Gupta 等人最初采用高斯消去法求解约束系统,如果自由变量取值不合适,则会令线性方程不相容,从而需要重新试探新的取值。后来,他们提出了用最小二乘逐步向可行解逼近[73]。John Edvardsson 等人[74] 指出,对于线性程序路径约束,Gupta 方法是不完备和非终止的。Neelam Gupta 等人将该方法用于分支覆盖的测试用例生成[75]。

国防科技大学的单锦辉等人[76,77] 对 Gupta 方法进行了改进,省略构造谓词片和输入依赖集的过程,任选一组输入运行路径语句,求得路径上各谓词函数的线性算术表示,直接为输入变量建立线性方程系统,求解后直接获得一组新的输入。

2.2.5 MHS 方法

近年来,基于搜索的软件工程(Search-Based Software Engineering,SBSE)[78-80] 受到越来越多的关注,其最重要的特点就是将元搜索(Metaheuristic Search,MHS)方法引入软件工程。而使用 MHS 方法生成测试用例,即基于搜索的软件测试(Search-Based

Software Testing,SBST)[5,81-84]就是 MHS 方法中最重要的应用。

为了便于将一个元搜索方法具体应用于一个问题,需要考虑一些决策机制,例如,如何将潜在的解进行编码从而便于搜索技术的实施。一种好的编码方案能够确保即便未被编码,但是潜在解仍在目前解空间的邻域内。这样搜索将会在具有类似属性的相邻集合内很方便地推进。在推进的过程中,需要对候选解进行评估,通常使用的评估方法是目标函数。根据目标函数的返回值,依据已有的知识和过去候选解提供的启发策略找到更好的解。因此,目标函数的制订对于搜索能否成功至关重要。在某种意义上来说,如果一个解比其他候选解更优,则它就应该具有更好的返回值;反之,如果一个解比其他解更差,则它的返回值也较差。而至于这个更优指的是返回值更大还是更小,取决于搜索是在找目标函数的最大值还是最小值。下面列举了一些比较常见的用于测试用例生成的 MHS 方法。

1. 爬山法

爬山法也叫作逐个修改法、瞎子摸象法,是一个著名的局部搜索算法,也属于一种启发式方法[85-91]。爬山法类似于确定性问题中的一维搜索算法,它采用逐步试探的方法,这个过程类似于在目标函数的曲线上爬山。在这座山上,山峰代表局部最优解,而洼处则代表较差的局部解。在没有启发策略的爬山法中,对当前解的邻域是随机进行评估的,而更好的爬山法则应该通过一定的评估函数来确定下一步的方向,如算法 2-1 所示。

算法 2-1   寻找目标函数最大值的爬山法

1:Select a starting solution $s \in S$

2:Repeat

3:　　Select $s' \in N(s)$ such that obj $\mathrm{obj}(s') > \mathrm{obj}(s)$ according to ascent strategy

4:　　$s \leftarrow s'$

5:Until $\mathrm{obj}(s) \geqslant \mathrm{obj}(s')$, $\forall s' \in N(s)$

算法 2-1 从一个随机选取的初始值开始搜索,对这个初始值的邻域进行评估,检查是否有更好的候选解。如果有,则用更好的候选解替换当前解,同时对于新的当前解的邻域进行评估。如果发现更好的候选解,则继续进行替换,直到再无更好的候选解可以替换当前解。爬山法执行过程简单并能快速给出结果。但是使用爬山法的搜索容易陷入局部极值,而非全局最优解。这种情况说明搜索结束于并非最优解的一个山峰,而放弃了其他解空间的搜索。此时认为邻域内再无比当前解更好的解。由此可见爬山法对于初始值的依赖很严重。对此有一个改进方法,就是选取多个初始值,来尝试不同的搜索空间。

2. 模拟退火算法

该算法的执行过程类似于在热浴槽中冷却某种物质的物理过程(这个物理过程叫作

退火）。该算法最早由 Metropolis 等人[92]提出，后来由 Kirkpatrick 等人[93]发展成为一种搜索方法。模拟退火算法的基本原理类似于爬山法，但是它对于初始值的依赖要弱于爬山法，它对于搜索步骤的约束没那么严格。它接受下一个候选解的概率为 p 并通过下面的公式计算：

$$p = e^{-\frac{\delta}{t}} \tag{2-1}$$

其中，δ 是当前解和邻域内下一个候选解之间的差距，t 是一个叫作温度的控制参数。温度根据冷却规则会冷却下来。一开始，为了能够在搜索空间中较大范围内自由移动，会设置较高的初始温度，在搜索的过程中，温度逐渐冷却。但是如果冷却过快，导致没有足够大的搜索空间被搜索到，则陷入局部极值的概率变大。最小化目标函数的模拟退火算法如算法 2-2 所示。

算法 2-2 模拟退火算法

1：Select a starting solution $s \in S$

2：Select an initial temperature $t > 0$

3：Repeat

4：　　　it←0

5：　　　Repeat

6：　　　　　　Select $s' \in N(s)$ at random

7：　　　　　　$\Delta e \leftarrow obj(s') - obj(s)$

8：　　　　　　if $\Delta e < 0$

9：　　　　　　　　　$s \leftarrow s'$

10：　　　　　　else

11：　　　　　　　　　Generate random number $r, 0 \leqslant r < 1$

12：　　　　　　　　　if $r < e^{-\frac{\delta}{t}}$ Then $s \leftarrow s'$

13：　　　　　　end if

14：　　　　　　it←it+1

15：　　　Until it＝num_solns

16：　　　Decrease t according to cooling schedule

17：Until Stopping Condition Reached

Tracey 等人[94-96]的研究使用模拟退火算法进行动态测试用例生成，并希望在求解的过程中克服局部搜索的问题。在使用模拟退火算法时，必须为不同类型的输入变量定义一个合适的邻域。对于整型和实型变量来说，这个邻域可以简单定义成在一个个数值周围的取值范围。而由于布尔型和枚举型变量对于变量值的顺序要求不高，因此可以认为所有的值都在邻域内。目标函数可以简单定义为距离目标路径上指定分支的分支距离，或距离某一关键路径的目标的距离。为了避免陷入局部极值，Tracey 使用了新的目标函数定义方式（如表 2-2 所示），他的方法需要保证新产生的候选解一定要覆盖曾经成功覆盖的子路径。

表 2-2 Tracey 方法的目标函数

关系断言	目标函数
Boolean	if TRUE then 0 else K
$a=b$	if abs$(a-b)=0$ then 0 else abs$(a-b)+K$
$a\neq b$	if abs$(a-b)\neq 0$ then 0 else K
$a<b$	if $a-b<0$ then 0 else $(a-b)+K$
$a\leqslant b$	if $a-b\leqslant 0$ then 0 else $(a-b)+K$
$a>b$	if $b-a<0$ then 0 else $(a-b)+K$
$a\geqslant b$	if $b-a\leqslant 0$ then 0 else $(a-b)+K$
$\neg a$	否定向内直到 a

3. 遗传算法

演化算法是对于候选解模拟演化过程进行搜索的过程,其搜索方向由遗传算子和自然选择算子控制。遗传算法就是一种演化算法,它是在 20 世纪 60 年代末由美国的 John Holland[97](被称为遗传算法之父)提出的。遗传算法涉及很多演化策略,几乎就在同一时期德国的 Ingo Rechenburg 和 Hans-Paul Schwefel 提出了这些策略。对于遗传算法来说,搜索过程基本上是通过一种候选解之间交换信息并进行重新组合的机制来完成的,并以此"繁育"后代;而演化策略却主要依靠变异完成,也就是随机改变候选解的一个过程。上述理论都是各自独立的,后来的研究[98-100]逐渐将这些理论进行了整合并缩小了它们之间的差异。遗传算法采用编码技术将变量区间映射到基因空间,其搜索方向是通过交叉、选择、变异等遗传操作和优胜劣汰的自然选择来决定的。遗传算法维护的不是一个当前解,而是一个候选解的种群。因此,遗传算法搜索的初始点不止一个,在搜索过程中对于搜索空间的探索范围要比局部搜索大得多。这个种群不停地迭代重组和变异,进行持续的繁衍。所以,遗传算法是一种全局搜索算法。遗传算法描述如算法 2-3 所示。

算法 2-3 遗传算法

1: Randomly generate or seed initial population P
2: Repeat
3:　Evaluate fitness of each individual in P
4:　Select parents from P according to selection mechanism
5:　Recombine parents to form new offspring
6:　Construct new population P' from parents and offspring
7:　Mutate P'
8:　$P \leftarrow P'$
9: Until Stopping Condition Reached

Holland 的最早专著[97]提到了一种等比例的适应度选择策略(fitness-proportionate selection)。在这种选择策略中,一个个体被选择用来繁殖的次数和种群中的其他个体是等比例的。因为其过程类似于赌场中轮盘赌的选择过程,所以也叫作轮盘赌选择(roulette wheel selection)。这种方法是遗传算法中最简单也最常用的选择方法。

遗传算法已经被应用于很多领域,本书主要关心其在测试用例生成中的应用。提出遗传算法可以应用于测试用例生成的记载最早可以追溯到文献[101-103]的研究。后来也有很多学者在这方面进行了研究[104-107]。国内薛云志等人提出基于 Messy GA 的测试用例自动生成方法[7],把覆盖率表示成测试输入集的函数 $F(X)$,通过 Messy GA 不需要染色体模式排列的先验知识即可对 $F(X)$ 进行迭代寻优,提高了搜索的并行性,最终提高了覆盖率。莱伟等人[108]在进行基于路径覆盖的 Ada 软件测试用例自动生成时采用了遗传算法,并对它和爬山法以及随机法进行了生成测试用例效率的对比实验。

CPU 的运算时间在使用遗传算法时随着输入变量取值范围的增大呈亚线性增长,而随机法则为超线性增长,所以遗传算法比随机法更适合用于大型程序[109]。遗传算法本身很复杂,作为其理论基石之一的隐性并行性的证明还存在严重缺陷[110]。另外,文献[111]在计算评价函数时,只考虑产生分支分歧的那部分分支谓词,而考虑路径上所有分支谓词才能更好地反映当前输入数据的适应程度。

在 2007 年的 ICTAI 国际会议上,Sofokleous 等人提出了一种用遗传算法生成测试用例的方法[112]。在实验部分,作者通过构造的程序对算法的效果进行了验证,其中代码行从 20 行到 2 000 行不等,结果如表 2-3 所示。第一列是被测代码行数;第二列是生成的用例数;第三列是被测程序中包含了 if 语句的个数;第四列是覆盖率;第五列是嵌套 if 的个数;第六列是每个表达式的复杂程度,Simple 指包含一个表达式,Medium 指通过一个逻辑运算符连接两个表达式,High 指使用两个以上逻辑运算符连接 3 个以上表达式;最后一列是生成测试用例所用时间。以最后一行推算,作者为一条包含 40 个左右表达式的路径生成测试用例的时间大概是 4 min。随着代码行的增加,覆盖率下降明显。本书在第 5 章也做了类似的实验。本书给出的算法可以在 100% 覆盖率的基础上处理更大规模的表示式。

表 2-3 文献[112]方法的实验结果

代码行数	用例数	包含 if 个数	覆盖率	嵌套 if 个数	表达式的复杂程度	测试时间
20	3	2	100%	0	Simple	~0 s
20	3	2	100%	1	Medium	~1 s
20	4	3	100%	1	High	~5 s
50	4	3	100%	1	Simple	~15 s
50	5	4	100%	1	Medium	~23 s
100	4	3	100%	1	Simple	~45 s
100	5	4	100%	1	Simple	~150 s
250	4	3	100%	1	Simple	~350 s
250	5	4	95%	1	Medium	~385 s

代码行数	用例数	包含 if 个数	覆盖率	嵌套 if 个数	表达式的复杂程度	测试时间
500	6	5	86%	2	Simple	~10 s
500	7	6	78%	2	Medium	~15 s
1 000	8	7	77%	3	Simple	~15 s
1 000	9	8	75%	3	Medium	~20 s
1 250	10	9	70%	4	Medium	~30 s
1 250	14	10	67%	5	High	~31 s
1 500	13	11	69%	6	Simple	~43 s
1 500	13	12	68%	7	Medium	~48 s
2 000	15	13	65%	7	High	~61 s

4. 蚁群算法

遗传算法和模拟退火算法是在动态测试用例生成领域应用最多的两类 MHS 方法。蚁群优化(Ant Colony Optimization,ACO)算法,又称蚁群算法、蚂蚁算法,在管理和工业上应用较多,可以用来寻找最优解。它由 Marco Dorigo[113] 提出,其灵感来自蚂蚁在寻找食物过程中发现路径的行为。蚁群算法是一种模拟进化算法,初步研究表明,该算法具有许多优良的性质。Marco Dorigo 的数值仿真结果表明,蚁群算法具有一种新的模拟进化优化方法的有效性和应用价值。

世界各地的研究人员多年来对蚁群算法进行了大量的研究和应用开发,该算法现已被大量应用于众多领域。究其原因,是因为蚁群算法的求解模式结合了问题求解的快速性、全局优化特征和有限时间内答案的合理性。经过相关领域研究人员的努力,这种优越的问题分布式求解模式已在最初的算法模型基础上得到了很大的拓展和改进。现在也出现了将其用于测试用例生成的研究[114]。在文献[114]中,作者详细描述了用 ACO算法进行测试用例生成的过程,发现在某些 benchmark 的对比实验中,该算法的性能超过了遗传算法和模拟退火算法。

5. 粒子群算法

粒子群优化(Particle Swarm Optimization,PSO)算法,简称粒子群算法,是近年来发展起来的一种新的进化算法。PSO 算法是一种进化计算技术,源于对鸟群捕食的行为研究,于 1995 年由 Eberhart 和 Kennedy 提出[115]。类似于遗传算法,PSO 算法也是一种基于迭代的优化算法。系统先初始化一组随机解,再经过迭代搜索最优值。但是它没有使用遗传算法使用的交叉(crossover)以及变异(mutation),而是粒子在解空间追随最优粒子进行搜索。相比于遗传算法,PSO 算法的优势是容易实现且没有必要调整许多参数。PSO 算法以其实现容易、精度高、收敛快等优点引起了学术界的重视,并且在解决实际问题中展现了其优越性。近些年大量研究将 PSO 算法应用到测试用例生成[116,117]中,并在一些小型的 benchmark 上获得了不错的实验效果。

除了以上介绍的方法,南京大学徐宝文等人[118-120]将演化测试和组合测试技术用于测试用例的自动生成,研发了一个演化测试框架(ETF),为演化测试研究提供了实验平台。北京化工大学的赵瑞莲等人提出面向 EFSM 路径的测试数据生成方法[121,122],利用禁忌搜索(TS)策略实现了 EFSM 测试数据的自动生成,并使用前向分析的动态程序切片技术提高基于路径的测试用例生成效率[123]。湖南大学的李军义等人[124]利用分支函数线性逼近和极小化方法生成测试用例,并基于选择性冗余思想提高测试性能。动态方法有自身的固有问题,例如,如何处理指针变量的适应值函数等。目前大多数动态方法也仅能处理基本数值类型。

2.3 动静结合的测试用例自动生成方法

在静态和动态方法的基础上,研究人员提出了动静结合的方法,即动态符号执行(dynamic symbolic execution)方法或者 concolic(concrete symbolic)方法[9]。这种方法是动态方法和静态方法的折中,使各自的优势最大化。动态符号执行方法输入值的表现形式与静态符号执行方法不同,它是以具体数值来执行程序代码的。在执行过程中,首先启动代码模拟器进行符号执行,在当前路径分支语句的谓词中进行符号约束的收集;然后对该符号约束进行修改得到一条新的可行路径约束,并对其进行求解得出新的可行具体输入,继续对该输入进行新一轮的分析。这种方法相比于静态符号执行的优点是:它使用具体输入进行执行,当符号执行遇到问题时(如难处理的复杂表达式或代码不可见的函数调用),会用具体执行所得结果来代替这些难处理的符号表达式,从而使得求解过程更加容易。

贝尔实验室的 Patrice Godefroid 是动态符号执行方法研究方面的佼佼者[8,10,11]。他在 2005 年首次提出基于动态符号执行的测试用例生成方法 DART[8]。这种方法首先随机生成一个输入用例,通过执行用例记录执行的程序路径,然后静态符号执行此路径获取路径上的约束集合,把约束集合中最后的分支取反,得到另一条路径和此路径的约束集合,求解此约束得到对应路径的测试用例。DART 将动态测试用例生成和模型检测相结合,试图生成覆盖所有程序路径的测试用例,并通过运行时的检测工具如 Purify 发现程序错误。

DART 只处理整型约束。当符号执行无法进行的时候,则采用随机测试。Koushik Sen 作为 DART 的开发者之一,对此方法进行了扩展,提出了对指针指向的结构体类型的测试用例生成方法。而 CUTE[9]扩展了其指针处理方式,能够处理非和非空这类约束的指针表达式。

动静结合法近年来被广泛应用,研究人员不断对其进行改进以提高其性能[125-126],但依然存在一些问题。2009 年,Kiran Lakhotia 对动静结合的 CUTE 和 AUSTIN 工具通过大型的实际开源应用工程进行测试[127]。实验结果表明,这些方法在一些条件下确实对一些小的程序有很高的覆盖率,但对于实际工程的效果却不甚理想。实际工程的高覆盖率要求对于测试用例生成技术仍然是个很大的挑战。

本章参考文献

［1］ King J C. Symbolic execution and program testing［J］. Communications of the ACM，1976，19(7)：385-394.

［2］ Boyer R S，Elspas B, Levitt K N. SELECT—a formal system for testing and debugging programs by symbolic execution［J］. ACM SIGPLAN Notices，1975，10(6)：234-245.

［3］ Xu Z，Zhang J. A test data generation tool for unit testing of c programs［C］// Proceedings of the Sixth International Conference on Quality Software (QSIC)，2006：107-116.

［4］ Zhang J. Symbolic execution of program paths involving pointer structure variables ［C］// Proceedings of the Sixth International Conference on Quality Software (QSIC)，2004：87-92.

［5］ Korel B. Automated software test data generation［J］. IEEE Transactions on Software Engineering，1990，16(8)：870-879.

［6］ Phil McMinn. Search-based software test data generation：a survey ［J］. Software Testing，Verification and Reliability，2004，14(2)：105-156.

［7］ 薛云志，陈伟，王永吉，等. 一种基于 Messy GA 的结构测试数据自动生成方法 ［J］. 软件学报，2006，17(8)：1688-1697.

［8］ Godefroid P，Klarlund N，Sen K. DART：directed automated random testing［C］// Proceedings of the 2005 ACM SIGPLAN Conference on Programming Language Design and Implementation，2005，40(6)：213-223.

［9］ Sen K，Marinov D, Agha G. CUTE：a concolic unit testing engine for C［C］// Proceedings of the 10th European Software Engineering Conference Held Jointly with 13th ACM SIGSOFT International Symposium on Foundations of Software Engineering (ESEC/FSE'05)，2005，30(5)：263-272.

［10］ Godefroid P. Compositional dynamic test generation［C］//Proceedings of the 2007 POPL Conference，2007，42(1)：47-54.

［11］ Godefroid P，Levin M Y，Molnar D A. Automated whitebox fuzz testing［C］// Proceedings of the Network and Distributed Systems Security Symposium (NDSS)，2008，8：151-166.

［12］ Nielson F，Nielson H R，Hankin C. Principles of program analysis［M］. Berlin：Springer-Verlag，1999：211-282.

［13］ 李梦君，李舟军，陈火旺. 基于抽象解释理论的程序验证技术［J］. 软件学报，2008，19(1)：17-26.

［14］ 姬孟洛，王怀民，李梦君，等. 一种基于抽象解释和通用单调数据流框架的值范围分析方法[J]. 计算机研究与发展，2006，43(11)：2020-2026.

［15］ 姬孟洛，李军，王馨，等. 一种基于抽象解释的 WCET 自动分析工具[J]. 计算机工程，2006，32(14)：54-56.

［16］ Cousot P，Cousot R. Abstract interpretation：a unified lattice model for static analysis of programs by construction or approximation of fixpoints［C］// Proceedings of the 4th ACM SIGACT-SIGPLAN symposium on Principles of programming languages. New York：ACM press，1977：238-252.

［17］ Cousot P，Cousot R. Static determination of dynamic properties of programs ［C］//Proceedings of the second International Symposium on Programming. Dunod，Paris，1976：106-130.

［18］ Cousot P. Abstract interpretation based formal methods and future challenges ［C］//Proceedings of Informatics-10 Years Back，10 Years Ahead. Berlin：Springer，2001：138-156.

［19］ 王雅文，宫云战，肖庆，等. 基于抽象解释的变量值范围分析及应用[J]. 电子学报，2011，39(2)：296-303.

［20］ 王雅文，宫云战，肖庆，等. 扩展区间运算的变量值范围分析技术[J]. 北京邮电大学学报，2009，32(3)：36-41.

［21］ Burkill J C. Functions of intervals[J]. Proceedings of the London Mathematical Society，1924，2(1)：275-310.

［22］ Young R C. The algebra of many-valued quantities[J]. Mathematische Annalen，1931，104(1)：260-290.

［23］ Alefeld G，Herzberger J. Introduction to interval computation[M]. New York：Academic press，1984.

［24］ Hansen E. Topics in interval analysis[M]. Oxford：Clarendon Press，1969.

［25］ Moore R E，Cloud M J，Kearfott R B. Introduction to interval analysis［M］. Philadelphia：Society for Industrial and Applied Mathematics(SIAM)，2009.

［26］ Moore R E. Interval analysis[M]. New Jersey：Prentice-Hall，1966.

［27］ Moore R E. Methods and applications of interval analysis[M]. Philadelphia：Society for Industrial and Applied Mathematics (SIAM)，1979.

［28］ Moore R E. Interval arithmetic and automatic error analysis in digital computing ［R］. Stanford Univ Calif Applied Mathematics and Statistics Labs，1962.

［29］ Mudur S P，Koparkar P A. Interval methods for processing geometric objects ［J］. Computer Graphics and Applications，IEEE，1984，4(2)：7-17.

［30］ Maekawa T. Robust computational methods for shape interrogation［D］. Boston：Massachusetts Institute of Technology，1993.

［31］ Enger W. Interval ray tracing—a divide and conquer strategy for realistic computer graphics[J]. The Visual Computer，1992，9(2)：91-104.

[32] Snyder J M. Interval analysis for computer graphics[J]. ACM SIGGRAPH Computer Graphics，1992，26(2)：121-130.

[33] Kearfott R B，Xing Z. Rigorous computation of surface patch intersection curves[J]. ResearchGate，2001：1-22. https：//www. researchgate. net/publication/2414903.

[34] Schramm P. Intersection problems of parametric surfaces in CAGD[J]. Computing，1994，53(3-4)：355-364.

[35] Harrison W H. Compiler analysis of the value ranges for variables[J]. IEEE Transactions on Software Engineering，1977(3)：243-250.

[36] 王志言，刘椿年.区间算术在软件测试中的应用[J]. 软件学报，1998，9(6)：438-443.

[37] 李福川，宋晓秋.软件测试中的新方法——区间代数方法[J]. 计算机工程与设计，2006，26(10)：2576-2578.

[38] 高传平，谈利群，宫云战，等. 基于整型区间集的数组越界静态自动测试方法研究[J]. 小型微型计算机系统，2007，27(12)：2222-2227.

[39] Ghodrat M A，Givargis T，Nicolau A. Expression equivalence checking using interval analysis［J］. IEEE Transactions on Very Large Scale Integration Systems(VLSI),2006，14(8)：830-842.

[40] Howden W E. Symbolic testing and the DISSECT symbolic evaluation system [J]. IEEE Transactions on Software Engineering，1977 (4)：266-278.

[41] Ramamoorthy C V，Ho S B F，Chen W T. On the automated generation of program test data[J]. IEEE Transactions on Software Engineering，1976 (4)：293-300.

[42] Clarke L A. A system to generate test data and symbolically execute programs ［J］. IEEE Transactions on Software Engineering，1976(3)：215-222.

[43] Miné A. Symbolic methods to enhance the precision of numerical abstract domains[C]// Proceedings of Verification，Model Checking，and Abstract Interpretation. Springer Berlin Heidelberg，2006：348-363.

[44] Khurshid S，Psreanu C S，Visser W. Generalized Symbolic Execution for Model Checking and Testing[C]//International Conference on Tools and Algorithms for the Construction and Analysis of Systems. Springer，Berlin，Heidelberg，2003：553-568. https：//doi. org/10. 1007/3-540-36577-X_40.

[45] Sen K，Agha G. CUTE andjCUTE：concolic unit testing and explicit path model-checking tools[C]//Proceedings of Computer Aided Verification. Berlin：Springer，2006：419-423.

[46] Clarke L A，Richardson D J. Applications of symbolic evaluation[J]. Journal of Systems and Software，1985，5(1)：15-35.

[47] Weiser M. Program slicing[C]//Proceedings of the 5th international conference on Software engineering. IEEE Press, 1981: 439-449.

[48] 李必信. 程序切片技术及其在面向对象软件度量和软件测试中的应用[D]. 南京: 南京大学, 2005.

[49] Tip F. A survey of program slicing techniques[J]. Journal of programming languages, 1995, 3(3): 121-189.

[50] Horwitz S, Reps T, Binkley D. Interprocedural slicing using dependence graphs [J]. ACM Transactions on Programming Languages and Systems (TOPLAS), 1990, 12(1): 26-60.

[51] Gallagher K B, Lyle J R. Using program slicing in software maintenance[J]. IEEE Transactions on Software Engineering, 1991, 17(8): 751-761.

[52] DeMilli R A, Offutt A J. Constraint-based automatic test data generation[J]. IEEE Transactions on Software Engineering, 1991, 17(9): 900-910.

[53] Offutt A J, Jin Z, Pan J. The dynamic domain reduction procedure for test data generation[J]. Software-Practice and Experience, 1999, 29(2): 167-194.

[54] Cadar C, Dunbar D, Engler D. KLEE: Unassisted and automatic generation of high-coverage tests for complex systems programs[C]//Proceedings of USENIX Symposium on Operating Systems Design and Implementation (OSDI 2008), 2008, 8: 209-224.

[55] 李仁见, 刘万伟, 陈立前, 等. 一种基于变量可达向量的链表抽象方法[J]. 软件学报, 2012, 23(8):1935-1949.

[56] Robschink T, Snelting G. Efficient path conditions in dependence graphs[C]// Proceedings of the 24th International Conference on Software Engineering. ACM, 2002: 478-488.

[57] 唐容, 王雅文, 宫云战. 面向测试用例生成的抽象内存模型研究[C]//第七届中国测试学术会议(CTC2012), 2012:144-149.

[58] 李飞宇, 宫云战, 王雅文. 基于内存建模的复杂结构类型测试数据自动生成方法[J]. 计算机辅助设计与图形学学报, 2012, 24(2): 262-270.

[59] Li F, Gong Y. Memory Modeling-Based Automatic Test Data Generation for String-Manipulating Programs[C]//Proceedings of the 2012 19th Asia-Pacific Software Engineering Conference-Volume 02. IEEE Computer Society, 2012: 95-104.

[60] 王雅文, 宫云战, 肖庆. 基于区间必然集的测试用例生成方法[J]. 计算机辅助设计与图形学学报, 2013, 25(4): 550-556.

[61] Coward P D. Symbolic execution and testing[J]. Information and software Technology, 1991, 33(1): 53-64.

[62] Gotlieb A. Euclide: a constraint-based testing framework for critical C programs [C]//Proceedings of the 2009 International Conference on Software Testing

Verification and Validation，2009：151-160.

[63] 李必信，郑国梁，王云峰，等. 一种分析和理解程序的方法——程序切片[J]. 计算机研究与发展，2000，37(3)：284-291.

[64] Zhang J，Wang X. A constraint solver and its application to path feasibility analysis [J]. International Journal of Software Engineering and Knowledge Engineering，2001，11(02)：139-156.

[65] Miller W，Spooner D L. Automatic generation of floating-point test data[J]. IEEE Transactions on Software Engineering，1976，2(3)：223-226.

[66] Korel B. Dynamic method for software test data generation[J]. Software Testing，Verification and Reliability，1992，2(4)：203-213.

[67] 奚红宇，徐红. Ada 软件测试用例生成工具[J]. 软件学报，1997，8(4)：297-302.

[68] Ferguson R，Korel B. The chaining approach for software test data generation [J]. ACM Transactions on Software Engineering and Methodology（TOSEM），1996，5(1)：63-86.

[69] Korel B，Al-Yami A M. Assertion-oriented automated test data generation[C]// Proceedings of the 18th international conference on Software engineering. IEEE Computer Society，1996：71-80.

[70] Korel B，Al-Yami A M. Automated regression test generation[C]//Proceedings of ACM SIGSOFT Software Engineering Notes. ACM，1998，23(2)：143-152.

[71] Matthew J Gallagher，Lakshmi Narasimhan V. Adtest：a test data generation suite for ada software systems[J]. IEEE Transactions on Software Engineering，1997，23(8)：473-484.

[72] Gupta N，Mathur A P，Soffa M L. Automated test data generation using an iterative relaxation method［C］//Proceedings of ACM SIGSOFT Software Engineering Notes. ACM，1998，23(6)：231-244.

[73] Gupta R，Mathur A P，Soffia M L. UNA based iterative test data generation and its evaluation［C］//Proceedings of the 14th IEEE International Conference on Automated Software Engineering，1999：224-232.

[74] Edvardsson J，Kamkar M. Analysis of the constraint solver in una based test data generation[C]//Proceedings of the ACM SIGSOFT Software Engineering Notes，2001，26(5)：237-245.

[75] Gupta R，Mathur A P，Soffa M L. Generating test data for branch coverage ［C］//Proceedings of The Fifteenth IEEE International Conference on Automated Software Engineering(ASE'00). IEEE，2000：219-227.

[76] 单锦辉，王戟，齐治昌，等. Gupta 方法的改进[J]. 计算机学报，2002，25(12)：1378-1386.

[77] Shan J H, Wang J, Qi Z C, et al. Improved method to generate path-wise test data[J]. Journal of Computer Science and Technology, 2003, 18(2): 235-240.

[78] Harman M, Jones B. Search-based software engineering[J]. Information and Software Technology, 2001, 43(14): 833-839.

[79] Clark J, Dolado J J, Harman M, et al. Reformulating software engineering as a search problem[J]. IEE Proceedings-Software, 2003, 150(3): 161-175.

[80] Harman M. The current state and future of search based software engineering [C]//Proceedings of 2007 Future of Software Engineering. IEEE Computer Society, 2007: 342-357.

[81] Harman M, McMinn P. A theoretical and empirical study of search-based testing: local, global, and hybrid search[J]. IEEE Transactions on Software Engineering, 2010, 36(2): 226-247.

[82] Zhao R, Harman M, Zheng L. Empirical study on the efficiency of search based test generation for EFSM models[C]//Proceedings of the Third International Conference on Software Testing, Verification, and Validation Workshops (ICSTW'10), 2010: 222-231.

[83] McMinn P. Search-based software testing: past, present and future[C]// Proceedings of the 4th International Workshop on Search-Based Software Testing (SBST'11), in conjunction with the 4th IEEE International Conference on Software Testing (ICST' 11), 2011: 153-163.

[84] Ali S, Briand L C. A systematic review of the application and empirical investigation of search-based test case generation[J]. IEEE Transactions on Software Engineering, 2010, 36(6): 742-762.

[85] Goldfeld S M, Quandt R E, Trotter H F. Maximization by quadratic hill-climbing[J]. Econometrica: Journal of the Econometric Society, 1966, 34(3): 541-551.

[86] Tsamardinos I, Brown L E, Aliferis C F. The max-min hill-climbing Bayesian network structure learning algorithm[J]. Machine learning, 2006, 65(1): 31-78.

[87] Yuret D, De La Maza M. Dynamic hill climbing: overcoming the limitations of optimization techniques[C]//Proceedings of The Second Turkish Symposium on Artificial Intelligence and Neural Networks, 1993: 208-212.

[88] Hoffmann J. A heuristic for domain independent planning and its use in an enforced hill-climbing algorithm[C]//International Symposium on Methodologies for Intelligent Systems. Heidelberg: Springer, 2000: 216-227. https://doi.org/10.1007/3-540-39963-1_23.

[89] Choi S, Yeung D. Learning-based SMT processor resource distribution via hill-climbing[J]. ACM SIGARCH Computer Architecture News, 2006, 34(2): 239-

251.

[90]　Xi B, Liu Z,Raghavachari M, et al. A smart hill-climbing algorithm for application server configuration[C]//Proceedings of the 13th international conference on World Wide Web. ACM, 2004：287-296.

[91]　Douceur J R,Wattenhofer R P. Competitive Hill-Climbing Strategies for Replica Placement in a Distributed File System [C]//International Symposium on Distributed Computing. Heidelberg：Springer，2001：48-62. https://doi. org/ 10. 1007/3-540-45414-4_4.

[92]　Metropolis N, Rosenbluth A W, Rosenbluth M N, et al. Equation of state calculations by fast computing machines[J]. The journal of chemical physics，2004，21（6）：1087-1092.

[93]　Kirkpatrick S,Gellat C D, Vecchi M P. Optimization by simulated annealing[J]. Science，1983，220(4598)：671-680.

[94]　Tracey N, Clark J,Mander K, et al. An automated framework for structural test-data generation[C]//Proceedings of the International Conference on Automated Software Engineering (ASE'98)，Hawaii，USA，1998：285-288.

[95]　Tracey Nigel，John Clark，Keith Mander. Automated program flaw finding using simulated annealing [C]//Proceedings of the 1998 ACM SIGSOFT international symposium on Software testing and analysis，1998：73-81. https://doi. org/10. 1145/ 271771. 271792.

[96]　Tracey N, Clark J,Mander K. The way forward for unifying dynamic test-case generation：the optimisation-based approach[C]//Proceedings of International Workshop on Dependable Computing and Its Applications，1998：169-180.

[97]　Holland J H. Adaptation in Natural and Artificial Systems[M]. Ann Arbor：University of Michigan Press，1975.

[98]　Back T, Hoffmeister F,Schwefel H P. A survey of evolution strategies[C]// Proceedings of the 4th international conference on genetic algorithms. 1991：2-9. San Diego，California，USA，1991，Morgan Kaufmann.

[99]　Whitley D. An overview of evolutionary algorithms：practical issues and common pitfalls [J]. Information and software technology，2001，43(14)：817-831.

[100]　Back T. Evolutionary algorithms in theory and practice[M]. New York：Oxford University Press，1996.

[101]　Wegener J, Buhr K,Pohlheim H. Automatic test data generation for structural testing of embedded software systems by evolutionary testing[C]//Proceedings of the Genetic and Evolutionary Computation Conference (GECCO 2002)，2002：1233-1240. New York，USA，Morgan Kaufmann.

[102]　Harman M, Hu L,Hierons R, et al. Improving evolutionary testing by flag

removal［C］//Proceedings of the Genetic and Evolutionary Computation Conference（GECCO 2002），2002：1359-1366. New York，USA，Morgan Kaufmann.

[103] Buehler O，Wegener J. Evolutionary functional testing of an automated parking system［C］//Proceedings of the International Conference on Computer，Communication and Control Technologies and The 9th. International Conference on Information Systems Analysis and Synthesis，Orlando，Florida，USA，2003.

[104] Jones B F，Sthamer H H，Eyres D E. Automated Structural Testing Using Genetic Algorithms[J]. Software Engineering Journal，1996，11(5)：299-306.

[105] Bouchachia A. An Immune Genetic Algorithm for Software Test Data Generation［C］//Proceedings of the 7th International Conference on Hybrid Intelligent System（HIS'07），2007：84-89.

[106] Alba E，Chicano F. Observations in Using Parallel and Sequential Evolutionary Algorithms for Automatic Software Testing［J］. Computers and Operations Research，2008，35(10)：3161-3183.

[107] Sharma C，Sabharwal S，Sibal R. A survey on software testing techniques using genetic algorithm[J]. International Journal of Computer Science Issues，2013，10(1)：381-393.

[108] 荚伟,谢军. 遗传算法在软件测试数据生成中的应用[J]. 北京航空航天大学学报，1998，24(4)：434-437.

[109] Jones B F，Eyres D E，Sthamer H H. A strategy for using genetic algorithms to automate branch and fault-based testing[J]. The Computer Journal，1998，41(2)：98-107.

[110] 张文修,梁怡. 遗传算法的数学基础[M]. 西安：西安交通大学出版社，2000.

[111] Tracey N，Clark J，Mander K，et al. Automated test-data generation for exception conditions[J]. Software-Practice and Experience，2000，30(1)：61-79.

[112] Sofokleous A A，Andreou A S. Batch-optimistic test-cases generation using genetic algorithms[C]//Proceedings of the 19th IEEE International Conference on Tools with Artificial Intelligence（ICTAI 2007），2007，1：157-164.

[113] Dorigo M，Blum C. Ant colony optimization theory：a survey[J]. Theoretical computer science，2005，344(2)：243-278.

[114] Mao C，Yu X，Chen J. Generating test case for structural testing based on ant colony optimization［C］//Proceedings of the 12th International Conference on Quality Software（QSIC'12），2012：98-101.

[115] Kennedy James，Russell Eberhart. Particle swarm optimization[C]//Proceedings of IEEE international conference on neural networks（ICNN'95），1995：1942-1948.

[116] Windisch A，Wappler S，Wegener J. Applying particle swarm optimization to software testing[C]//Proceedings of the 9th Annual Conference on Genetic and Evolutionary Computation (GECCO'07),2007：1121-1128.

[117] Mao C，Yu X，Chen J. Swarm intelligence-based test data generation for structural testing [C]//Proceedings of 11th International Conference on Computer and Information Science (ICIS'12), 2012：623-628.

[118] 谢晓园，徐宝文，史亮，等. 面向路径覆盖的演化测试用例生成技术[J]. 软件学报，2009，20(12)：3117-3136.

[119] 王子元，徐宝文，聂长海. 组合测试用例生成技术[J]. 计算机科学与探索，2008，2(6)：571-588.

[120] 史亮. 测试用例自动生成技术研究[D]. 南京：东南大学，2006.

[121] 任君，赵瑞莲，李征. 基于禁忌搜索算法的可扩展有限状态机模型测试数据自动生成[J]. 计算机应用，2011，31(9)：2404-2443,2452.

[122] 尤枫，闫宇，赵瑞莲. 含过程调用 EFSM 模型测试数据生成[J]. 计算机工程与应用，2011，47(32)：87-90.

[123] 王雪莲，赵瑞莲，李立健. 一种用于测试数据生成的动态程序切片算法[J]. 计算机应用，2005，25(6)：1445-1447,1450.

[124] 李军义，李仁发，孙家广. 基于选择性冗余的测试数据自动生成算法[J]. 计算机研究与发展，2009，46(8)：1371-1377.

[125] Burnim J，Sen K. Heuristics for scalable dynamic test generation[C]//Proceedings of the 2008 23rd IEEE/ACM international conference on automated software engineering. IEEE Computer Society，2008：443-446.

[126] Majumdar R，Sen K. Hybrid concolic testing[C]//Proceedings of 29th International Conference on Software Engineering (ICSE 2007). IEEE，2007：416-426.

[127] Lakhotia K，McMinn P，Harman M. Automated Test Data Generation for Coverage：Haven't We Solved This Problem Yet？[C]//Proceedings of Testing：Academic and Industrial Conference-Practice and Research Techniques (TAIC PART'09)，IEEE，2009：95-104.

第 3 章

基于分支限界的测试用例生成

3.1 分支限界算法

本章围绕基于分支限界的测试用例生成展开,其中分支限界算法如图 3-1 所示。

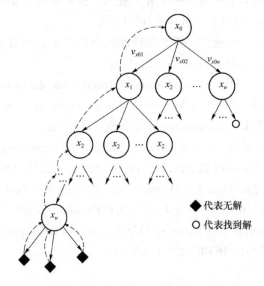

图 3-1 分支限界算法

为了找到有效的方法解决面向路径的测试用例生成问题,根据静态测试对于这个问题的定义,我们在 3.1 节对其赋予了新的定义形式,即面向路径的测试用例问题在本质上是一个约束满足问题,由此本书所有内容都将围绕求解路径约束展开。

3.1.1 问题定义

许多测试用例生成问题都涉及待测程序 P 的控制流图(Control Flow Graph,CFG)。

程序 P 的控制流图是一个有向图 $G=(N,E,i,o)$，其中 N 是语句节点的集合，E 是有向边的集合，i 和 o 分别是唯一的入口和出口节点。每个节点 $n \in N$ 代表程序中的一条语句，而每条边 $e=(n_r,n_t) \in E$ 则代表从节点 n_r 到节点 n_t 的控制转移。对应于判断语句(如 if 或 while)的节点为分支节点，分支节点的出边叫作分支。我们所说的路径就是 CFG 中的一个节点序列 $W=(n_1,n_2,\cdots,n_q)$，其中对于 $1 \leqslant r < q$，有 $(n_r,n_{r+1}) \in E$。

如果存在一组输入，当执行这组输入的时候，所经过的路径为 W，则称路径 W 可达，否则称路径 W 不可达。这样，面向路径的测试用例生成问题可以被定义成一个约束满足问题：X 是输入变量的集合 $\{x_1,x_2,\cdots,x_n\}$，$D=\{D_1,D_2,\cdots,D_n\}$ 是区间集(即 Domain，由区间 interval 构成，为了便于说明将区间集简称为区间)的集合，其中 $D_i \in D(i=1,2,\cdots,n)$ 是可能赋给 x_i 的所有值的集合。该问题的一个解是每个变量都有在其区间内的一个值，表示成 $V=\{V_1,V_2,\cdots,V_n\}$，$V_i \in D_i$，它使得待覆盖路径可达。路径的可达性在静态测试用例生成中是通过区间运算的结果进行判断的，尤其是路径中的每一个约束条件都必须得到满足才能使整条路径可达，这是对区间运算进行优化的出发点。

下面用一个例子来说明面向路径的测试用例生成问题。图 3-2 所示为一个待测程序 test1 及其对应的控制流图，其中 if_out_7、if_out_8、if_out_9、exit_10 是虚节点。如果采用分支覆盖，则有 4 条待覆盖路径，即 Path1:0→1→2→9→10(路径上的数字表示 CFG 的节点，下同)、Path2:0→1→3→4→8→9→10、Path3:0→1→3→5→6→7→8 →9→10、Path4:0→1→3→5→7→8→9→10。令 Path3 为待覆盖路径(加粗显示部分)，则我们的目标就是从 $\{D_1,D_2,D_3\}$ 中为 x_1、x_2 和 x_3 选择一组值 $V=\{V_1,V_2,V_3\}$，使得以 $\{V_1,V_2,V_3\}$ 为输入执行 test1 时所经过的路径为 Path3。Path3 上有 3 个分支节点 if_head_1、if_head_3 和 if_head_5，还有相应的 3 个分支 F_2、F_4 和 T_5 包含着要满足的约束。

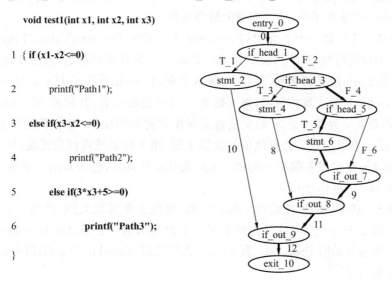

图 3-2 待测程序 test1 及其对应的控制流图

3.1.2　解决方案

因为面向路径的测试用例生成问题是一类约束满足问题,这类问题需要通过合适的搜索或寻优算法来求解。分支限界作为全局求解算法提供灵活的回溯机制,可以在局部无解时回到更高的层次,以调整搜索的范围并尽量减少访问搜索树上节点的数量。由于回溯操作会增加算法的时间复杂度,因此需要合适的规则扩展叶子节点,包括合理对自由变量进行排序、在尽量少的次数内给变量找到可行解或者尽快判断局部无解,以及在找到可行解后尽量多地剪枝。因为面向路径的测试用例生成只要有一组解即可,所以在搜索过程中不需要生成可扩展节点的全部孩子节点,只要判断一个孩子节点可扩展就可以继续向下进行搜索,这样也可以提高算法执行的效率。这个进行扩展的孩子节点被认为是某种意义下的最优孩子节点,所以我们提出了使用最佳优先搜索的分支限界法(Best-First-Search with Branch and Bound,BFS-BB)进行求解。为了简便起见,分支限界与 BFS-BB 所指的都是我们使用的全局搜索算法,在本书中两者是等价的。

本节中提到的变量都是符号变量。在搜索过程中,变量被分成 3 个集合:已赋值变量(Past Variable,PV)、当前变量(Current Variable,CV)和未赋值变量或自由变量(Future Variable,FV)。

1. 状态空间搜索

定义 3-1　搜索的状态空间是一个四元组(S,A,I,F),其中 S 是状态的集合;A 是状态之间的连接,代表搜索在不同状态的操作;I 是 S 的一个非空子集,代表问题的初始状态;F 是 S 的一个非空子集,代表问题的最终状态。

定义 3-2　状态是一个五元组(Precursor,Variable,Domain,Value,Type)。当搜索进行到某一阶段的时候,对于当前状态 S_{cur},Precursor 是其前驱状态;当前变量 Variable$=X_i \in X(i=1,2,\cdots,n)$ 是被测程序的一个输入变量;Domain$=D_{ij} \subseteq D_i \in D(i=1,2,\cdots,n;$ $j=1,2,\cdots,m)$ 是当前变量的区间,即可能为 x_i 所赋值的集合,其形式为 $[\min,\max]$,min和 max 分别是其下界和上界,n 是变量数量即搜索树的深度,m 是在其他变量保持不变的条件下,可以为当前变量进行赋值的次数上限,用于控制搜索树的宽度;Value$=V_{ij} \in$ D_{ij} 是从 Domain 中选出并赋给 x_i 的值;Type 是状态的类型,包括 active(活跃)、extensive(可扩展)或 inactive(休止)。

定义 3-3　状态空间搜索是指在状态空间(可能会非常庞大)中找到一个最终状态,在这个最终状态中每一个变量都被赋予了一个确定的值并且验证出这些确定值是问题的一个解。搜索开始时 Precursor 为 null;搜索结束时 Variable 为 null,所有的 extensive节点构成了解路径。

测试用例生成的过程在本书中就是状态空间搜索的过程。在状态空间中,我们需要从初始状态出发,在每个当前状态下,通过智能化的方法找到可能的搜索方向,并找到到达最终状态的解路径。

2．BFS-BB

首先将本书中出现的一些算法和对它们的描述列在表 3-1 中。接下来是对算法及其伪代码的介绍。

表 3-1　本书中的一些算法及其描述

名字	描述
BFS-BB	本书提出的全局搜索算法
Dynamic Variable Ordering (DVO)	对 FV 进行排序并返回待赋值的下一个变量
Path Tendency Calculation (PTC)	计算所有路径变量性质
Initial Domain Calculation (IDC)	根据 PTC 的返回值,计算为每个变量选取初始值的区间
Iterative Interval Arithmetic(IIC)	优化迭代的区间运算,用在 BFS-BB 所有涉及区间运算的部分
Hill Climbing (HC)	对于每个变量赋值进行判断的局部搜索算法,调用区间运算判断为某个变量赋的值是否会产生矛盾,并计算相应的目标函数值

算法 3-1　BFS-BB

输入 p:待覆盖路径

输出 result{Variable $\mapsto$ Value}:覆盖 p 的测试用例

Begin

阶段 1. 预处理

1：result←null；

2：路径约束提取；

3：求相关变量集和相关变量闭包；

4：变量级别确定；

5：调用**算法 3-2 Irrelevant Variable Removal**；

6：区间初始化,并调用 IIA 进行判断；

7：调用**算法 3-3 Dynamic Variable Ordering**；

8：调用**算法 3-4 Path Tendency Calculation**；

9：调用**算法 3-5 Initial Domain Calculation**；

10：V_{11}←select(D_{11})；

11：initial state←(null,x_1,D_{11},V_{11},active)；

12：S_{cur}←initial state；

阶段 2. 状态空间搜索

13：**while**($x_i \neq$ null)

14：　　调用**算法 3-6 BB-HC**；

15：　　**if** ($S_{cur} = $(Pre,$x_i$,$D_{ij}$,$V_{ij}$,inactive))

16：　　　　Pre←S_{cur}；

17：　　　　S_{cur}←(Pre,x_{ij},D_{ij},V_{ij},active)；

18:　　　　**else** result←result∪{$x_i \mapsto V_{ij}$};

19:　　　　FV←FV−{x_i};

20:　　　　PV←PV+{x_i};

21:　　　　**调用算法 3-3 Dynamic Variable Ordering**;

22:　　　　**调用算法 3-5 Initial Domain Calculation**;

23:　　　　V_{i1}←select(D_{i1});

24:　　　　S_{cur}←(Pre,x_i,D_{i1},V_{i1},active);

25: final state←S_{cur};

26: **foreach** $x^* \in X_{irrel}$

27:　　　　result←result∪{$x^* \mapsto V_{random}$};

28: **return** result;

End

第一阶段进行预处理操作。首先是预处理工作,包括路径约束的提取、确定相关变量集和相关变量闭包、确定变量级别。通过移除不相关变量(IVR)对搜索空间进行压缩,只保留与待覆盖路径相关的变量作为算法操作的对象。然后扫描路径约束,使用程序切片技术对变量区间进行压缩。存储测试用例的表 result 为空。对所有相关变量进行排序得到队列,它的队首元素 x_1 成为第一个要被赋值的变量。从 x_1 的区间 D_{11} 中为其选取 V_{11} 进行赋值。以上这些元素构成了初始状态(null,x_1,D_{11},V_{11},active),也就是当前状态 S_{cur}。

第二阶段进行状态空间搜索。这一阶段主要是调用爬山法对对应于变量 x_i 的活跃状态(Pre,x_i,D_{ij},V_{ij},active)进行判断。具体说来,爬山法会对变量的区间进行区间运算,并通过区间运算的结果来决定下一步搜索的方向。如果区间运算成功了,则到达山顶,Type 转变成 extensive,更新 FV 返回下一个待赋值变量并成为下一状态的当前变量,S_{cur} 变成 Precursor。以上这些元素构成一个新状态,继续对其调用爬山法进行判断。如果在一次成功的区间运算后,FV 中再无变量需要进行排序,则意味着所有的相关变量都已经被赋予了一个确定值,并且这组确定值使得路径 p 可达。最后给所有的不相关变量赋以随机值就完成了测试用例 result 的生成。

如果某次区间运算失败了,则对失败信息进行分析,计算目标函数值并对 D_{ij} 进行削减,重新为 x_i 在削减后的区间中选择一个值,调用爬山法进行判断,以上这些意味着搜索在搜索树上横向展开。如果当前变量区间内的所有值都被穷举完毕,或者为当前状态进行的区间运算已经达到次数上限 m(控制搜索树宽度的阈值),则 Type 转变成 inactive,这意味着搜索将回溯到位于搜索树上一层的 Precursor。

3.1.3　路径约束提取

路径约束在 CTS 中定义成如下的表达式(在本书中,路径约束和表达式表示的意义相同)形式:

$$\text{Expression} \rightarrow \text{Term} \mid \text{Term} \pm \text{Expression}$$

$$\text{Term} \rightarrow \text{Power} \mid \text{Power} \times \text{Term} \mid \text{Power} \div \text{Term}$$

$$\text{Power} \rightarrow \text{Factor} \mid \text{Factor}^{\text{Power}}$$

$$\text{Factor} \rightarrow \text{Constant} \mid \text{Variant} \mid (\text{Expression})$$

从表达式的定义可以看出,表达式能处理加减乘除四则运算,并能处理乘方运算,除此之外的其他算术运算都被认为是复杂算术表达式,如 $a\%b$,因为在表达式的产生式定义中没有出现％(取模)运算。目前区间运算无法求出复杂表达式的值,而是为复杂表达式生成一个新的符号,并给新生成的符号分配一个更大的区间。在分支限界中,为了处理这类复杂表达式,专门开发了一个反函数库,对于出现的类似复杂运算可以分别处理。

由于区间运算的过程不需要提取表达式,因此没有提供获取表达式的接口。为了提取表达式,必须在区间运算之前把所有的表达式暂存起来。基于此思想,修改了区间运算部分的代码,在表达式进行区间运算之前,将表达式存储在控制流图节点中。由于路径是由控制流图节点组成的,因此提取含有表达式的控制流图节点就相当于提取了表达式。下面是从中提取含有表达式的控制流图节点的算法。该算法的流程如图 3-3 所示,算法描述如下。

① 在算法开始执行前定义一个线性链表 explist 存储含有表达式的控制流图节点。

② 若路径 p 中还有控制流图节点未被访问,则依次取路径 p 中的一个控制流图节点 node,转去执行③;否则,返回 explist,算法结束。

③ 若 node 中含有表达式,则将该 node 存储到 explist 中,转去执行②;若 node 中不含表达式,则转去执行②。

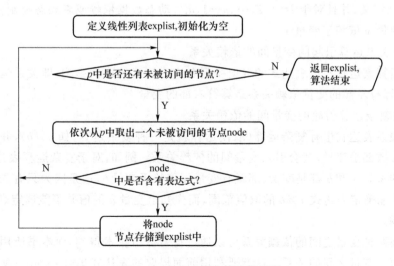

图 3-3　表达式提取算法流程图

3.1.4 求相关变量集和相关变量闭包

1. 相关变量

变量相关又称变量间的依赖。变量 a 依赖于变量 b 记作：$b \rightarrow a$。变量 a 直接依赖于 b 记作：$b \rightarrow DirDep^a$。DInfluence(a)表示直接影响变量 a 的变量的集合。在 CTS 中，如果两个变量 a 和 b 出现在同一个表达式中，那么就认为 a 和 b 是相关的。例如，有一个表达式 $a+b>0$，可以知道 a 依赖于 b（$b \rightarrow DirDep^a$）和 b 依赖于 a（$a \rightarrow DirDep^b$）。变量相关包括如下几种情况。

（1）由变量间的赋值运算直接引起的变量间的依赖关系

对于一个赋值表示式，左边是一个变量，右边是一个表达式，右边表达式中每一项都对左边唯一变量的取值有贡献，这样就有了依赖关系，即左边的唯一变量依赖于右边表达式中的变量。

（2）由变量间的赋值运算间接引起的变量间的依赖关系

在一个程序的执行过程中，如果从变量 x 到变量 y 的信息流中观察到变量 x 在某一点的取值变化导致在该点之后的某一点变量 y 的取值发生变化，我们就说变量 y 依赖于变量 x。例如，顺序执行语句"z＝x/2；y＝z－1；"会引起一个从 x 到 y 的信息流，因为 y 的最终值是 $x/2-1$，我们可以知道变量 y 依赖于变量 x；顺序执行语句"z＝x/2；z＝0；y＝z－1；"却不能引起从 x 到 y 的信息流。

定义 3-4 有 $n(n \geqslant 2)$ 个连续的程序动作（语句执行）$a_1, a_2, \cdots, a_n$，变量 x 被 a_1 使用，变量 y 由 a_n 定义，并且对于 $i=1, 2, \cdots, n-1, a_{i+1}$ 动态数据依赖或者动态控制依赖于 a_i，我们就说变量 y 依赖于变量 x。

（3）由关系运算引起的变量间的依赖关系

关系运算表达式左边表达式的取值受到右边表达式的取值影响，即关系运算表达式中，关系运算符左部的变量依赖关系运算符右部的变量。

（4）由复杂运算引起的变量间的依赖关系

假如关系表达式中有复杂运算（取模运算就是一种复杂运算，如 $a\%b$），并且参加复杂运算的参数都是变量，就会引入变量间的依赖关系。例如，对于复杂运算表达式 $a\%b$，参与运算的参数 a 和 b 都是变量，那就有变量 a 依赖于变量 b，这是因为只有先知道了变量 b 的值才能确定表达式 $a\%b$ 的取值范围，而先知道变量 a 的值并不能确定表达式 $a\%b$ 的取值范围。

以上前两种变量之间的依赖关系可以通过符号分析技术得到，而本书所用算法主要关心后面两种变量之间的关系。这就要利用前面提取的表达式集合 explist（实际上是含有表达式的控制流图节点集）和变量集合 symlist 来确定 symlist 中所有变量的直接相关变量集。该算法的流程如图 3-4 所示，具体描述如下。

① 如果 symlist 为空，则算法结束；否则转去执行②。

② 如果 symlist 中还有未被访问的变量,则依次取 symlist 中的一个变量 var,转去执行③;否则,返回 symlist,算法结束。

③ 若 explist 中还有未被访问的节点,则依次取 explist 中的一个控制流图节点 node,转去执行④;否则转去执行②。

④ 若 node 的表达式中含有变量 var,则将 node 的表达式中除变量 var 之外的所有其他变量都添加到变量 var 的直接相关变量集($\bigcup \rightarrow \text{DirDepvar}^{\text{var}}$)中,转去执行③;否则,转去执行③。

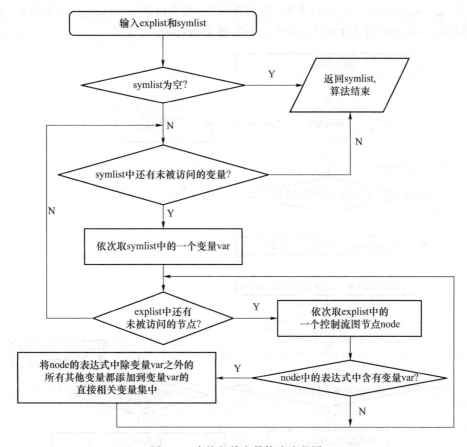

图 3-4　直接相关变量算法流程图

2. 相关变量闭包

变量 a 的直接相关变量集的闭包是变量 a 的直接相关变量集中每一个变量的相关变量集的并集,即

$$\text{Influence}(a) = \text{DInfluence}(a) \bigcup \bigcup_{b \in \text{DInfluence}(a)} \text{Influence}(b) \tag{3-1}$$

变量的直接相关变量集通过"直接相关变量确定算法"可以获得。求直接相关变量集闭包的算法流程如图 3-5 所示,算法描述如下。

① 如果 symlist 为空,则算法结束;否则转去执行②。

② 如果 symlist 中还有未被访问的变量,那么依次取出 symlist 中的一个变量 var,转去执行③;否则,返回 symlist,算法结束。

③ 获取 var 的直接相关变量集 DInfluence(var)。

④ 若 DInfluence(var)不为空,转去执行⑤;否则,转去执行②。

⑤ 若 DInfluence(var)中还有未被访问的变量,则依次取 DInfluence(var)中的一个变量 var_ref,转去执行⑥;否则,转去执行②。

⑥ 获取 var_ref 的直接相关变量集 DInfluence(var_ref)。

⑦ 若 DInfluence(var_ref)为空,转去执行⑤;若 DInfluence(var_ref)不为空,则将 DInfluence(var_ref)并入 DInfluence(var)中,转去执行⑤。

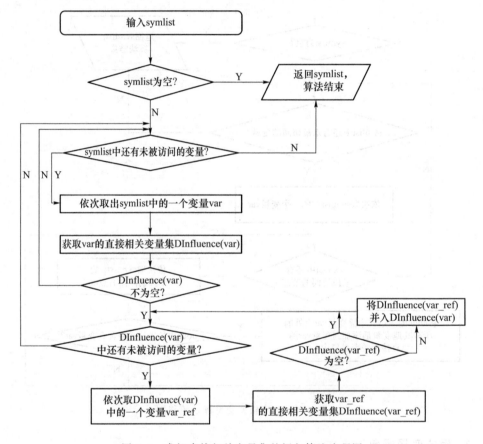

图 3-5　求解直接相关变量集的闭包算法流程图

3.1.5　变量级别确定算法

确定变量的级别是为变量排序所做的预处理工作。简单来讲,变量的级别就是变量在表达式中出现的次序。区间运算的工作机制是从程序入口开始对待覆盖路径进行数据流分析,如果变量的取值在某个分支节点处导致不可达路径的产生,则变量取值失败,不再向下进行数据流分析。距离程序入口越近的表达式对于赋值成功与否的影响越大。因此,需要对程序中的变量进行分级。目前对于变量级别的确定方式如下。

① 默认所有变量的级别为 -1。

② 第一个表达式中出现的变量级别为 0。

③ 同一个表达式中出现的变量的级别相同。

④ 表达式每增加 1 个,级别增加 1 级。

⑤ 变量的级别为 -1 时,这种变量是没有出现在表达式中的变量,它们并不影响其他变量的赋值,因此将它们的优先级设为最低。

在提取完所有表达式之后,接下来的工作就是从表达式中提取变量。在从表达式中提取变量的同时确定变量的级别。因为变量的级别是按变量在表达式中出现的先后次序确定的。由于在提取表达式时提取的是含有表达式的节点,并将这些含有表达式的节点依次存储在线性链表 explist 中,因此为了提取表达式中的变量,需要依次遍历线性链表 explist 中的每一节点。任一变量的级别都初始化为 -1。提取变量,确定变量级别的流程如图 3-6 所示,算法如下所述。

① 定义一个线性链表 symlist 存储提取出来的变量,symlist 初始化为空,由于每一个变量都有与之对应的符号,实际上 symlist 中存储的是变量对应的符号。

② 如果 explist 中还有未被访问的控制流图节点,则依次取 explist 中的一个控制流图节点 node,转去执行③;否则,返回 symlist,算法结束。

③ 获取控制流图节点 node 中的表达式 exp,获取 exp 中的所有变量 expvarlist(调用已有接口就可实现)。

④ 若 expvarlist 中还有未被访问的变量,则依次取 expvarlist 中的一个变量 var,转去执行⑤;否则转去执行②。

⑤ 如果 symlist 中不含变量 var,则设置变量 var 的级别为 node 在 explist 中的序号,并将变量 var 添加到 symlist 中。

⑥ 转去执行④。

3.1.6 不相关变量移除

1. 算法介绍

如前所述,$X=\{x_1,x_2,\cdots,x_n\}$ 是被测程序 PUT 的输入变量集合。被搜索的状态空间应该考虑到 X 中每一个 $x_i(i=1,2,\cdots,n)$ 的可能取值。但是并非每个 x_i 都会影响到 PUT 中每条路径的可达性。仍以图 3-2 中的被测程序 test1 为例,如果采用分支覆盖,则有 4 条待覆盖路径。但是输入变量 x_3 只与 Path2:0→1→3→4→8→9→10、Path3:0→1→3→5→6→7→8→9→10 和 Path4:0→1→3→5→7→8→9→10 相关,而与 Path1:0→1→2→9→10 无关。因此,在为 Path1 生成测试用例时,对于 x_3 所做的搜索是无用的,因为它的取值并不会影响 Path1 的可达性。所以从状态空间中移除对于路径不相关的输

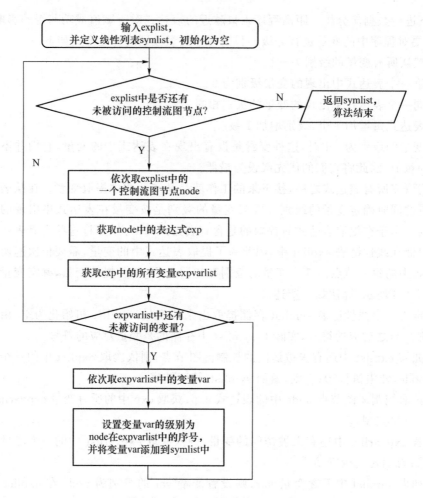

图 3-6 变量级别确定算法流程图

入变量，而只考虑相关变量，将会提高搜索过程的效率。相关变量和不相关变量的定义如下。

定义 3-5 路径 p 的相关变量(relevant variable)是能够影响 p 是否可达的输入变量。具体来说，对于所有输入变量的集合 $\{x_i \mid x_i \in X, i=1,2,\cdots,n\}$ 中的每一个变量，存在着一组相应的赋值 $\{V_i \mid V_i \in D_i, i=1,2,\cdots,n\}$，这组赋值使得 p 不可达。但是若对应于某一个变量的赋值改变了，例如，x_g 的值从 V_g 变成了 V_g'，输入 $\{V_1,V_2,\cdots,V_g',\cdots,V_n\}$ 令 p 可达，则 x_g 是路径 p 的一个相关变量。

定义 3-6 路径 p 的不相关变量(irrelevant variable)是不能影响 p 是否可达的输入变量。具体来说，对于所有使得路径 p 不可达的输入变量值的集合 $\{V_i \mid V_i \in D_i, i=1, 2,\cdots,n\}$，若对应于某一个变量的赋值改变了，例如，$x_g$ 的值从 V_g 变成了 V_g'，输入 $\{V_1, V_2,\cdots,V_g',\cdots,V_n\}$ 仍然令 p 不可达，则 x_g 是路径 p 的一个不相关变量。

之所以会出现不相关变量，正是由于区间抽象域无法表示出变量之间的关系。通过静态分析技术可以判断变量对于路径的相关性并进行不相关变量移除(Irrelevant

Variable Removal,IVR),从而缩小算法的搜索空间。

通常来说,对于某一条路径,每个变量是否与路径相关或不相关并不能完全确定下来,这是由被测程序的结构复杂与否来决定的。但是我们仍然可以通过静态分析技术对变量与路径的相关性进行保守估计。下面的分析考虑到被测程序中最常见的情况,即每个谓词条件是输入变量的线性表达式。假如路径上有 k 个分支,为了确定一条路径的相关变量,则需要对于每一个分支 $(n_{qa},n_{qa+1})(a\in[1,k])$ 进行访问,即需要判断是否每个变量出现在每个分支上。所以我们给出下面的定义和算法。结合算法 BFS-BB 的复杂性和变量个数的关系,我们给出命题 3-1 来计算 IVR 的效果。

定义 3-7　分支条件 $\mathrm{Br}(n_{qa},n_{qa+1})$ 是分支 $(n_{qa},n_{qa+1})(a\in[1,k])$ 上的约束,它可以表示成如下形式:

$$\mathrm{Br}(n_{qa},n_{qa+1})=\sum_{j=1}^{n}a_j\,x_j\,\mathbb{R}\,c \qquad (3\text{-}2)$$

其中,$\mathbb{R}$ 是关系运算符,$a_j(j\in[1,n])$ 和 c 都是常数。

算法 3-2　Irrelevant Variable Removal

输入 $\mathrm{Br}(n_{qa},n_{qa+1})(a\in[1,k])$:路径上 k 个分支条件

　　 $X=\{x_1,x_2,\cdots,x_n\}$:输入变量集合

输出 X_{rel}:路径相关变量集

　　 X_{irrel}:路径不相关变量集

1: $X_{\mathrm{rel}}\leftarrow\varnothing$;

2: $X_{\mathrm{irrel}}\leftarrow\varnothing$;

3: **foreach** $\mathrm{Br}(n_{qa},n_{qa+1})(a\in[1,k])$

4:　　　**if** $(X_{\mathrm{rel}}=X)$

5:　　　　**break**;

6:　　　**else if** $(a_j\neq 0)$

7:　　　　　$X_{\mathrm{rel}}\leftarrow X_{\mathrm{rel}}\bigcup\{x_j\}$;

8: $X_{\mathrm{irrel}}\leftarrow X-X_{\mathrm{rel}}$;

9: **return** $X_{\mathrm{rel}},X_{\mathrm{irrel}}$;

命题 3-1　对于某条路径来说,采用 IVR 相比于不采用 IVR,可以使算法 3-1 消耗更少的区间运算次数,从而降低算法的复杂度。

证明　算法 3-6(后面会详细介绍)是在其他变量保持不变的情况下,对同一个变量连续进行赋值的过程,每次赋值都会消耗一次区间运算,最坏的情况就是用掉了所有 m 次机会。由此我们可以得到算法的时间复杂度是 $O(mn)$。令 X_{rel} 代表路径 p 的相关变量集合,X_{irrel} 代表路径的不相关变量集合,则每当 X_{rel} 里多一个元素,算法所耗费的区间运算将会以指数级增长。如果所有的不相关变量都从搜索空间中移除,则算法的时间复杂度将会降低 $m|X_{\mathrm{irrel}}|$。$|X_{\mathrm{irrel}}|$ 是不相关变量集合里的元素个数。以上是不回溯情况下的结果,而在线性约束的情况下,BFS-BB 所执行的多是不回溯的搜索,所以 IVR 对于 BFS-BB 的效率提升是很明显的。

2. 实例分析

本实例用来说明不相关变量移除的过程。对图 3-2 所示程序采用分支覆盖，有 4 条待覆盖路径，分别为 Path1:0→1→2→9→10、Path2:0→1→3→4→8→9→10、Path3:0→1→3→5→6→7→8→9→10 和 Path4:0→1→3→5→7→8→9→10。我们对所有路径进行 IVR 处理，可以得到表 3-2 所示的处理过程，对于检测出不相关变量的位置以加粗表示。

表 3-2　对图 3-2 进行 IVR 处理过程

路径	分支条件	a_1	a_2	a_3	X_{rel}	X_{irrel}
Path1:0→1→2→9→10	$x_1 - x_2 \leqslant 0$	**1**	**−1**	0	$\{x_1, x_2\}$	$\{x_3\}$
Path2:0→1→3→4→8→9→10	$x_1 - x_2 > 0$	**1**	**−1**	0	$\{x_1, x_2, x_3\}$	$\varnothing$
	$x_3 - x_2 \leqslant 0$	0	−1	1		
Path3:0→1→3→5→6→7→8→9→10	$x_1 - x_2 > 0$	**1**	**−1**	0	$\{x_1, x_2, x_3\}$	$\varnothing$
	$x_3 - x_2 > 0$	0	−1	1		
	$3x_3 \geqslant -5$	—		—		
Path4:0→1→3→5→7→8→9→10	$x_1 - x_2 > 0$	**1**	**−1**	0	$\{x_1, x_2, x_3\}$	$\varnothing$
	$x_3 - x_2 > 0$	0	−1	1		
	$3x_3 < -5$	—		—		

3.2　搜索加速算法

3.2.1　基于抽象解释的区间迭代优化策略

1. 问题的提出

区间运算对于分支限界非常重要。不管是路径可达性判断还是赋值的判断，都需要调用区间运算。而分支限界由于涉及对于路径约束的精确分析，比 CTS 组的其他模块需要功能更强大的区间运算。实际上，预处理和状态空间搜索阶段都会用到区间运算。下面用一个例子来说明为什么对区间运算进行优化。

例 3-1　不等式组

$$A: \begin{cases} b < a \\ b > 0 \end{cases} \quad a, b \in \mathbf{Z} \quad \text{和} \quad B: \begin{cases} b > 0 \\ b < a \end{cases} \quad a, b \in \mathbf{Z}$$

很显然 A 和 B 的解区间集都是 $\{a: [2, +\inf], b: [1, \inf]\}$。如果将 A、B 两个不等式组作为分支限界的被测函数的控制条件，那么它们分别对应如下程序的所有 if 真分支经过的路径：

```
A：void f(int a,int b){
    if(b<a)
      if(b>0)
        ;
    }
B：void f(int a,int b){
    if(b>0)
      if(b<a)
        ;
    }
```

A 组和 B 组经过区间运算所得到的最终结果是不同的，A 组为 $\{a:[-\inf,+\inf]$，$b=[1,\inf]\}$，B 组为 $\{a:[2,+\inf]$，$b:[1,+\inf]\}$。可以看出 B 组的结果更加精确，这是由于区间运算是按照先后顺序求解的，而 A、B 组的区别就在于两个约束条件的先后顺序不同。A 组在第 2 行出现了 $b>0$ 的约束，而区间运算是顺序分析的，这个约束无法作用于第 1 行的 $a>b$，从而导致 a 的取值区间不够精确。如果不进行优化，在求解 A 组时会在空间 $\{a:[-\inf,1]$，$b:[1,\inf]\}$ 上浪费时间。

2. 优化策略

下面结合分支限界搜索和区间运算的特点考虑算法优化的策略。由于搜索树上的每个状态都对应一个所有变量的稳定区间集，这个稳定区间集是通过区间运算判定是否包含有效解的。从一个状态到下一个状态之间，即从一个稳定区间集到下一个稳定区间集之间，可以进行多次迭代，每一次迭代生成的中间结果是两次稳定区间集之间的临时区间集。临时区间集中有可能出现区间为空的变量，从而导致路径不可达，其原因就是在当前稳定区间集中所选取的当前变量的赋值不是一个有效解，需要从稳定区间集中选择其他的值。

从区间运算的角度来说，由于每一次运算的初始条件作为上一次迭代的结果，是符合前一次顺序处理的结果的，因此在此次运算中，初始条件作为包含上一次顺序处理的约束而存在。如果其中某一步的区间运算给出的结果超出初始条件的范围，即为不满足上一次的约束，此结果就会被"剪枝"。迭代达到稳定即是到达了两次状态之间的不动点。同时，迭代的区间运算策略可以在算法执行前进行路径可达性的预判，对于不可达路径可以避免后续测试用例生成的无用功。简单来说，在顺序得到的区间运算给出的初步取值区间之后，将这些变量的取值区间作为下一次区间运算的输入进行迭代运算，如此循环，直至最终的区间不再发生变化。

定义 3-8 $(D_1,D_2,\cdots,D_n)_0$ 是在分支限界中所有变量赋值前预处理得到的各变量的区间集。

定义 3-9 $(D_1,D_2,\cdots,D_n)_i(i=1,2,\cdots,n)$ 是在分支限界中第 i 个变量赋值前各变量对应的区间集。

(1) $(D_1, D_2, \cdots, D_n)_0 \rightarrow (D_1, D_2, \cdots, D_n)_1$：对 $(D_1, D_2, \cdots, D_n)_0$ 进行迭代的区间运算过程

① 如果迭代达到稳定，将得到的稳定的区间进行区间初始化后得到的 $(D_1, D_2, \cdots, D_n)_1$ 作为分支限界的输入。

以例 3-1 中的 A 为例，预处理得到的初始区间 $(D_a, D_b)_0$ 是 $\{a:[-\inf, +\inf], b:[1, +\inf]\}$，将此区间代入路径进行计算。

第 1 次迭代：

$$\text{开始}：\{a:[-\inf, +\inf], \quad b:[1, +\inf]\}$$

处理：　$b<a$　结果：$\{a:\mathbf{[2, +\inf]}, \quad b:[1, +\inf]\}$

处理：　$b>0$　结果：$\{a:[2, +\inf], \quad b:[1, +\inf]\}$

注：加粗字体为处理一条语句后区间发生变化的情况。

此次迭代的结果为 $\{a:[2, +\inf], b:[1, +\inf]\}$，与输入 $\{a:[-\inf, +\inf], b:[1, +\inf]\}$ 不同，将此次结果作为下一次的输入继续迭代。

第 2 次迭代：

$$\text{开始}：\{a:[2, +\inf], b:[1, +\inf]\}$$

处理：　$b<a$　结果：$\{a:[2, +\inf], b:[1, +\inf]\}$

处理：　$b>0$　结果：$\{a:[2, +\inf], b:[1, +\inf]\}$

此次迭代的结果为 $\{a:[2, +\inf], b:[1, +\inf]\}$，与输入 $\{a:[2, +\inf], b:[1, +\inf]\}$ 相同，返回此次的结果。

可见此结果与约束条件

$$B:\begin{cases} b>0 \\ b<a \end{cases} a, b \in \mathbf{Z}$$

的解空间 $\{a:[2, +\inf], b:[1, +\inf]\}$ 一致，消除了区间运算顺序处理的不足。

② 如果经过迭代发生矛盾，则说明给定的路径区间有问题，在预处理阶段就判断路径为不可达路径，无法生成测试用例，提前退出分支限界。

例 3-2　void f(int a, int b){

　　　　if(b>a)

　　　　　if(b<-4)

　　　　　　if(a>0)

　　　　　　　...;　}

对所有 if 真分支生成测试用例。

第 1 次迭代：

$$\text{开始}：\{a:[-\inf, +\inf], b:[-\inf, +\inf]\}$$

处理：　$b>a$　　结果：$\{a:[-\inf, +\inf], b:[-\inf, +\inf]\}$

处理：　$b<-4$　结果：$\{a:[-\inf, +\inf], \mathbf{b:[-\inf, -5]}\}$

处理：　$a>0$　　结果：$\{\mathbf{a:[1, +\inf]}, b:[-\inf, -5]\}$

处理：　$\cdots;$　结果：$\{a:[1, +\inf], b:[-\inf, -5]\}$

注：加粗字体为处理一条语句后区间发生变化的情况。

优化前的区间运算会将结果 $\{a:[1,+\text{inf}],b:[-\text{inf},-5]\}$ 作为 $(D_a,D_b)_1$ 给出,作为变量的取值范围进行测试用例生成。但是可以很明显地看到,$\{a:[1,+\text{inf}],b:[-\text{inf},-5]\}$ 与第一个约束条件 $b>a$ 是矛盾的,因此无论怎么选值都不符合这个约束要求。当对区间运算进行优化之后,由于第一次的结果与输入不相等,因此还需要进行迭代。

第 2 次迭代:

$$\text{开始}:\{a:[1,+\text{inf}],b:[-\text{inf},-5]\}$$
$$\text{处理}:\quad b>a \quad \text{结果}:\{a:\varnothing,b:\varnothing\}\text{发生矛盾!}$$

在初始区间迭代过程发生矛盾,这说明此路径为不可达路径,无法得到 $(D_a,D_b)_1$,直接进入不可达路径的处理流程,不再生成测试用例,省去了大量的工作。

(2) $(D_1,D_2,\cdots,D_n)_{i-1} \rightarrow (D_1,D_2,\cdots,D_n)_i (i=2,3,\cdots n)$:对 $(D_1,D_2,\cdots,D_n)_{i-1}$ 进行迭代的区间运算过程

由于搜索中的每一个状态都对应一个区间运算不产生矛盾的最简区间集,并且这个最简区间集中一定是包含有效解的。从第一个最简区间集 $(D_1,D_2,\cdots,D_n)_1$ 到下一个最简区间 $(D_1,D_2,\cdots,D_n)_2$ 之间需要经过多次迭代,每一次迭代生成的中间结果看作两次最简区间集之间的临时区间集。临时区间集有可能不可达,不可达的原因就是在最简区间集 $(D_1,D_2,\cdots,D_n)_1$ 中,当前变量(假设 x_1)的赋值不是一个有效解,所以需要从 $(D_1,D_2,\cdots,D_n)_1$ 中选择其他的值再进行试探。当 i 为 $3,\cdots,n$ 时,处理流程类似。一次迭代区间运算(Iterative Interval Arithmetic,IIA)的流程如图 3-7 所示。使用区间迭代优化策略的分支限界算法流程如图 3-8 所示,其中加粗部分为涉及迭代区间运算的部分。

3. 理论分析

在迭代区间运算过程中,变量区间集是单调缩小的。这是由于每一次的区间运算都由初始值来限制,初始条件作为上一次迭代的结果,是符合前一次顺序处理的结果的,因此在此次区间运算中,初始条件作为包含上一次顺序处理的约束而存在。如果其中某一步的区间运算给出的结果超出初始条件的范围,即为不满足上一次的约束,此结果就会被"剪枝"。最终达到新的稳定区间集 $(D_1,D_2,\cdots,D_n)_{i+1} \in (D_1,D_2,\cdots,D_n)_i (i=1,2,\cdots,n-1)$。这个过程可以用抽象解释中的 Narrowing 算子解释。

命题 3-2 在每次迭代的区间运算中,变量的区间是单调缩小的。

证明 L 是一个高度有限的格。需要为单调函数 F 找到一个收敛的递减序列 $\{b_n\}$。其中,L 为区间抽象域,F 为一次从入口到出口的路径分析,x_n 为每次作为输入的变量区间集,b_n 为顺次递减的稳定变量区间集。Narrowing $\Delta:L\times L\rightarrow L$ 满足以下条件。

① $x\leqslant y \rightarrow x\leqslant x\Delta y\leqslant y$。

② 对于任何递减的序列 $\{x_n\}_n$,"narrowed"后的序列 y_n 收敛:

$$y_0=x_0 \qquad y_{n+1}=y_n\Delta x_{n+1}$$

也就是说,任何严格递减的序列 $\{y_n\}$ 都是有限的。

将每两次稳定区间 $(D_1,D_2,\cdots,D_n)_i$ 和 $(D_1,D_2,\cdots,D_n)_{i+1}$ 之间的临时区间 $\text{temp}D_j(j=1,2,\cdots,m$,假设迭代 m 次达到稳定)看作一个递减的序列,则在进行一系列的迭代之后

到达的稳定区间就是经过收敛的序列极限值,即

$$(D_1, D_2, \cdots, D_n)_1 = \mathrm{temp}D_1 \qquad (D_1, D_2, \cdots, D_n)_{i+1} = (D_1, D_2, \cdots, D_n)_i \Delta \mathrm{temp}D_m$$

$(D_1, D_2, \cdots, D_n)_{i+1}$ 就是经过迭代后得到的稳定区间。

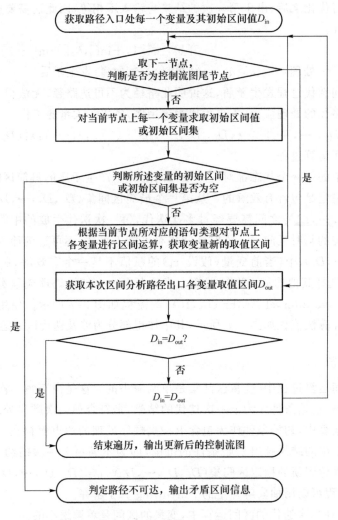

图 3-7　一次区间迭代运算流程图

3.2.2　变量动态排序决策机制

最佳优先搜索的分支限界法将活节点表组织成一个优先队列,按优先队列中规定的节点优先级选取优先级最高的下一个节点成为当前扩展节点。如上所述,用状态表示每个节点,其中变量区间状态有序集是根据决策机制确定的。本书提供了动态的决策机制确定变量的排序,这个排序就是变量赋值顺序的优先级。在很多搜索算法中,决定变量赋值顺序的原则都是它们的区间大小,因为这样可以令整个搜索树的节点数目最小。但

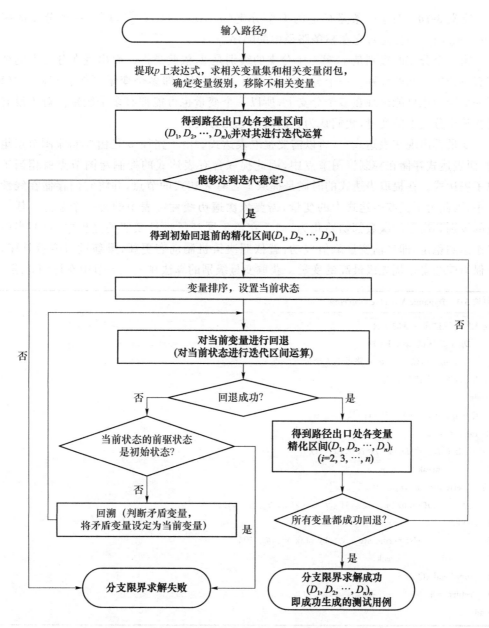

图 3-8 使用区间迭代优化策略的分支限界算法流程图

是当不同的变量具有相同的区间大小时,利用区间大小排序的决策机制就失效了,需要有一种补充策略来解决这种无法打破的僵局。

分支限界调用的区间运算部分从程序入口开始对待覆盖路径进行数据流分析,如果变量的取值在某个分支节点处导致不可达路径的产生,则赋值失败,不再向下进行数据流分析。距离程序入口越近的表达式对于赋值成功与否的影响越大。因此,需要结合表达式出现的顺序对程序中的变量进行分级。因为变量存在于控制流图的分支节点上,因此给出级别的定义。

定义 3-10 对于一条路径上的 k 个分支 $(n_{qa}, n_{qa+1})(a \in [1, k])$，一个分支的级别 rank$(n_{qa}, n_{qa+1})$ 标志着它在整条路径中的顺序。

第一个分支的级别是 1，第二个分支的级别是 2，依此类推。而出现在分支上的变量拥有与分支相同的级别。一个分支上可能有多个变量，即多个变量可能有相同的级别。而一个变量也可能出现在多个分支上，所以一个变量也可能拥有多个级别。对于没有出现在某个分支上的变量，我们认为它的级别是无穷大。

变量都出现在表达式中，所以需要提取表达式。由于路径 p 是由控制流图节点组成的，而表达式存储在控制流图节点中，因此提取含有表达式的控制流图节点就相当于提取了表达式。在提取表达式的时候是提取了含有表达式的节点，并将它们存储在线性链表中，因此为了提取表达式中的变量，需要依次遍历线性链表中的每一个节点。任一变量的级别和出现的次数都初始化为 -1。在给不同变量进行赋值的过程中，只要当前的状态达到稳定，即当前变量赋值成功，就依照决策机制动态更新，重新进行变量排序，以确保当前变量是优先级最高的变量。获取变量级别的算法在 3.1.5 节中有详细介绍。

算法 3-3 Dynamic Variable Ordering

输入 FV：待排序变量的集合

    D_i：x_i 的区间（$x_i \in$ FV）

    $(n_{qa}, n_{qa+1})(a \in [1, k])$：路径上 k 个分支节点

输出 x_i：下一个待赋值变量

Begin

1：$Q_i \leftarrow$ quicksort(FV, $|D_i|$)；

2：**for** $i \rightarrow 1$：$|Q_i|$

3：   **if** $(|D_i| \neq |D_j|)$ $(j > i$；$x_i, x_j \in Q_i)$

4：   **break**；

5：   **else for** $(n_{qa}, n_{qa+1})(a \in [1, k])$

6：   **if** $(\text{rank}(n_{qa}, n_{qa+1})(x_i) = \text{rank}(n_{qa}, n_{qa+1})(x_j))$

7： $a{+}{+}$；

8：   **else** permutate x_i, x_j by rank(n_{qa}, n_{qa+1})；

9：   **break**；

10：$x_i \leftarrow$ head(Q_i)；

11：**return** x_i；

End

这是一个双关键字（区间大小＋变量级别）排序。通过快速排序（quick sort）得到根据区间大小的排序结果，对于相同区间大小的变量会从入口开始沿着整个路径根据变量级别进行排序，一旦得出结果则随时退出，因为只要得到序列的第一个元素即可。这个双关键字排序正是 BFS-BB 中使用的排序方法，现在也考虑加入更多的元素进行多关键字排序，并通过实验验证其效果。

3.2.3 基于爬山法的求解

爬山法应用于测试用例自动生成由来已久,正如第 2 章所述,它虽然快速高效,但是具有局部收敛的特性,很容易陷入局部极值或者由于局部无解而导致整体求解失败。本节对于爬山法的应用是对于其优势的一种发挥,并通过分支限界的总体协调极大范围地避免了由于局部无解导致的求解失败。

将分支限界作为全局搜索算法动态建立搜索树,通过 3.2.2 节中介绍的高效的变量动态排序决策机制后迅速进入局部求解,而爬山法具有快速收敛的特点,在局部有解时可以快速找到局部解,在局部无解时可以快速返回全局算法分支限界进行回溯。具体说来,爬山法用于从其取值区间内为当前变量选取一个确定值进行赋值,将山顶定义为区间运算判断不产生矛盾的赋值,在每次赋值后都通过计算目标函数值来计算是否到达山顶。爬山法与分支限界的关系如图 3-9 所示。

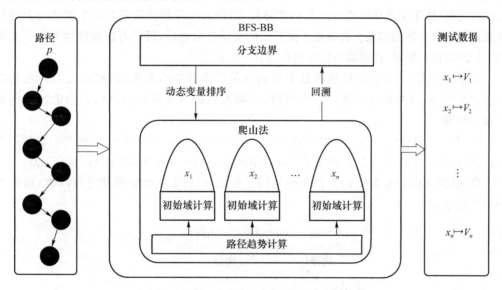

图 3-9 爬山法与分支限界的关系示意图

1. 启发式选取初始值

变量初始值的选取对搜索算法能否成功至关重要。一方面,如果搜索本身是无回溯的,则每个变量的初始值就是最终解的一部分;另一方面,如果初始值选取合适,就会引导搜索以无回溯的方式进行。在目前常用的搜索算法中,初始值主要通过以下两种方式选取。

① 动态法多随机选取初始值,这样可以多次执行算法返回不同的测试用例,保证了测试用例的多样性,但是这种随机选取的方法没有任何启发式规则的指引,经常会导致大量的迭代。

② 很多二分搜索法选取中值作为初始值,这样会导致在无回溯时多次执行算法返回同一组用例,无法保证测试用例的多样性。

因此,对于初始值的需求,有以下几个条件。

a. 要保证测试用例的多样性,即不能多次执行算法返回一组相同的用例。

b. 根据统计,C 程序中出现的线性约束占了绝大多数(大概 90%)。

c. 二分法对顺序存储的数据结构(区间抽象域在 CTS 内是顺序存储的)是一种很有效的查找方法。

为了兼顾测试用例的多样性和算法的效率,在使用启发式规则判定初始值选取范围后随机选取初始值。通过符号分析和区间运算技术,可以提取和每个变量相关的表达式,从而对变量在这些表达式中的性质进行分析。为了满足每个表达式,将变量分为 3 类:正变量(其取值越大越容易满足表达式)、负变量(其取值越小越容易满足表达式)和中性变量(除正变量和负变量之外的变量)。而对于整条路径上的约束,变量也分为 3 类:正变量(其取值越大越容易满足路径上的所有表达式)、负变量(其取值越小越容易满足路径上的所有表达式)和中性变量(除正变量和负变量之外的变量)。路径上的变量性质是对每个表达式上变量性质进行统计计算的结果。在确定了路径上的变量性质之后,可以有针对性地对每个变量的初始区间进行削减,在削减后的区间内为其选取初始值。

基于以上分析,我们将这两种选取初始赋值的方式结合起来,即在启发式确定初始赋值的范围后,对初始区间进行二分削减,在削减后的区间内随机选取初始值。具体包括以下步骤。

① 为了满足条件 a,值的选取不能是唯一的,所以选择在一个区间 D' 内为变量随机选取值,但是这个区间 D' 应该是发生矛盾前取值区间 D 的一个子集,即 $D \rightarrow D'(D' \subset D)$。

② 根据条件 b 和条件 c,可以考虑使用二分法对区间 D 在中点处进行压缩,则有两种可能的选择:

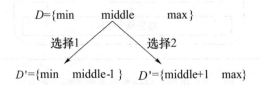

需要确定进行哪种选择,并确定初始区间 D' 是 D 中以中值为界偏大的一半还是偏小的一半。

③ 如何确定是偏大还是偏小的一半?需要知道当前变量 x_i 与每个分支上的约束之间有怎样的联系。我们提出将分支上的约束表示成当前变量的函数,并依据复合函数的单调性来进行区间压缩的方法,如下所示。

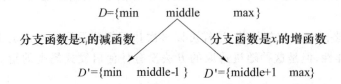

定义 3-11　令 B 为布尔值的集合 $\{\text{true},\text{false}\}$，$D_i$ 是变量 x_i 的取值区间，分支函数 $\text{Br}(n_{qa},n_{qa+1})(x_i)$：$D_i \to B$（$n_{qa}$ 是一个分支节点）可以定义如下：

$$\text{Br}(n_{qa},n_{qa+1})(x_i):D_i \to B = \left(a_i x_i + \sum_{j \neq i} a_j x_j\right)\mathbb{R}c \qquad (3\text{-}3)$$

式（3-3）是对式（3-2）的扩展，其中 $\sum\limits_{j \neq i} a_j x_j$ 是除了 x_i 之外其他变量的线性组合，我们认为它对于 x_i 是一个常数，它可以对变量初始值的选取提供一个重要依据，即分支函数和当前变量之间的单调性关系。函数的单调性是对于某个区间而言的，它是一个局部概念，描述了函数的输出与输入的变化之间的关系。具体来说，它给出了这样的信息：输出是与输入的变化同方向还是反方向。在将分支函数分解为基本函数后，如果每个基本函数的单调性可知，那么根据以下命题，作为合成函数的分支函数的单调性也可以得到，从而我们可以知道如果令分支函数取 true（单调增加），那么输入变量应该怎样取。

命题 3-3　令 $f_1:X_1 \to Y_1$，$f_2:X_2 \to Y_2$，$\cdots$，$f_n:X_n \to Y_n$ 是一组分段单调函数，且 $Y_i \subseteq X_{i+1}$，若 $F_n:X_1 \to Y_n$ 是一个合成函数 $f_n \circ f_{n-1} \circ \cdots \circ f_1$，则 F_n 也是一个分段单调函数。

证明　使用数学归纳法。

当 $F_1 = f_1$ 时，根据已知条件可知 F_1 是分段单调函数。

假设 $F_i = f_i \circ F_{i-1}$ 是分段单调函数。当 $F_{i+1} = f_{i+1} \circ F_i$ 时，令 I 为 F_i 定义域上的一个子集，x 和 x' 是 I 内任意两个元素，且 $x \leqslant_X x'$，则要么 $F_i(x) \leqslant_{Y_i} F_i(x')$（当 F_i 为增函数时），要么 $F_i(x) \geqslant_{Y_i} F_i(x')$（当 F_i 为减函数时）。为了简便，我们统一记作 $F_i(x)\mathbb{R}F_i(x')$，其中 $\mathbb{R} \in \{\leqslant,\geqslant\}$。已知 f_{i+1} 也是分段单调的，则对于 $F_{i+1} = f_{i+1} \circ F_i = f_{i+1}(F_i)$，因为 $F_i(x)\mathbb{R}F_i(x')$，且 f_{i+1} 单调，可以得到 $f_{i+1}(F(x))\mathbb{R}f_{i+1}(F(x'))$，其中 $\mathbb{R} \in \{\leqslant,\geqslant\}$。

定义 3-12　路径变量性质 PathTendency $\in \{\text{positive},\text{negative}\}$ 是变量在一条路径上的性质，它有利于路径上所有条件的满足，为变量初始区间的选取提供启发信息。性质为 positive 意味着应选取一个较大的初始值，性质为 negative 意味着应该选取一个较小的初始值。

计算路径变量性质需要计算变量 x_i 在每个分支 (n_{qa},n_{qa+1})（$a \in [1,k]$）的权值 $w_i(n_{qa},n_{qa+1})$ 以及它的路径权值 pw_i，并通过式（3-4）和式（3-5）分别计算。

$$w_i(n_{qa},n_{qa+1}) = \begin{cases} \dfrac{|a_i|}{|a_i| + \sum\limits_{j \neq i} |a_j|}, & \text{Br}(x_i)(n_{qa},n_{qa+1}) \text{ 单调递增} \\[4mm] -\dfrac{|a_i|}{|a_i| + \sum\limits_{j \neq i} |a_j|}, & \text{Br}(x_i)(n_{qa},n_{qa+1}) \text{ 单调递减} \end{cases} \qquad (3\text{-}4)$$

$$\text{pw}_i = \sum_{a=1}^{k} w_i(n_{qa},n_{qa+1}) \qquad (3\text{-}5)$$

算法 3-4　Path Tendency Calculation

输入 X_{rel}：路径的相关变量集合

　　pw_i：变量 x_i 的路径权重 $(x_i \in X_{rel})$

输出 Path-Tendency ＜Variable,PathTendency＞：存储 X_{rel} 中每个变量性质的哈希表

Begin

1：Path-Tendency←null;

2：**foreach** $x_i \in X_{rel}$

3：　　　**if** $(pw_i > 0)$

4：　　　　Path-Tendency←Path-Tendency $\bigcup \{<x_i, positive>\}$;

5：　　　**else if** $(pw_i < 0)$

6：　　　　　Path-Tendency←Path-Tendency $\bigcup \{<x_i, negative>\}$;

7：**return** Path-Tendency;

End

算法 3-5　Initial Domain Calculation

输入 $D_i = [min, max]$：x_i 的区间

　　　Path-Tendency ＜Variable,PathTendency＞：存储 X_{rel} 中每个变量性质的哈希表

输出 D_{i1}：用来选取变量 x_i 初始值的区间

Begin

1：PathTendency(x_i)←retrieval of Path-Tendency;

2：**if**(PathTendency(x_i) = positive)

3：　　D_{i1}←$[(min+max)/2, max]$;

4：**else if**(PathTendency(x_i) = negative)

5：　　　D_{i1}←$[min, (min+max)/2]$;

6：**return** D_{i1};

End

---

2. 爬山过程

　　爬山法的应用主要是为了解决等式约束的问题,我们也将其扩展到不等式,即爬山法可以解决目前出现的常见关系表达式。爬山法调用区间运算判断当前变量 x_i 的值 V_{ij} 是否会产生矛盾。换言之,能够令区间运算不矛盾的 x_i 的一个值 V_{ij} 就是我们要寻找的山顶。为了更好地说明爬山法的工作原理,我们对路径上的分支条件进行了分解,如图 3-10 所示。

　　若路径上有 k 个分支节点,那么所对应的 k 个分支函数都为 true 才能保证路径可达;否则少于 k 个分支条件为 true,那么分支函数取值为 false 的分支需要被定位出来并对矛盾的情况进行分析,进而对当前变量 x_i 的区间 D_{ij} 进行削减。对分支条件 $Br(n_{qa}, n_{qa+1})(a \in [1, k])$ 是否能够为 true 的判断取决于两个区间的取值,即进入第 a 个分支的变量区间 D^a(满足前面的 $a-1$ 个分支条件)和满足第 a 个分支条件的变量区间 $\tilde{D}^a$,后者是将前者代入 $Br(n_{qa}, n_{qa+1})$ 计算的结果。如果 $D^a \bigcap \tilde{D}^a \neq \varnothing$,则可以确定 $D^a \bigcap \tilde{D}^a$ 既满

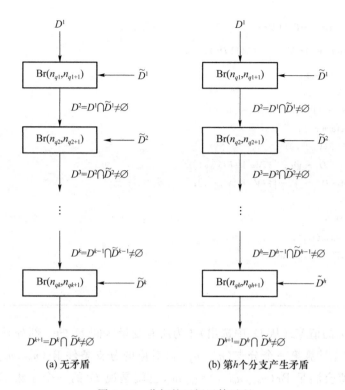

(a) 无矛盾 (b) 第 h 个分支产生矛盾

图 3-10　分解的区间运算过程

足前面的 $a-1$ 个分支条件,也满足第 a 个分支条件。区间运算可以继续向下判断剩下的分支条件。

　　图 3-10(a)为一次成功的赋值,k 个分支条件都得到了满足,在它完成之后就可以进行剩余变量的排序了;图 3-10(b)是一次失败的赋值,第 $h(1 \leqslant h \leqslant k)$ 个分支条件没有得到满足,后续的算法就需要对矛盾的条件进行判断。我们将添加爬山法的 BFS-BB 称为 BB-HC(Branch and Bound-Hill Climbing),其具体过程如算法 3-6 所示。

算法 3-6　BB-HC

输入 D_{i1}：选取 x_i 初始值的区间

　　V_{i1}：x_i 的初始值

输出 当爬山失败时,$S_{cur} = (Pre, x_i, D_{ij}, V_{ij}, inactive)$

　　当爬山成功时,$S_{cur} = (Pre, x_i, D_{ij}, V_{ij}, extensive)$

Begin

1：$F(V_{i1}) \leftarrow 0$;

2：**while** $(|D_{ij}| > 1 \& \& j <= m)$

3：　　　**for** $a \rightarrow 1 : k$

4：　　　　　$Br(n_{qa}, n_{qa+1})(x_{ij}) \leftarrow false$;

5：　　　　　$\widetilde{D}^a \leftarrow calculate\ Br(n_{qa}, n_{qa+1})(x_i)\ with\ D^a$;

6：　　　　　**if** $(D^a \bigcap \widetilde{D}^a \neq \varnothing)$

7：　　　　　　　$Br(n_{qa}, n_{qa+1})(x_{ij}) \leftarrow true$;

8： $D^{a+1} \leftarrow D^a \cap \widetilde{D}^a$；

9： **else** $F(V_{ij}) \leftarrow V_{ij} - \sum\limits_{h=1}^{a}(D^h \cap \widetilde{D}^h)(x_i)$；

10： **break**；

11： **if** $(F(V_{ij})=0)$

12： $S_{cur} \leftarrow (\text{Pre}, x_{ij}, D_{ij}, V_{ij}, \text{extensive})$；

13： **return** S_{cur}；

14： **else if** $(F(V_{ij}) < 0)$

15： $D^* \leftarrow [V_{ij}+1, V_{ij}+|F(V_{ij})|]$；

16： **else** $D^* \leftarrow [V_i-|F(V_{ij})|, V_{ij}-1]$；

17： $j++$；

18： $D_{ij} = D^*$；

19： $V_{ij} \leftarrow \text{select}(D_{ij})$；

20： $S_{cur} \leftarrow (\text{Pre}, x_i, D_{ij}, V_{ij}, \text{inactive})$；

21： **return** S_{cur}；

End

当前变量 x_i 的值 V_{ij}（从 D_{ij} 中选出）作为所有变量区间 D^1 的一部分是区间运算的输入，区间运算首先计算第一个分支 (n_{q1}, n_{q1+1}) 对应的分支条件 $\text{Br}(n_{q1}, n_{q1+1})$。通常 D^1 里只有一部分值会满足 $\text{Br}(n_{q1}, n_{q1+1}) = \text{true}$，也就是说 D^1 的一个子集 D^2 会保证 (n_{q1}, n_{q1+1}) 可达，记作 $D^1 \xrightarrow{\text{Br}(n_{q1}, n_{q1+1})} D^2$。然后区间运算继续判断 D^2 是否能够满足 $\text{Br}(n_{q2}, n_{q2+1})$。同理通常只有 D^2 的一个子集 D^3 会保证分支 (n_{q2}, n_{q2+1}) 可达，即 $D^2 \xrightarrow{\text{Br}(n_{q1}, n_{q1+1})} D^3$。这个过程会在路径上一直进行，直到所有的 k 个分支条件都得到满足，表现为分支条件的约束在这条路径上进行传播，同时变量的区间得到了压缩，记为 $D^1 \xrightarrow{\text{Br}(n_{q1}, n_{q1+1})} D^2 \xrightarrow{\text{Br}(n_{q2}, n_{q2+1})} D^3 \cdots D^k \xrightarrow{\text{Br}(n_{qk}, n_{qk+1})} D^{k+1}$，其中 $D^1 \supseteq D^2 \supseteq D^3 \cdots \supseteq D^k \supseteq D^{k+1}$。在这个过程中，如果 $\text{Br}(n_{qh}, n_{qh+1}) = \text{false}(1 \leqslant h \leqslant k)$，则在分支 (n_{qh}, n_{qh+1}) 上检测出了矛盾，需要记录矛盾信息，计算目标函数值，并依据这个目标函数值对 D_{ij} 进行削减。

目标函数的确定对于一个搜索算法的效率和搜索能否成功至关重要。在某种意义上，若一个解比其他候选解更优，则它应该具有更好的返回值；反之，若一个解比其他候选解更差，则它的返回值也较差。为此依据区间运算的特点和约束求解的需要，给出如下目标函数的定义。

$$F(V_{ij}) = V_{ij} - \sum_{a=1}^{k}(D^a \cap \widetilde{D}^a)(x_i) \tag{3-6}$$

$F(V_{ij}) = 0$ 说明区间运算没有矛盾，是对应于 x_i 的山顶；否则就需要根据 $F(V_{ij})$ 的返回值对 D_{ij} 进行削减，从削减后的 D_{ij} 中选取新的 V_{ij}。在这个爬山过程中，$F(V_{ij})$ 的绝对值越来越接近 0，它就是对应的山顶。也就是说，我们的搜索是一个寻找最小值的过程。其返回值的绝对值越接近 0 的候选解就越优，则优先选择这样的候选解作为下一步的赋值。当区间运算失败时，$F(V_{ij})$ 的返回值提供了需要削减 D_{ij} 的上界和下界，这分别由 $F(V_{ij})$ 的正负号和绝对值决定。因为对于 D_{ij} 的削减是从两个方向进行的，所以算法的效率得到了很大的提高。通过这种方式，由分支条件构成的路径约束以越来越精确的方式进行传播。

通过以上分析可以看到，我们采用了两种手段来控制爬山法的收敛，分别是阈值 m 和目标函数，而且爬山法是双向收敛的。在 3.3 节的实验中可以看出，绝大部分的被测程序使用爬山法时其区间运算的次数是不会达到阈值 m 的，也就是说目标函数本身已经提供了足够强大的收敛能力。

3.2.4 实例分析

我们通过几个例子分别详细解释前面已经介绍过的技术。

1. 实例 1

实例 1 以图 3-2 中的粗体部分 Path3 作为输入生成测试用例。这条路径的 IVR 过程已经在表 3-2 中标识过了，可以看出 3 个变量都是这条路径的相关变量。为了简便起见，将它们的输入区间都定为 $[-2,2]$，大小为 5。在初始化阶段，区间运算将它们的区间缩减至 $x_1:[-1,2]$、$x_2:[-2,1]$ 和 $x_3:[-1,2]$。在按照图 3-11 所示的方式进行分解之后，PTC 按照表 3-3 所示计算每个变量的路径性质。DVO 按照表 3-4 所示计算第一个要赋值的变量，其结果在最后一列，选出的元素 (x_2) 被加粗表示。接下来需要从 $[-2,1]$ 中为 x_2 选择一个初始值。IDC 通过检索路径性质表得到 x_2 为 negative，这意味着适合为 x_2 选择一个较小的值，之后选出 -1。

```
void test1(int x1, int x2, int x3)        void test1(int x1, int x2, int x3)
{if (x1-x2<=0)                            {int b1=x1-x2;
    printf("Path1");                          if (b1<=0)
 else if(x3-x2<=0)                              printf("Path1");
      printf("Path2");                      else{int b2=x3-x2;
   else if(3*x3+5>=0)                           if(b2<=0)
        printf("Path3");                            printf("Path2");
}                                             else{int b3=3*x3;
                                                 if(b3>=-5)
                                                     printf("Path3");
                                               }
                                             }
                                          }
```

图 3-11 程序 test1 及其分支函数分解之后的形式

表 3-3　x_1、x_2 和 x_3 的路径性质计算过程

分支函数	基本函数及其单调性	分支函数单调性	权值	路径权值	路径变量性质
$x_1-x_2>0$	$f(x_1)=x_1-x_2$:增 $f(x_2)=x_1-x_2$:减 $f(b_1)=b_1>0$:增	$Br(x_1)$:增 $Br(x_2)$:减	$w_1=0.5$ $w_2=-0.5$		{$<x_1,\text{positive}>$,
$x_3-x_2>0$	$f(x_2)=x_3-x_2$:减 $f(x_3)=x_3-x_2$:增 $f(b_2)=b_2>0$:增	$Br(x_2)$:减 $Br(x_3)$:增	$w_2=-0.5$ $w_3=0.5$	$pw_1=0.5$ $pw_2=-1$ $pw_3=1.5$	$<x_2,\text{negative}>$, $<x_3,\text{positive}>$}
$3x_3\geqslant-5$	$f(x_3)=3x_3$:增 $f(b_3)=b_3+5\geqslant0$:增	$Br(x_3)$:增	$w_3=1$		

表 3-4　x_1、x_2 和 x_3 的排序过程

排序规则	每个变量的情况	遇到僵局?	排序结果
区间大小	$|D_1|=4,|D_2|=4,|D_3|=4$	是(3 个变量的区间大小都是 4)	
级别 1	$Rank1(x_1)=1,Rank1(x_2)=1,$ $Rank1(x_3)=\infty$	是(x_1 和 x_2 的级别都是 1)	$x_2\to x_1\to x_3$
级别 2	$Rank2(x_1)=\infty,Rank2(x_2)=2$	否(x_2 有级别 2,而 x_1 没有)	

IIC 对各个变量的区间进行运算,即 x_1:$[-1,2]$、x_2:$[-1,-1]$ 和 x_3:$[-1,2]$。区间运算成功,并将 x_1 和 x_3 的区间分别缩减至 $[0,2]$ 和 $[0,2]$。DVO 按照表 3-5 所示选出下一个待赋值变量,如 x_1,用加粗所示。

表 3-5　x_1 和 x_3 的排序过程

排序规则	每个变量的情况	遇到僵局?	排序结果
区间大小	$|D_1|=3,|D_3|=3$	是(两个变量的区间大小都是 3)	
级别 1	$Rank1(x_1)=1,Rank1(x_3)=\infty$	否(x_1 有级别 1,而 x_3 没有)	$x_1\to x_3$

IDC 通过对变量路径性质表的检索得到 x_1 的路径变量性质为 positive,于是从 $[-1,2]$ 中选择 1。IIC 对 x_1:$[1,1]$、x_2:$[-1,-1]$、x_3:$[0,2]$ 进行计算。IIC 成功,接下来按照相同的方式为 x_3 选择 1。最后,IIC 计算出 $\{x_1\mapsto1,x_2\mapsto-1,x_3\mapsto1\}$ 无矛盾,是适合 Path3 的测试用例。再无变量需要排序,BFS-BB 求解出一个成功的测试用例 $\{x_1\mapsto1,x_2\mapsto-1,x_3\mapsto1\}$。表 3-6 所示是在搜索过程中各个变量区间的变化情况,其中发生变化的区间加粗显示。第四列的区间变化是由于初始区间计算 IDC,而第五列的区间变化则是由于区间运算 IIC。生成测试用例 $\{x_1\mapsto1,x_2\mapsto-1,x_3\mapsto1\}$ 的过程可以表示为图 3-12 所示的搜索树的形式。图中解路径用加粗箭头所示。可以看出这是一个无回溯的搜索,而这类搜索占据了 BFS-BB 所执行搜索的大部分。在状态空间搜索阶段对每个变量都进行了一次区间运算,也就是说,每个变量的初始值都成为最终测试用例的一部分,从而为每个变量所进行的爬山过程都是一次到达山顶。

表 3-6　搜索过程中变量区间的变化情况

阶段	功能	初始区间削减前	初始区间削减后区间运算前	区间运算后
初始化	初始区间削减	—	$x_1:[-2,2]$, $x_2:[-2,2]$,$x_3:[-2,2]$	$x_1:[-1,2]$, $x_2:[-2,1]$,$x_3:[-1,2]$
状态空间搜索	区间运算判断 x_2 赋值 -1	$x_1:[-1,2]$, $x_2:[-2,1]$,$x_3:[-1,2]$	$x_1:[-1,2]$, $x_2:[-1,-1]$,$x_3:[-1,2]$	$x_1:[0,2]$, $x_2:[-1,-1]$,$x_3:[0,2]$
	区间运算判断 x_1 赋值 1	$x_1:[0,2]$, $x_2:[-1,-1]$,$x_3:[0,2]$	$x_1:[1,1]$, $x_2:[-1,-1]$,$x_3:[0,2]$	$x_1:[1,1]$, $x_2:[-1,-1]$,$x_3:[0,2]$
	区间运算判断 x_3 赋值 1	$x_1:[1,1]$, $x_2:[-1,-1]$,$x_3:[0,2]$	$x_1:[1,1]$, $x_2:[-1,-1]$,$x_3:[1,1]$	$x_1:[1,1]$, $x_2:[-1,-1]$,$x_3:[1,1]$

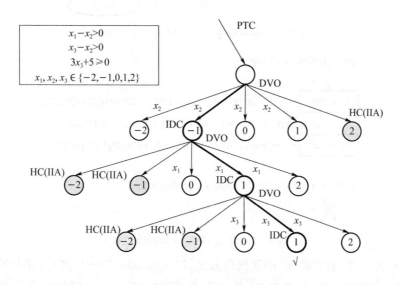

图 3-12　BFS-BB 为 Path3 生成测试用例的搜索树

2. 实例 2

为了更好地说明爬山法求解等式的效果,我们使用图 3-13 所示的例子来说明其执行过程。图中的例子 test2 有两个输入变量 x_4 和 x_5,采用语句覆盖,有一条待覆盖路径 Path1:0→1→2→3→4→5→6,即经过两个 if 语句的真分支到达最后的打印语句 stmt_3。因为经过了两个真分支 T_1 和 T_2,所以分支条件和相应的分支谓词是一样的,其实际效果相当于解方程组,即只有唯一的一组测试用例$\langle x_4 \mapsto 60, x_5 \mapsto 40\rangle$满足这两个约束。这对于两个变量的被测程序是很强的约束。将 x_4 的初始区间设为$[70,70]$,将 x_5 的初始区间设定为$[0,100]$,如图 3-14 所示。

由于在第二个分支检测出了矛盾,根据目标函数返回值 $F(70) = 70 - \sum\limits_{a=1}^{2}(D^a \bigcap$

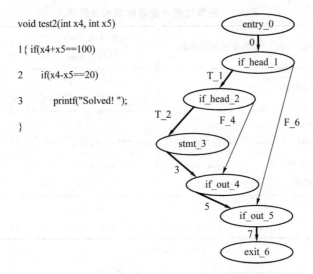

```
void test2(int x4, int x5)

1{ if(x4+x5==100)

2     if(x4-x5==20)

3         printf("Solved! ");

}
```

图 3-13　被测程序 test2 和对应的控制流图

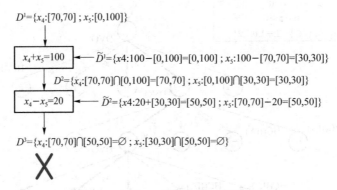

图 3-14　为 x_4 赋值 70 的判断过程

$\widetilde{D}^a)(x_4) = 20 > 0$，我们将 x_4 的区间削减至 $[70-20(50), 70-1(69)]$，这个区间要远小于 $[0,100]$。所以尽管为 x_4 选择 70 并不合适，但它为下一步的赋值指引了方向。假如从 $[50,69]$ 中为 x_4 选取了 55 进行赋值，当前状态转变为 $S_{cur} = (\text{null}, x_4, [50,69], 70, \text{active})$，那么就有图 3-15 所示的判断过程。

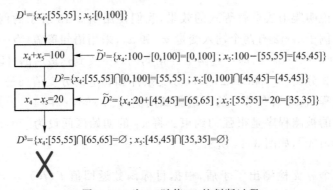

图 3-15　为 x_4 赋值 55 的判断过程

由于在第四个分支检测出了矛盾,根据目标函数返回值 $F(55) = 55 - \sum\limits_{a=1}^{2}(D^a \cap \widetilde{D}^a)$ $(x_4) = -10 < 0$,我们将 x_4 的区间削减至 $[55+1(56),55+10(65)]$,这个区间要远小于 $[50,69]$。尽管为 x_4 选择 55 并不合适,但它为下一步的赋值指引了方向。假如从 $[56,65]$ 中为 x_4 选取了 60 进行赋值,当前状态转变为 $S_{cur} = (null, x_4, [56,65], 60, active)$,那么就有图 3-16 所示的判断过程。

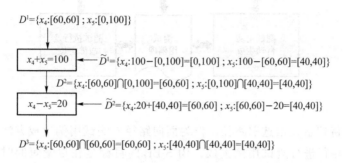

图 3-16 为 x_4 赋值 60 的判断过程

$F(60) = 60 - \sum\limits_{a=1}^{2}(D^a \cap \widetilde{D}^a)(x_4) = 0$ 意味着 60 是对应于 x_4 的山顶。此次爬山的计算过程如表 3-7 所示。可见在满足第一个分支 $x_4 + x_5 = 100$ 的条件后两个变量的区间都得到了化简,化简后的区间为 $D^2 = \{x_4:[60,60]; x_5:[40,40]\}$,进入第二个分支条件 $x_4 - x_5 = 20$ 后,仍然可以让其得到满足,且计算出 $D^3 = \{x_4:[60,60]; x_5:[40,40]\}$,说明 x_4 取 60 满足路径上的所有约束,进而这个状态的类型转变为 extensive,可以进行搜索算法的下一步,并且由于只有一个值 40 可以供 x_5 选取,在为 x_5 赋值 40 后,就得到了测试用例 $\{x_4 \mapsto 60, x_5 \mapsto 40\}$。

表 3-7 使用爬山法为 x_4 赋值的过程

j	D_{4j}	V_{4j}	$F(V_{4j})$	$\lvert F(V_{4j}) \rvert$	是否到达山顶?
1	$[0,100]$	70	20	20	否
2	$[50,69]$	55	-10	10	否
3	$[56,65]$	60	0	0	是

3.3 实 验

CTS 的功能包括单元自动划分、路径及子路径选择、测试用例自动生成、测试执行管理(自动插装、打桩和驱动生成)、结果分析、覆盖率统计及故障定位等。CTS 的系统架构如图 3-17 所示。

CTS 支持语句覆盖、分支覆盖和 MC/DC 覆盖,基于这些覆盖准则确定待覆盖元素

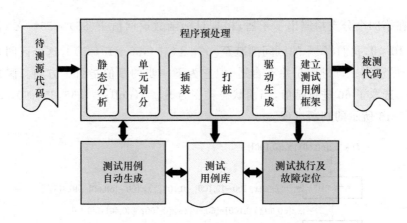

图 3-17 CTS 的系统架构

集,并针对这些待覆盖元素选取路径。作为面向路径的测试用例生成方法,BFS-BB 可以对 CTS 提供的路径进行测试用例生成。BFS-BB 的目标是在尽量短的时间内生成高覆盖率的测试用例。

本章的实验包括 3 部分,即 3.3.1 节、3.3.2 节和 3.3.3 节,对 3.2 节提出的搜索加速策略分别进行验证。

3.3.1 节对于 3.2.1 节介绍的迭代区间运算进行测试,由于该方法不仅可以提高效率,还可以检测不可达路径,所以在实验的被测程序中加入了不可达路径进行测试。

在支持回溯操作的搜索方法中,按区间大小排序是一个非常常见的方法。本书在 3.2.2 节提出了一种在同区间大小的情况下打破僵局的方法,即通过变量级别继续排序。3.3.2 节对 3.2.2 节提出的排序方法和仅用区间大小排序的方法进行对比。

由于爬山法是本书 3.2.3 节提出的非常重要的局部搜索方法,所以 3.3.3 节从多个角度对爬山法进行评估。我们进行了 3 种方法的对比,并从算法与变量个数和表达式的关系两个角度进行验证。为了测试爬山法求解等式的能力,还在不同等式个数的情况下使用爬山法进行实验。

3.3.1 迭代的区间运算对比实验

1. 实验设计

保持其他策略为最优的设置,在实验时对有区间迭代运算和没有区间迭代运算进行对比(每种情况做 10 组实验)。为了测试迭代的区间运算检测不可达路径的能力,在被测程序中加入了一条预处理阶段无法检查出的不可达路径。

2. 实验环境

① CPU 为 Intel(R) Pentium(R) CPU U5600 @ 1.33GHz。

② 主板为联想 3249A69（英特尔 QM57）。

③ 内存为 4 GB(2.92 GB 可用)。

④ 显卡为 Intel(R) HD Graphics (Pentium)。

⑤ 硬盘为希捷 ST9250315AS。

⑥ 操作系统为 Windows 7 家庭普通版。

3. 实验数据

对比有区间迭代运算和没有区间迭代运算的实验结果如表 3-8 所示。其中，A 代表有区间迭代运算，B 代表没有区间迭代运算。

表 3-8　有区间迭代运算和没有区间迭代运算对比实验结果

代码行数		847
覆盖准则		语句
不可达路径数		1
可达路径数		13
最大分支数		601
最大变量数		50
计算时间/h	A	4.03
	B	2.65
可生成测试用例路径比例	A	92.9%
	B	78.6%
Aborted 路径比例	A	0
	B	21.4%
成功率	A	92.9%
	B	78.6%

4. 实验总结

① 利用区间的迭代过程可以判断出一些不可达路径。上述实验中有一条不可达路径就是通过迭代过程判断出来的。在剔除了这条路径之后分支限界可以为其他 13 条可达路径生成测试用例。

② 对于约束比较复杂的路径，没有经过区间的迭代过程是无法求解的，在本次实验中，14 条路径中的 2 条路径只有经过迭代过程才能生成测试用例，但同时迭代过程也会导致时间增加，可以看出使用迭代过程的分支限界比不迭代的多花费了 34% 的时间。也就是说，分支限界以时间为代价换取了成功率。因此，求解的效率问题将是分支限界下一步要解决的一个问题。

3.3.2 变量的动态排序对比实验

1. 实验设计

变量的动态排序是指：①选取小区间变量优先赋值；②区间相同的情况下依据变量的级别确定优先级，变量级别越高则优先级越高。

保持其他策略为最优的设置，在实验时对使用动态变量排序和只使用小区间优先赋值的方法进行对比（每种情况做 20 组实验）。

2. 实验环境

① CPU 为 Intel(R) Pentium(R) CPU U5600 @ 1.33 GHz。

② 主板为联想 3249A69（英特尔 QM57）。

③ 内存为 4 GB(2.92 GB 可用)。

④ 显卡为 Intel(R) HD Graphics (Pentium)。

⑤ 硬盘为希捷 ST9250315AS。

⑥ 操作系统为 Windows 7 家庭普通版。

3. 实验数据

表 3-9 为变量的动态排序对比实验结果。其中，A 代表变量的动态排序（区间大小＋变量级别），B 代表不使用变量的动态排序（只按区间大小排序，小区间优先赋值）。

表 3-9　变量的动态排序对比实验结果

代码行数		424	840
覆盖准则		语句	语句
不可达路径数		0	0
可达路径数		13	13
最大分支数		201	601
最大变量数		50	50
计算时间/h	A	0.20	4.03
	B	1.45	5.22
可生成测试用例路径比例	A	100%	100%
	B	69.2%	61.5%
Aborted 路径比例	A	0	0
	B	30.8%	38.5%
成功率	A	100%	100%
	B	69.2%	61.5%

4. 实验总结

可以看出变量的动态排序对于分支限界的影响是两方面的。

① 能够减少测试用例生成的时间。当最大分支数分别为 201 和 601 时,对时间的减少可以分别达到 86% 和 23%(具体能够减少多少时间与被测程序有关)。

② 能够影响是否求解成功。两个实验中都出现了由于变量同区间后的随机排序导致求解失败的情况。变量的排序作为分支限界算法的一部分,对于其整体的求解能力是有很明显的影响的(在本实验中,求解成功率提高了 30%~40%)。

3.3.3　爬山法实验

1. 爬山法性能分析

在本实验中,通过使用路径变量性质确定初始值的爬山法与变量个数和表达式个数之间的关系来分别验证初始值选取策略和爬山过程的效果。由此,我们进行了 3 种方法的对比,这 3 种方法分别为随机初始值和矛盾后不爬山(Random Initial value and No Hill Climbing, RI&NHC)、随机初始值和矛盾后爬山(Random Initial value and Hill Climbing, RI&HC)、通过使用路径变量性质确定初始值和矛盾后爬山(BB-HC)。因为使用这 3 种方法测试用例生成时间差别较大,我们对代表测试用例生成时间的坐标轴进行了指数化处理。

（1）与变量个数的关系

通过测试变量个数与 3 种测试用例生成方法的关系来进行对比。为此,进行了如下的实验设置:将被测程序设置为 50 个输入变量 $x_1, x_2, \cdots, x_n$,其中 n 从 1 顺次递增到 50。采用语句覆盖,在每个被测程序中设置 50 个 if 语句(相当于 50 个路径约束),而且只有一条待覆盖路径,即完全由真分支(TTT…TT)构成的路径,从而分支条件与分支谓词完全一致。每个 if 语句都是 n 个变量的线性组合,表现为如下形式:

$$[a_1, a_2, \cdots, a_n][x_1, x_2, \cdots, x_n]' \ \text{rel\_op const}[c] \qquad (3\text{-}7)$$

其中,$a_1, a_2, \cdots, a_n$ 是或正或负的随机数,$\text{rel\_op} \in \{>, \geqslant, <, \leqslant, =, \neq\}$,$\text{const}[c]$($c \in [1, 50]$)是一个 $[0, 1\,000]$ 内随机常数的数组。需要对随机数 a_i 和 $\text{const}[c]$ 进行验证确保路径可达,并且为了考察 3 种方法处理等式的能力,在每个被测程序中要保证至少有一个"="。这样的设置建立起了这样的一种变量关系:它们之间是最紧密的线性关系,而且它们都是待覆盖路径的相关变量。对于 n 从 1 到 50 之间的每个值所对应的每个被测程序都使用 3 种方法进行了 50 次实验,对每次实验的测试用例生成时间都进行了记录,并取平均值进行比较。实验结果如图 3-18 所示。

可以看出,BB-HC 的平均生成时间要远小于另外两种方法,而初始赋值和矛盾后赋值都随机的方法 RI&NHC 用掉了最多的时间。BB-HC 的平均生成时间随着变量个数的增加呈匀变速增长。对拟合曲线求导可以得出 $y = 1.06x - 8.682$,据此可以大致推断:当 n 小于

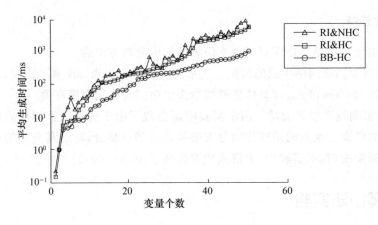

图 3-18　3 种方法与变量个数的关系对比

8 时，测试用例生成时间大致相当；而当 n 大于 8 时，测试用例生成时间开始增长。

（2）与表达式个数的关系

通过测试表达式个数与 3 种测试用例生成方法的关系来进行对比。为此，进行了如下的实验设置：将被测程序设置为 50 个输入变量 $x_1, x_2, \cdots, x_{50}$，采用语句覆盖，在每个被测程序中设置 $u(u \in [1, 50])$ 个 if 语句（相当于 u 个路径约束），而且只有一条待覆盖路径，即完全由真分支构成的路径，从而分支条件与分支谓词完全一致。每个 if 语句都是 n 个变量的线性组合，表现为如下形式：

$$[a_1, a_2, \cdots, a_{50}] [x_1, x_2, \cdots, x_{50}]' \ \text{rel\_op} \ \text{const}[u] \tag{3-8}$$

其中，$a_1, a_2, \cdots, a_{50}$ 是或正或负的随机数，$\text{rel\_op} \in \{>, \geqslant, <, \leqslant, =, \neq\}$，$\text{const}[u]$ 是一个 $[0, 1\,000]$ 内随机常数的数组。需要对随机数 $a_v(v = 1, 2, \cdots, 50)$ 和 $\text{const}[u]$ 进行验证确保路径可达，并且为了考察 3 种方法处理等式的能力，在每个被测程序中要保证至少有一个"＝"。对于 u 从 1 到 50 之间的每个值所对应的每个被测程序都使用 3 种方法进行了 50 次实验，对每次实验的测试用例生成时间都进行了记录，并取平均值进行比较。实验结果如图 3-19 所示。

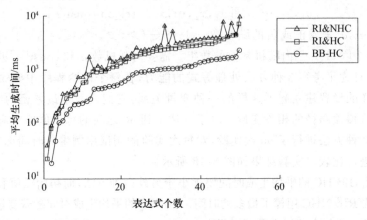

图 3-19　3 种方法与表达式个数的关系对比

可以看出,BB-HC 的平均生成时间要远小于另外两种方法,而初始赋值和矛盾后赋值都随机的方法 RI&NHC 用掉了最多的时间。对曲线进行拟合可以得出,使用 BB-HC 时,测试用例生成时间和表达式个数呈线性关系,即当表达式个数增加的时候,BB-HC 的平均生成时间也会随之线性增长。

2. 爬山法处理等式对比实验

(1) 实验设计

作为主要的求解策略,将爬山法应用于分支限界中就是为了解决由于等式引起的求解失败问题。为了检验爬山法对于等式的处理能力,保持其他为最优策略,本实验将测试分支限界处理表达式能力实验 201 个分支的例子中不等式依次改为 1 个、2 个、3 个、4 个、5 个等式,并观察其效果。只选取带有等式的路径进行实验,选取语句覆盖,每种情况实验 20 次,取平均值作为统计。

(2) 实验环境

① CPU 为 Intel(R) Pentium(R) CPU U5600 @ 1.33GHz。

② 主板为联想 3249A69(英特尔 QM57)。

③ 内存为 4 GB(2.92 GB 可用)。

④ 显卡为 Intel(R) HD Graphics (Pentium)。

⑤ 硬盘为希捷 ST9250315AS。

⑥ 操作系统为 Windows 7 家庭普通版。

(3) 实验数据

表 3-10 为爬山法处理等式的实验结果。

表 3-10　爬山法处理等式实验结果

等式个数	回溯次数	生成时间/min
1	53.7	2.3
2	60.8	3.9
3	186.5	7.15
4	205.3	12
5	343	21

(4) 实验总结

从表 3-10 可以看出,当等式个数较少时,对于分支限界影响不大,回溯次数和生成时间接近无等式时的情况。当等式个数从 3 开始递增的时候,回溯次数和生成时间都增长得很快。通过对于整个执行过程的跟踪分析,对于带有等式的被测程序,可以做出以下两点改进。

① 等式的优先级要高于不等式的优先级,最主要的原因就是等式的约束更加严格、更难满足,应该优先处理等式,所以需要单独处理约束中的等式提取。

② 现在的爬山法处理策略过分依赖区间运算的结果,其实可以将单独提取的等式看作关于输入变量的方程组,借助于线性代数中对于线性方程组是否有解的判断法(如系数矩阵的秩)来辅助判断赋值选取的正确与否。

第4章
人工智能在测试用例自动生成中的应用

4.1　基于矛盾定位的混合回溯技术

4.1.1　背景介绍

1. 回溯搜索

CSP 问题是人工智能中的一个主要分支,求解 CSP 问题的常见方法都是基于回溯搜索的,其基本思想就是扩展问题的局部解。在搜索的每个阶段,算法都尝试将当前的局部解扩展为一个最终解[1,2]。如 3.1.2 节介绍,在搜索过程中,变量被分成 3 个集合:已赋值变量(PV)、当前变量(CV)和未赋值变量或自由变量(FV)。对于由 PV 中变量的赋值所构成的一个局部解,如果它无法再向其他的变量进行扩展且无法成为最终解的一部分,那么就产生了不一致。如果当前变量的所有取值都被尝试过,则产生死端。此时,在 PV 中有的变量就要被从当前局部解中移除,这就是回溯。

用于改进回溯算法的技术可以分为两类:前向方法和后向方法。当算法正在准备扩展局部解时,调用前向方法[3];而当搜索遭遇死端时,调用后向方法。在我们以前的工作[4]中,已经介绍过 BFS-BB 中的前向方法。而在本章,我们的焦点是后向方法,包括对死端产生的原因进行分析来决定需要回溯多远,以及记录有哪些新约束从而避免相同的矛盾在后面的搜索中再次出现[5]。

2. 常见的回溯算法

时序回溯(Chronological Backtracking,BT)[1]是最简单、使用最多的回溯算法。对当前变量的赋值与已赋值变量的赋值之间的一致性检查是按照初始排序进行的。如果当前的一致性检查失败了,那么就尝试当前变量区间内的下一个值。如果再没有值可以尝试了,那么 BT 会回溯到最近的一个被赋值变量。在一个新的变量被赋值且一致性检查成功后,要记录一个部分解。

回跳(BackJumping,BJ)[2]与 BT 类似,但是当无法为当前变量(如 x_i)发现一致的赋值,也就是说遇到死端时,BJ 的效率更高。不同于 BT 回溯至上一个最新赋值变量,BJ 回跳到与当前变量有矛盾的最深的已赋值变量(如 x_j)。为 x_j 选择另一个赋值可能会进而产生 x_i 的一致性赋值,但是改变 x_i 和 x_j 之间任何变量的赋值都是无用的,因为那不是死端产生的原因。BJ 会直接来到导致死端的矛盾变量,而略过与死端无关的变量。

矛盾驱动的回跳(Conflict-directed BackJumping,CBJ)[3]的工作方式比 BJ 还复杂。每个变量都有其矛盾变量集,该矛盾变量集中是与其当前赋值不一致的已赋值变量。当当前变量 x_i 的赋值 V_i 与某个过去变量 x_j 的赋值 V_j 不一致时,将 x_j 加入 x_i 的矛盾变量集合。当当前变量 x_i 再无值可以选择时,CBJ 回溯至 x_i 的矛盾变量集中最深的变量 x_h。同时,在 x_i 的矛盾变量集中,除了 x_h 都被加入 x_h 的矛盾变量集中,这样就不会丢失任何关于矛盾的信息。此时,除了以前所述的 3 个变量集合,还多了一个集合,即矛盾变量集。

不同于上述向回追溯的检查方法,前向检查(Forward Checking,FC)[5]是向前进行一致性检查,也就是说,一致性检查是在当前变量和未来变量之间进行的。当当前变量被赋值后,未来变量的区间是按照如下方式进行削减的:所有与当前变量的赋值不一致的取值都被移除。如果没有未来变量的区间被消除(即每个未来变量的区间内还有取值),那么下一个变量的赋值就在其被削减后的区间之内选择;否则 FC 就失效了,需要尝试下一个变量。如果没有值可以为当前变量选择,那么 FC 进行时序回溯。BFS-BB 采用 FC 作为其回溯策略。

混合搜索算法前向检查-矛盾驱动的回溯(Forward Checking and Conflict-directed BackJumping,FC-CBJ)[3,6]集成了 FC 和 CBJ 的优势。与 FC 的时序回溯不同,FC-CBJ 记录导致当前不一致的变量,并由此确定回溯点。当当前变量 x_i 的赋值 V_i 与某个未来变量 x_j 的值 V_j 不一致时,将 x_j 加入 x_i 的矛盾变量集。而当 x_k 的区间被消除时,在 x_k 的矛盾变量集中的变量就被加入当前变量 x_i 的矛盾变量集。如果没有赋值可以为当前变量 x_i 选择,那么 FC-CBJ 回溯至 x_i 的矛盾变量集中最深的变量 x_h。同时,在 x_i 的矛盾变量集中,除了 x_h 外都被加入 x_h 的矛盾变量集,这样就不会丢失任何关于矛盾的信息。Prosser[7]认为 FC-CBJ 是回溯算法中的冠军,如图 4-1 所示,其中处于更下方的程序效率更高。

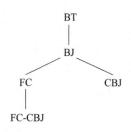

图 4-1　回溯算法的层次

4.1.2　问题的提出

约束满足问题通过寻优或搜索方法来解决,但是这类算法涉及回溯操作,而回溯操作在很多时候效率很低,如下面的例子。图 4-2 所示为作者所在项目组使用 BFS-BB 测试一个 benchmark 的实验结果,被测程序包含多种实际工程中常见的数据类型和控制结构,语句覆盖下有 65 条待覆盖路径。为这 65 条路径生成测试用例时,21 条路径发生了回溯,占路径总数的 32%,而这 21 条路径的测试用例生成时间却占据了总时间的 81%。可见,必须提高回溯操作的效率才可能有效减少搜索的时间,也就是说分析利用搜索过程中的信息进而减少对搜索树的访问次数并提高搜索效率,是影响求解速度的关键。

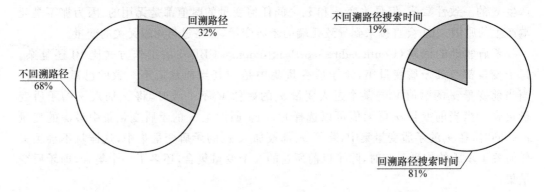

图 4-2　回溯路径数量比与时间比

有以下 3 个具体问题影响回溯算法的效率。

① 大量时序回溯导致的盲目搜索。其表现可以通过图 4-3(灰色部分代表死端)看出,即到达死端后不对矛盾的性质进行分析,而直接回溯到上一层变量,如果上一层变量仍无法解决矛盾,则继续回溯到上一层变量,直到抵达矛盾变量所在的层次。这种逐层回溯的方式由于没有分析出导致矛盾产生的变量而大量增加了对搜索树的访问。

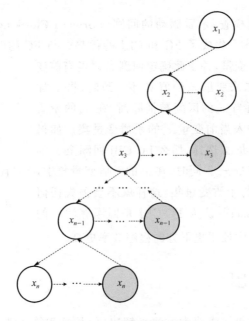

图 4-3　时序回溯示意图

② 在搜索过程中由不可达区间导致的无谓穷搜。如果不去除这部分不可达区间,将会导致不可达路径的产生,并进而导致很多运算变成无用的,据统计,这部分计算量占比为 30%~75%[8]。研究人员已经逐渐意识到边搜索边检测的重要性,并将其应用于项目实践中。

③ 忽略变量间的相互关系。根据作者所在项目组前期的实验结果,当变量之间相互独立时,搜索时间与变量个数呈线性关系;当变量之间紧密线性相关时,搜索时间与变量个数呈多项式关系[4]。可见变量之间的相关性对搜索时间的影响很大,而通过寻求变量的相关性缩小矛盾的传播范围将有助于提高回溯的效率。

4.1.3　3C 算法

本节围绕着提高回溯效率的目标,提出解决上述问题的 3C（Conflict-directed backjumping,forward Checking,Closure）算法。3 个方法共同完成 BFS-BB 的回溯操作,并在 BFS-BB 原型系统内被整合为一个高效的约束求解引擎。

1. 前向检查

每次变量赋值通过区间运算判断都会产生很大计算量,而很多变量区间本身不可达,在不可达区间内所做的运算实际上是无用的。因此,在搜索过程中,可通过区间运算对未来变量区间进行前向检查,动态去除不可达区间。同时,由于区间运算的保守性,可以确保非不可达区间都得到保留。这种处理策略相当于在每次运算量较大的区间运算前加了一道"过滤网"（图 4-4）,只有判定非不可达才会进行后续的区间运算,从而尽量多地剪枝,这样可以减少执行时间并提高求解效率。

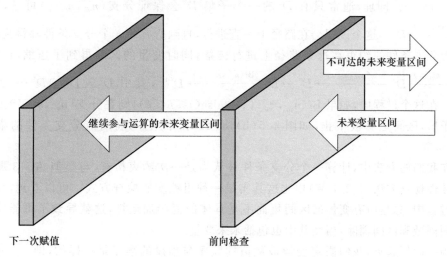

图 4-4　前向检查策略对未来变量区间削减示意图

前向检查通过区间运算完成。为了更好地描述前向检查的过程,我们给出分支条件的定义。

定义 4-1 令 B 为一个布尔变量的集合 $\{\text{true}, \text{false}\}$，$D^a$ 是第 a 个分支前所有变量区间的集合，如果路径上有 k 个分支，那么分支条件 $\text{Br}(n_{qa}, n_{qa+1}): D^a \rightarrow B$ $(a \in [1, k])$ 可以通过式(4-1)计算，其中 n_{qa} 是一个分支节点。

$$\text{Br}(n_{qa}, n_{qa+1}) = \begin{cases} \text{true}, & D^a \bigcap \widetilde{D}^a \neq \varnothing \\ \text{false}, & D^a \bigcap \widetilde{D}^a = \varnothing \end{cases} \tag{4-1}$$

在式(4-1)中，D^a 满足前面的 $a-1$ 个分支条件并且是计算第 a 个分支条件的输入，而 $\widetilde{D}^a$ 是一个临时区间，是通过 D^a 计算 $\text{Br}(n_{qa}, n_{qa+1})$ 的结果且它满足第 a 个分支条件。如果 $D^a \bigcap \widetilde{D}^a \neq \varnothing$，则可以确定 $D^a \bigcap \widetilde{D}^a$ 既满足前面的 $a-1$ 个分支条件，也满足第 a 个分支条件，区间运算可以继续向下判断剩下的分支条件。这个过程可以通过图 4-5(a)看出来。如果 $D^a \bigcap \widetilde{D}^a = \varnothing$，则说明至少有一个变量(可能是个未来变量)的区间被消除且分支条件没有得到满足。若路径上有 k 个分支节点，则所对应的 k 个分支函数都为 true 才能保证路径可达(分支条件得到满足)；否则，若少于 k 个分支条件为 true，则分支函数取值为 false 的分支需要被定位出来并对矛盾的情况进行分析。对于分支条件 $\text{Br}(n_{qa}, n_{qa+1})$ $(a \in [1, k])$ 是否能够为 true 的判断取决于两个区间的取值，即进入第 a 个分支的变量区间 D^a(满足前面的 $a-1$ 个分支条件)和满足第 a 个分支条件的变量区间 $\widetilde{D}^a$，后者是将前者代入 $\text{Br}(n_{qa}, n_{qa+1})$ 计算的结果。

具体来说，区间运算首先计算第一个分支 (n_{q1}, n_{q1+1}) 对应的分支条件 $\text{Br}(n_{q1}, n_{q1+1})$。通常 D^1 中只有一部分值会满足 $\text{Br}(n_{q1}, n_{q1+1}) = \text{true}$，也就是说 D^1 的一个子集 D^2 会保证 (n_{q1}, n_{q1+1}) 可达，记作 $D^1 \xrightarrow{\text{Br}(n_{q1}, n_{q1+1})} D^2$。然后区间运算继续判断 D^2 是否能够满足 $\text{Br}(n_{q2}, n_{q2+1})$。同理，通常只有 D^2 的一个子集 D^3 会保证分支 (n_{q2}, n_{q2+1}) 可达，即 $D^2 \xrightarrow{\text{Br}(n_{q1}, n_{q1+1})} D^3$。这个过程会在路径上一直进行，直到所有的 k 个分支条件都得到满足，表现为分支条件的约束在这条路径上进行传播，同时变量的区间得到了压缩，记为 $D^1 \xrightarrow{\text{Br}(n_{q1}, n_{q1+1})} D^2 \xrightarrow{\text{Br}(n_{q2}, n_{q2+1})} D^3 \cdots D^k \xrightarrow{\text{Br}(n_{qk}, n_{qk+1})} D^{k+1}$，其中 $D^1 \supseteq D^2 \supseteq D^3 \cdots \supseteq D^k \supseteq D^{k+1}$。在这个过程中，如果 $\text{Br}(n_{qh}, n_{qh+1}) = \text{false}(1 \leqslant h \leqslant k)$，则在分支 (n_{qh}, n_{qh+1}) 上检测出了矛盾，区间运算被中止，如图 4-5(b)所示。在本书中，将所有分支条件的集合记为 R。

在我们的方法中，计算一个分支条件被认为是一次约束检查，与类似 AC-3 那样的弧一致性检查方法(4.2.1 节)相比这其实是一种粗粒度的检查方式。可以看到，在区间运算过程中，总是所有变量的区间集而不是具体的值参加运算，这就导致了可能比较粗的区间削减和区间消除，当然其中也包括未来变量。

为了简便起见，我们假定变量被赋值的顺序与预设的顺序是一样的，即 $x_1, x_2, \cdots, x_n$。但是在实际的执行过程中，所使用的是动态排序方法，也就是说，下面对哪个变量进行赋值取决于当前的搜索状态。令当前变量为 x_i，前向检查的输入是所有变量的区间集，标记为 $\{[V_1, V_1], [V_2, V_2], \cdots, [V_i, V_i], D_{i+1}, \cdots, D_n\}$，它包括 3 个部分：过去变量的

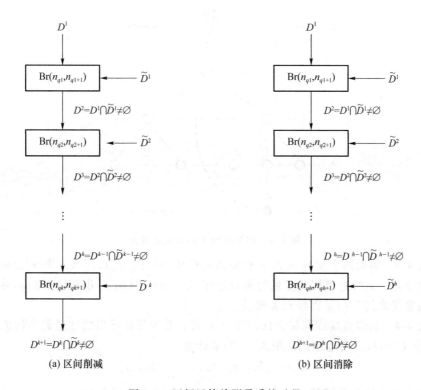

图 4-5　区间运算检测矛盾的过程

区间都是一个确定值(上、下界相同),通过了前向检查的一致性检查;当前变量的区间($[V_i,V_i]$)是一个确定值(上、下界相同),正在进行前向检查的一致性检查;未来变量的区间基本上是一个值的范围,已经通过前面执行的前向检查对区间进行了过滤并且会通过当前的前向检查进一步得到过滤。由于前向检查的主要目的是判断当前变量 x_i 的赋值 V_i 是否会导致不一致或可能的区间消除,因此我们使用 forward check(V_i) 来标识当前的前向检查。

2. 矛盾驱动的回跳

矛盾驱动的回跳其关键是确定引起矛盾的变量所在的层次。在区间运算遇到矛盾(即检测到空区间)时,通过对矛盾信息的分析来定位矛盾变量(即导致空区间产生的变量,有可能不是当前变量),从而跨越不相关变量直接回跳到矛盾变量所在的层次(图 4-6)重新赋值。由图 4-6 可以看出,一个回溯搜索可以被看作对搜索树的遍历,我们给出如下定义。

定义 4-2　变量的层次标识其在搜索过程中被赋值的顺序,它与已经被赋值的变量个数相同。例如,0 层代表搜索树的根节点,没有变量被赋值;1 层代表 x_1,它是第一个被赋值的变量,依此类推。距离根节点更近的节点是浅层节点,而距离根节点更远的节点是深层节点。

从图 4-6 也可以看出,CBJ 的回跳不是在相邻的层次间展开的。由于回跳是受矛盾驱动,下面给出一些与矛盾相关的定义。

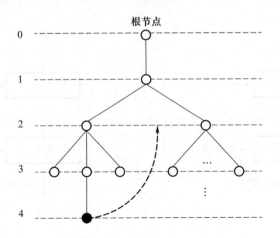

图 4-6　回跳机制工作方式示意图

定义 4-3　如果两个变量 x_i 和 x_j 有关系 $r_h \in R$ $(h \in [1,k])$，那么 x_i 和 x_j 之间互相是直接相关变量。x_i 的直接相关变量的集合记作 $S_{rel}(x_i)$。从测试用例生成来说，在同一个谓词内的变量之间互相是直接相关变量。

定义 4-4　能够直接或间接由任何带有 x_i 的关系中所推导出的变量集合构成了 x_i 的闭包，记作 $C(x_i)$，并通过迭代使用式(4-2)来计算。

$$C(x_i) = S_{rel}(x_i) \bigcup \bigcup_{x_j \in S_{rel}(x_i)} S_{rel}(x_j) \tag{4-2}$$

一个变量的闭包是这样的一个数据结构：它存储这个变量及所有与它有直接和间接关系的变量，这是一个映射，从一个变量指向所有路径上与它有关系的变量。所述变量都是符号变量，通过图 4-7 所示的简单例子说明。

```
void test(int x1, int x2, int x3, int x4,
    int x5, int x6, int x7, int x8)
{xl=x2+1 ;
  x3=2*x5;
  if(xl>x3)
    if(x3+x4== 100)
      if(x5−x7<30)
        if(x6+x8<100)
          printf("example");
}
```

图 4-7　程序 test

如果我们试图生成经过所有的 if 语句到达最后的打印语句的那条路径，那么路径上的符号变量及每个变量的闭包如表 4-1 所示。

表 4-1　程序 test 的符号变量及闭包

变量	符号变量	闭包
x_1	x_2+1	$\varnothing$
x_2	x_2	$\{x_2, x_4, x_5, x_7\}$

续　表

变量	符号变量	闭包
x_3	$2x_5$	$\varnothing$
x_4	x_4	$\{x_2,x_4,x_5,x_7\}$
x_5	x_5	$\{x_2,x_4,x_5,x_7\}$
x_6	x_6	$\{x_6,x_8\}$
x_7	x_7	$\{x_2,x_4,x_5,x_7\}$
x_8	x_8	$\{x_6,x_8\}$

由于 x_1 对应的符号变量是 x_2+1，所以 x_1 实际上是路径的一个不相关变量，也没有必要对其进行赋值，将一个随机值赋给它就可以满足路径上的约束，且它的闭包为 $\varnothing$。x_3 也是同样的情况。我们在以前的工作中已经完成了不相关变量移除工作，将路径上的变量分为相关变量和不相关变量。为了简便起见，在本节我们认为所讨论的变量都是路径的相关变量。

基于上述分析，可以断定如果是由于任何已赋值变量导致了当前的不一致，那么那个赋值一定发生在与当前变量在同一闭包内的一个或多个变量之上。下面是关于矛盾变量的定义。

定义 4-5　如果当前赋值 $<x_i,V_i>$ 导致了不一致，且有一个过去变量的集合，这个集合中的变量与 x_i 在同一闭包内且相应的区间被消除，那么其中层次最浅的变量 x_j 是当前不一致的矛盾变量。

4.1.4　算法介绍

因为我们把 FC 和 CBJ（同时结合变量的闭包）整合成一个混合回溯算法，在本节中将这个基于混合回溯方法的测试用例生成方法称为 BFS-BB-Hybrid Backtracking（BFS-BB-HB）。表 4-2 解释了 BFS-BB-HB 中用到的一些概念。

表 4-2　BFS-BB-HB 中用到的变量及其含义

变量	含义
x^*	当前变量
V^*	x^* 的赋值
$S_{conflict}(x^*)$	x^* 的矛盾变量集
$x_{level(x^*-1)}$	x^* 的直接前驱变量
x_f	矛盾变量

算法 4-1　BFS-BB-HB

输入：p：待覆盖路径

输出 result$\{<x_1,V_1>,<x_2,V_2>,\cdots,<x_n,V_n>\}$：令 p 可达的测试用例

Begin

1：result ← null；

2：$S_{rel}(x_i)$ ← $\varnothing$；$(i \in [1,n])$

3：**for** $k \to 1$：m

4：　　**if**$(x_i \, r_k \, x_j)$ $(i,j \in [1,n])$

5：　　　　$S_{rel}(x_i)$ ← $S_{rel}(x_i) \bigcup \{x_j\}$；

6：　　　　$S_{rel}(x_j)$ ← $S_{rel}(x_j) \bigcup \{x_i\}$

7：$C(x_i)$ ← $S_{rel}(x_i)$；$(i \in [1,n])$

8：**for** $i \to 1$：n

9：　　**if** $(x_a \, r_h \, x_b)(x_a \notin C(x_i) \wedge x_b \in C(x_i), h \in [1,k], r_h \in R)$

10：　　　$C(x_i)$ ← $C(x_i) \bigcup \bigcup\limits_{x_p \in S_{rel}(x_a)} S_{rel}(x_p)$；

11：**while**$(FV \neq \varnothing)$

12：　　x^* ← sort (FV)；

13：　　V^* ← select (D^*)；

14：　　$S_{conflict}(x^*)$ ← $\varnothing$；

15：　　forward check (V^*)；

16：　　**while** (forward checking fails)

17：　　　　**foreach** $x_j \in C(x^*)$

18：　　　　　　**if** $(D_j = \varnothing \wedge x_j \in PV)$

19：　　　　　　　　$S_{conflict}(x^*)$ ← $S_{conflict}(x^*) \bigcup \{x_j\}$；

20：　　　　　　**if**$(S_{conflict}(x^*) \neq \varnothing)$

21：　　　　　　　　x_f ← quicksort $(S_{conflict}(x^*))$；

22：　　　　　　**else** x_f ← $x_{level(x^*-1)}$；

23：　　　　　　PV ← PV$-\{x_f\}$；

24：　　　　　　x^* ← x_f；

25：　　　　　　V^* ← select after conflict (D^*)；

26：　　　　　　forward check (V^*)；

27：　　result ← result$+\{<x^*,V^*>\}$；

28：　　FV ← FV$-\{x^*\}$；

29：　　PV ← PV$+\{x^*\}$；

30：**return** result；

End

　　待覆盖路径是 BFS-BB-HB 的输入，其中包括需要满足的约束(R)、输入变量的集合(X)和对应于每个变量的取值区间(D)。测试用例(result)是空的。如第 2～10 行所示，为每个变量计算其相关变量和闭包。当 FV 非空时，也就是说仍有变量未被赋值时，执行以下操作。对 FV 中的变量进行排序确定当前变量 x^*，从 x^* 的区间 D^* 中为其选择一个值 V^*，如第 12 和 13 行所示，其具体方法在第 3 章已经介绍过。第 14 行初始化$S_{conflict}(x^*)$。第 15 行执行前向检查来判断 x^* 的赋值 V^* 是否会导致不一致，同时对未来变量的区间进行削减。如果前向检查成功了，那么就将$<x^*,V^*>$加入 result，将 x^* 从 FV 移到 PV，如第 27～29 行所示。接下来继续 FV 的排序。如果前向检查失败了，也就是说检测出了不一致,那么就需要确定矛盾变量。区间被消除的已赋值变量被放入 x^* 的矛盾变量集,并使用快速排序确定其中层次最浅的变量(如 x_f),它就是矛盾变量。在这种情况下,CBJ 将直接跳到 x_f 所在的层次,如第 17~21 行所示。在有些情况下,x^* 的矛盾变量集是空的,那么就不可避免地只能执行 BT,在 x^* 上一层的变量变成了当前变量(第 22行)。如第 23~25 行所示,使用矛盾信息来为当前变量选择一个赋值。接下来就开始新一次的前向检查(第 26 行),直到 FV 变成空集。最后,如第 30 行所示,返回 result 作为能够覆盖路径的测试用例。

4.1.5 实验分析

为了观察 BFS-BB-HB 的效果,我们在 CTS 框架内做了大量实验。考虑到闭包是本章所提出的影响测试用例生成的重要指标,因此我们通过实验检查不同的闭包个数对生成时间和回溯次数的影响;使用 BFS-BB-HB 测试了一个实际工程项目;对使用 FC-CBJ 的方法(BFS-BB-HB)与使用 FC(BFS-BB)的方法进行了对比,测试程序来自一些常见的 CSP 问题;使用 N 皇后问题,将 BFS-BB-HB 与常见的测试工具 C++test 进行了对比实验。

1. 测试不同的闭包个数

闭包是本章所提出的影响测试用例生成的重要指标。使用 BFS-BB-HB 测试不同的被测程序,将被测程序设置为 10 个输入变量 $x_1, x_2, \cdots, x_{10}$。采用语句覆盖,每个被测程序中包含 n($n \in [1, 10]$)个 if 语句(相当于每次区间运算要计算 n 个路径约束),而且只有一条待覆盖路径,即完全由真分支构成的路径,从而分支条件与分支谓词完全一致。每个表达式都包含所有 10 个变量,而它们可能处于不同的闭包中。我们尽量让每个闭包中包含相同个数的变量:当有 1、2、5 个闭包时,每个闭包中都包含相同个数的变量,分别是 10、5、2;而当有 3 个闭包时,每个闭包中的变量个数分别是 3、3、4;当有 4 个闭包时,每个闭包中的变量个数分别是 2、2、3、3。以有 2 个闭包为例,每个 if 表达式都是如下形式:

$$([a_{n1}, a_{n2}, \cdots, a_{n5}][x_1, x_2, \cdots, x_5]' \text{rel\_op const}[n][1]) \wedge$$
$$([a_{n6}, a_{n7}, \cdots, a_{n10}][x_6, x_7, \cdots, x_{10}]' \text{rel\_op const}[n][2]) \tag{4-3}$$

其中,$a_{n1}, a_{n2}, \cdots, a_{n10}$($n = 1, 2, \cdots, 10$)是或正或负的随机数,$\text{rel\_op} \in \{>, \geqslant, <, \leqslant, =, \neq\}$,$\text{const}[n][2]$ 是一个随机常数的数组。需要对随机数 a_{mi}($i = 1, 2, \cdots, 10$)、$\text{const}[n][1]$ 和 $\text{const}[n][2]$ 进行验证确保路径可达。这样的设置建立起了同一闭包内变量之间最紧密的线性关系。对于 n 从 1 到 10 之间的每个值所对应的每个被测程序都进行了 100 次实验,对每次实验所耗费测试用例生成时间都进行了记录。实验环境为 32 位 MS Windows 7 操作系统,Pentium 4 处理器,主频 3.8 GHz,内存 4 GB。对比结果如图 4-8 和图 4-9 所示。

从图 4-8(a)可以看出,当闭包个数固定时,平均测试时间随着表达式个数的增加而增长,尤其是当被测程序中包含 6~10 个表达式时就更明显。其原因是随着表达式个数的增加,约束的复杂性也随之增加,而当约束较少时基本都是无回溯的搜索(所以约束少时效果不明显)。图 4-8(b)说明对于相同个数的表达式,平均测试时间随着闭包个数的增加而缩短。因为更多的闭包意味着每个约束内的变量个数更少,从而降低了搜索的复杂度。上述结论对于回溯次数与闭包个数的关系也同样成立,如图 4-9 所示。

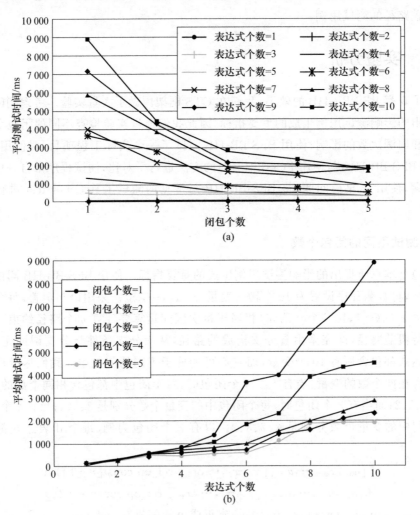

图 4-8 平均测试时间与闭包个数的关系

2. 测试工程项目

在这一部分,我们使用 BFS-BB-HB 来测试实际工程项目。实验采用语句覆盖,实验环境为 32 位 MS Windows 7 操作系统,Intel Pentium(R) G640 处理器,主频 2.80 GHz,内存 2 GB。被测工程为 aa200c,而选择的被测程序都包含多变的数据结构和变量类型。

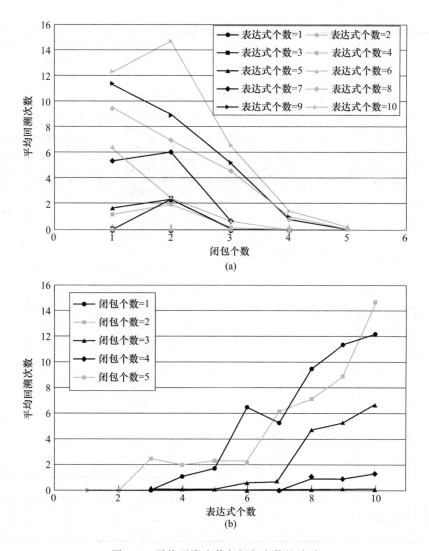

图 4-9 平均回溯次数与闭包个数的关系

测试结果如表 4-3 所示。区间运算之前介绍过,我们用它来衡量 BFS-BB-HB 中前向检查的性能。可以从这个表中得出两点结论。第一,当被测程序中没有指针时,BFS-BB-HB 表现更好。我们应该投入更多精力来处理指针类型。第二,由于表达式的个数会影响搜索的效率[4],因此相同的约束检查个数也可能导致不同的时间开销。总体来说,BFS-BB-HB 在可接受的时间内表现良好,但是仍需要优化。

表 4-3 使用 BFS-BB-HB 测试工程 aa200c 的结果

文件	函数	变量类型	来自 CTS 的路径	平均约束检查个数	平均时间开销/ms
angles	angles	double[],double[],double[]	path1	10	313.74

文件	函数	变量类型	来自 CTS 的路径	平均约束检查个数	平均时间开销/ms
deflec	relativity	double[],double[],double[]	path1	4	34.30
			path2	11	151.54
diurab	diurab	double,double *,double *	path1	16	207.98
			path2	16	188.56
diurpx	diurpx	double,double *,double *,double	path1	5	353.46
			path2	5	17.40
fk4fk5	fk4fk5	double[],double[],struct star *	path1	30	1 034.88
			path2	15	828.90
			path3	30	1 146.44
			path4	15	1 018.78
			path5	15	935.74
lightt	lightt	struct orbit *,double[],double[]	path1	3	68.48
			path2	3	87.92
			path3	8	616.5
			path4	6	215.04
			path5	4	101.04
			path6	6	224.14
lonlat	lonlat	double[],double,double[],int	path1	18	366.48
			path2	18	250.18
			path3	20	349.72
pctomot	main	int,char * *	path1	71.40	1 403.18
			path2	15	68.12

3. BFS-BB-HB 和 BFS-BB 的比较

在这一部分进行 BFS-BB-HB 和 BFS-BB 的对比实验。实验环境为 32 位 MS Windows 7 操作系统,Pentium 4 处理器,主频 3.8 GHz,内存 4 GB。

(1) 测试 CSP 问题

选择来自 http://www.csplib.org/Problems/的一些 CSP 问题作为被测程序。搜索树向上回一步就代表着执行了一次回溯操作。选择的第一个 CSP 问题是 N 皇后问题,对每个被测程序($n=4,5,\cdots,9$)都实验了 100 次,记录平均回溯次数和平均时间开销并进行比较。

测试结果如表 4-4 所示,这个结果与 N 皇后问题解的分布(表 4-5)是一致的,可以看出 6 皇后解的个数比 5 皇后少。由于 1 皇后太简单了,2 皇后和 3 皇后问题无解,因此我们在实验中,n 从 4 开始。对于所有的被测程序,BFS-BB-HB 都比 BFS-BB 效果好,如表 4-4 中加粗所示。

表 4-4　使用 BFS-BB-HB 和 BFS-BB 测试 N 皇后问题对比实验结果

N	平均回溯次数		平均时间开销/ms	
	BFS-BB-HB	BFS-BB	BFS-BB-HB	BFS-BB
4	**0.67**	0.79	**132.15**	143.48
5	**0**	0	**142.30**	185.84
6	**2.84**	4.72	**1 233.77**	2 699.03
7	**0.56**	0.57	**942.74**	1 012.63
8	**2.86**	4.13	**3 417.05**	4 604.20
9	**4.27**	4.38	**5 636.65**	5 743.14

表 4-5　N 从 1 到 9 时 N 皇后问题解的分布

N	1	2	3	4	5	6	7	8	9
解的个数	1	0	0	2	10	4	40	92	352

另外选择的两个 CSP 问题是 4 阶幻方和魔幻六边形。对每个被测程序都实验了 100 次,记录平均回溯次数、平均约束检查次数和平均时间开销并进行比较。表 4-6 展示了实验结果,可以看出 BFS-BB-HB 的表现全部优于 BFS-BB:从平均回溯次数来说,BFS-BB-HB 分别是 BFS-BB 的 12% 和 42%,如第 4 列所示;从平均约束检查次数来说,BFS-BB-HB 分别是 BFS-BB 的 24% 和 48%,如第 7 列所示;从平时间开销来说,BFS-BB-HB 分别是 BFS-BB 的 21% 和 47%,如第 10 列所示。

表 4-6　测试两个 CSP 问题的结果

问题	平均回溯次数			平均约束检查次数			平均时间开销/ms		
	BFS-BB-HB	BFS-BB	Ratio	BFS-BB-HB	BFS-BB	Ratio	BFS-BB-HB	BFS-BB	Ratio
4 阶幻方	5.36	43.98	**12%**	10 305.42	42 526.50	**24%**	14 999.66	71 495.28	**21%**
魔幻六边形	0.27	0.65	**42%**	3 573.94	7 379.56	**48%**	4 659.56	9 994.08	**47%**

总体来说,BFS-BB-HB 对选中的 CSP 问题表现良好,尤其是从提高回溯效率的角度来说。今后我们会测试更多的 CSP 问题来验证算法的效率并进行改进。

(2) 测试 CTS 的一个 benchmark

实验环境为 32 位 Ubuntu 12.04 操作系统,Pentium 4 系统,主频 2.8 GHz,内存 2 GB。被测程序是 branch_bound.c,它是 CTS 组的一个 benchmark,代码行数为 402,有 29 个输入变量,其程序结构较为复杂,试图包含可能出现在工程中的程序结构。采用语句覆盖,有 65 条待测路径。对每条路径都进行了 100 次测试,记录平均时间和平均回溯次数。两种方法对于其中的 45 条路径都没有产生回溯,这里我们不对其进行讨论。而对于有回溯的 20 条路径,对比结果如表 4-7 所示,可以看出回溯次数总体上减少了53%,测试时间总体减少了 38%,BFS-BB-HB 极大地提高了搜索效率。

表 4-7 测试 CTS 的一个 benchmark 的结果

路径	平均回溯次数		平均生成时间/ms	
	BFS-BB-HB	BFS-BB	BFS-BB-HB	BFS-BB
path1	**3.80**	57.60	**14 347.80**	49 937.44
path2	**2.00**	5.40	**19 262.80**	31 203.70
path3	**0**	1.10	**2 348.20**	3 907.30
path4	**0**	0.10	**2 649.50**	2 827.80
path5	**0.50**	0.80	**1 224.90**	1 316.80
path6	45.45	45.45	**46 275.27**	53 049.36
path7	**0**	0.10	**2 185.50**	2 417.80
path8	0.29	0.29	**698.64**	726.57
path9	**0.38**	0.47	**496.84**	705.38
path10	**0.26**	0.33	**638.79**	741.13
path11	**0.09**	0.23	**670.08**	915.73
path12	**0.09**	0.44	**655.65**	731.09
path13	0.33	0.33	**565.87**	686.73
path14	**0.23**	0.38	**556.41**	769.31
path15	**0.09**	0.29	**739.50**	831.82
path16	**0.29**	0.38	**587.81**	722.36
path17	**0.23**	0.29	**628.00**	741.21
path18	**0.17**	0.29	**636.86**	759.42
path19	**0.09**	0.29	**712.00**	773.71
path20	**0**	0.10	**730.80**	831.30

4. BFS-BB-HB 和 C++test 的比较

这一部分进行 BFS-BB-HB 和 C++test 的对比实验,其中 C++test 是以 Visual Studio 2008 的插件形式存在的。实验环境为 32 位 MS Windows 7 操作系统,Pentium 4 处理器,主频 3.8 GHz,内存 4 GB。对比实验采用语句覆盖。被测程序为 N 皇后问题,对每个被测程序($n=4,5,\cdots,9$)都实验了 100 次,记录平均回溯次数和平均时间开销并进行比较。对比结果如表 4-8 所示,其中对 BFS-BB-HB 表现更好的地方以加粗显示。第一,由于 BFS-BB-HB 强大的求解能力,其对所有的被测程序都达到了 100% 的语句覆盖率,而 C++ test 无法求解 N 皇后问题的所有约束,导致覆盖率远小于 100%。第二,对于所有例子,C++ test 的时间开销都数倍于 BFS-BB-HB。当问题的解较少(表 4-5)

时,BFS-BB-HB 的优势更明显。

表 4-8 使用 BFS-BB-HB 和 C++ test 测试 N 皇后问题对比结果

N	平均语句覆盖率		平均时间开销/s	
	BFS-BB-HB	C++ test	BFS-BB-HB	C++ test
4	**100%**	25%	**0.12**	5
5	**100%**	19%	**0.14**	8
6	**100%**	15%	**1.23**	7
7	**100%**	14%	**0.94**	10
8	**100%**	11%	**3.42**	8
9	**100%**	10%	**5.64**	9

4.2 基于优化区间运算的一致性判断算法

4.2.1 背景介绍

1. NP 完全问题

在人工智能领域,所有问题可以按照计算复杂度被划分为两类,即计算复杂度为 n 的多项式(P)的易处理(tractable)问题和计算复杂度为 n 的非多项式(NP)的难处理(intractable)问题,其中 n 为问题牵涉的变量数。在 tractable 问题中,计算复杂度分各种情况,例如,选择(selection)问题的计算复杂度为 n 的多项式,排序(sorting)问题的计算复杂度为 $n\log n$ 的多项式,矩阵乘法(matrix multiplication)问题的计算复杂度介于 n^3 到 n^2 之间,线性编程(linear programming)问题的计算复杂度大于 n^3。约束满足问题属于 intractable 问题,其计算复杂度与 n 呈指数关系,此外 intractable 问题还包括其他计算更为复杂的问题,如具有超指数复杂度的布利斯博格算术(Presburger arithmetic),以及无法确定计算复杂度的希尔伯特第十问题(Hilbert's tenth problem)。这些难以处理的问题均是 NP 完全问题,因为它们的计算复杂度不能以 n 的多项式的形式表示,而是与 n 呈指数关系或其他更复杂的关系。

2. 回溯搜索算法

约束满足问题可以使用穷举搜索(exhaustive search)来求解,即变量取值的每一种组合方式被逐一测试是否符合所有的约束,所有组合中第一个满足所有约束的组合就是问题的解。穷举搜索的组合数是所有变量值域的笛卡尔积。

回溯搜索(backtracking search)的效率要明显高于穷举搜索。在回溯搜索中,变量被逐一赋值,对于一个约束,一旦其有关的变量都被赋值了,该约束的判断程序就被激活来判断赋值是否满足约束。如果部分变量的赋值与任何一条约束有冲突,则回溯到最近一个被赋值的变量,改变该变量的值,继续进行约束判断。显然,一旦部分变量的赋值与约束发生冲突,回溯过程就可以从由所有变量构成的笛卡尔积中剪除一部分子空间。回溯搜索实际上是一种深度优先搜索[9]。

尽管回溯搜索从效率上绝对优于穷举搜索,但是根据求解约束满足问题的统计学模型,回溯搜索仍然具有指数相关的计算复杂度,造成这种现象的一个原因是回溯搜索中仍然存在大量的无效搜索(thrashing)[10]。也就是说,对于问题空间中不同部分的搜索往往因为同一原因而失败,造成无效搜索的最简单原因就是节点不一致性:如果一个变量 x_i 的值域 D_i 包含值 a,该值不满足关于变量 x_i 的约束,那么在赋值时,x_i 取 a 将总是引起搜索失败。另一种原因也可能造成无效搜索,假设所有的变量按照 $x_1,x_2,\cdots,x_i,\cdots,x_j,\cdots,x_n$ 的顺序进行赋值,再假设 x_i 和 x_j 之间存在二元约束,且对于 x_i 的取值 a,x_j 中没有值可以与其满足约束。在回溯搜索树中,一旦 x_i 被赋值为 a,则当与 x_j 的约束关系被考虑时,由于不能在 x_j 中找到可与 x_i 满足约束的值,搜索将失败。这一现象重复的次数将是所有 $x_k(i<k<j)$ 取值的可能组合数。造成第二种无效搜索的原因就是没有进行弧一致性的判断。

由节点不一致性造成的无效搜索可以通过将不符合约束的值从值域中删除的办法来消除;由弧不一致性造成的无效搜索可以在搜索开始之前通过对每条弧 (x_i,x_j) 应用弧一致性算法来消除。

3. 一致性算法概述

节点一致性算法和弧一致性算法都属于一致性算法。一致性算法具有消除无效搜索、提高搜索效率的作用,还可以提高约束满足问题的求解效率。提高约束满足问题的求解效率有两种途径,即减少变量值域 d 的大小或减少变量数 n。对于实际给定的约束满足问题,变量数 n 是不可变的,因此如果可以降低变量值域的大小 d 也可以间接达到提高搜索效率的目的。而一致性算法的目的就是减少变量值域的大小 d,对变量值域进行删除的过程称为值域剪除(prunning)。

目前使用的一致性算法共有 3 大类:节点一致性算法、弧一致性算法和路径一致性算法。其中,节点一致性算法由于只涉及一个变量的约束满足,因此只需判断变量中的值是否满足约束即可。对于弧一致性算法,1970 年 Fikes 在文献[11]中提到:"对于两个具有节点一致性的变量 x_i 和 x_j,分别给定它们的值域 D_i 和 D_j,如果对于 $v_i\in D_i$ 不存在 $v_j\in D_j$ 使得约束关系 $R_{ij}(x,y)$ 成立,则可以将 v_i 从 D_i 中删除。如果对于所有的 $v_i\in D_i$ 都经过上述判断过程,则称弧 (i,j) 是一致性的。"在此基础上,Fikes 给出后来被称为 AC-1 的弧一致性算法(arc-consistency)。由于 AC-1 的效率极为低下,Waltz 在文献[12]和文献[13]中完善了 Fikes 的理论体系,并第一次引入了约束传播的思想。Waltz 在文献中给出了所谓 Waltz 过滤算法,即后来的 AC-2 弧一致性算法。1977 年,Mackworth 总结了 Fikes 和 Waltz 的工作,给出了 AC-2 的一般性算法 AC-3,同时还引入了路径一致性(path-consistency)思想,并给出了 PC-1 及其改进算法 PC-2[14]。1985 年,Mackworth 和 Freuder 对 AC-1、AC-2、AC-3、PC-1、PC-2 进行了计算复杂度方面的理论分析[15]。1986 年,Mohr 和 Henderson 在文献[16]中提出了对 AC-3 和 PC-2 的改进算法 AC-4 和 PC-3,并且在理论上证明 AC-4 在最差情况时间复杂度上已经达到最优。至此,弧一致性算法的发展告一段落。

1992 年,Hentenryck 等人得出一种在特定约束条件最差情况时间复杂度上优于 AC-4 的弧一致性算法[17]。同年 Mark Perlin 也提出在可分解的前提下,有更高效的算法存在[18]。上述两种算法都被称为 AC-5。由于 AC-5 使用了有关约束关系具体内容的信息,因此 AC-5 不能算是通用的弧一致性算法。

1994 年,经过大量实验,Bessiere 在文献[19]中指出:AC-4 虽然在最差情况时间复杂度这个参数上是最优的,但是在大多数情况下其表现都要逊于 AC-3。AC-3 至今仍被认为是最经典的弧一致性算法。

4. 一致性算法的基本思想

Fikes 虽然对弧一致性进行了定义,但是给出的算法 AC-1 却只具有理论上的意义,AC-1 的基本思想就是反复地对整个问题的所有变量之间存在的弧(约束关系)进行一致性判断,直至没有不一致性现象出现为止。Waltz 和 Mackworth 在其各自的算法中都引入了传播队列的概念,将更新的范围限制在受到影响的弧上,这种思想的核心就是将对于某些变量值域的调整通过传播队列扩展到临近的变量直至问题中的所有变量。由于这种影响事实上是通过变量之间的约束进行传播的,因此这种思想被称为约束传播。

为了更清楚地说明约束传播的概念以及一致性算法在约束满足问题求解中的作用,引入了图论中的一些概念将整个约束满足问题表达为约束图,用图中的节点表示各个变量(如图 4-10 所示)。

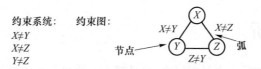

图 4-10　约束系统与约束图

在此,弧(arc)指的是约束图中两个节点之间的连接,即约束关系。考虑同时满足两个节点之间所有约束的算法就称为弧一致性算法。路径(path)指的是 3 个节点之间的连接,考虑同时满足 3 个节点之间所有约束的算法就称为路径一致性算法。路径一致性算法与弧一致性算法的主要区别在于考虑的对象不同。例如,在弧一致性中,如果对于 $v_i \in D_i$ 不存在 $v_j \in D_j$ 使得约束关系 $R_{ij}(x,y)$ 成立,则可以将 v_i 从 D_i 中删除;但是在路径一致性算法中,在约束关系 $R_{ij}(x,y)$ 成立的条件下,如果对于 $v_i \in D_i$,$v_j \in D_j$,不存在 $v_k \in D_k$ 使得约束关系 $R_{ik}(x,z)$,$R_{kj}(z,y)$ 成立,则不能从 D_i 和 D_j 中删除 v_i 和 v_j,而只能确定约束关系 $R_{ij}(x,y)$ 不再成立。所以,路径一致性算法只对约束关系起作用,至于约束关系的调整是否会引起变量值的删除,还需要再应用弧一致性算法进行判断。因此,弧一致性算法是最重要的一致性判断算法。

判断弧一致性是求解 CSP 的一个基本技术,但是弧一致性检查算法很少单独起作用。事实上,它们经常从两个方面来对搜索算法进行辅助。一个是在搜索开始前,对搜索空间进行预处理;另一个是在搜索过程中与搜索算法结合来削减 CSP 问题的求解范围,如前向检查。通常来说,在带有回溯操作的搜索算法内部都会有弧一致性检查方法,如我们所提出的 BFS-BB。

4.2.2 问题的提出

使用 MC/DC 覆盖准则测试工程 aa200c(http://www.moshier.net/),这个工程包括 77 个函数,BFS-BB 使用了 110 min。BFS-BB 相对较高的时间代价是其一个弱点。BFS-BB 的另一个弱点是它无法提前检测不可达路径。根据统计显示,在 aa200c 中有大概 34% 的不可达路径。如果不检测出这些路径而认为其可达,那么在其后的测试用例生成阶段将会在这些路径上面花费大量的时间。我们使用图 4-11 中的程序 test 1 来说明 BFS-BB 无法检测不可达路径这个问题。为了简便起见,假定待覆盖路径是经过所有 if 语句的真分支到达打印语句的那条路径。在最后一个分支处($x_2 > 10$),所有变量的区间集是 $\{x_1 : [-\infty, -11], x_2 : [11, +\infty]\}$,大致可以看

```
void test1( int x1, int x2){
    if ( x1>x2 )
      if (x1<-10)
        if ( x2>10)
          printf ("Reachable?");}
```

图 4-11 程序 test 1

出 x_1 是负数,x_2 是正数,其实这与第一个谓词 $x_1 > x_2$ 是相矛盾的。换句话说,待覆盖路径实际上是不可达路径。但是由于区间运算的保守性(经常会得到比实际变量范围更大的区间),BFS-BB 无法提前检测到不可达路径,从而后续花费在搜索上的计算量就没有意义了。

4.2.3 理论分析

区间是抽象解释中的一个经典概念,它是基于计算机系统语义模型对变量取值范围的近似表示,它被广泛地用于实际工程中分析变量的值范围。以下给出对区间的详细介绍。

定义 4-6 给定 $a, b \in \mathbb{R} \cup \{-\infty, +\infty\}$,则 $[a, b] = \{x \mid x \in \mathbb{R} \cup \{-\infty, +\infty\}, a \leqslant x \leqslant b\}$ 是一个有界闭区间,简称区间。a 是区间 $[a, b]$ 的下确界,b 是上确界。如果 $a > b$,那么 $[a, b]$ 是一个空区间,记为 $\perp_i$,$[-\infty, +\infty]$ 是最大的区间,记作 $\top_i$。

一个区间实际上是一些取值范围的集合。例如,如果 x 是一个从 -3 到 6 的整数,且它不能为 0,那么 x 的区间可以表示为 $[-3, -1] \cup [1, 6]$,它实际是两个取值范围的集合。所有区间的集合记作 I_{tvs}。

定义 4-7 对于两个区间 $I_1 = [a, b]$ 和 $I_2 = [c, d]$,定义偏序 $\subseteq_i$ 为 $I_1 \subseteq_i I_2$,当且仅当 $c \leqslant a \leqslant b \leqslant d$ 且 $[a, b] = \perp_i$。

定义 4-8 对于两个区间 $I_1 = [a, b]$ 和 $I_2 = [c, d]$,分别定义它们的交集和并集为式

(4-4)和式(4-5)。

$$[a,b]\bigcap_i[c,d]=\begin{cases}[\max(a,c),\min(b,d)], & \max(a,c)\leqslant\min(b,d)\\ \bot_i, & \text{其他}\end{cases} \qquad (4-4)$$

$$[a,b]\bigcup_i[c,d]=\begin{cases}[a,b], & [c,d]=\bot_i\\ [c,d], & [a,b]=\bot_i\\ [\min(a,c),\max(b,d)], & \text{其他}\end{cases} \qquad (4-5)$$

上述定义是在实数域上的,如果将 $\mathbb{R}$ 替换为 $\mathbb{Z}$ 则上述定义也适用于整数。在计算机中,实数变量的表示实际上是离散的。如果用步长 λ ($\lambda>0$) 来代表最小精度,那么对于整数,λ 等于 1。而对于浮点变量,λ 是变化的。根据不同计算机的限制,开区间 (a,b) 可以被表示为一个闭区间 $[a+\lambda_1,b-\lambda_2]$。对于整数来说,$\lambda_1$ 和 λ_2 都等于 1,而对于浮点数来说,λ_1 和 λ_2 是变化的。可以很容易地验证 $<I_{\text{tvs}},\subseteq_i,\bigcup_i,\bigcap_i,\bot_i,\top_i>$ 是一个完全格,而图 4-12 是整数域的哈斯图。区间的运算遵循格的计算规则。

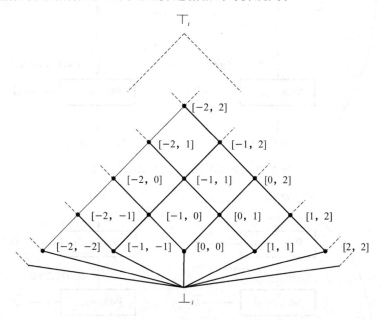

图 4-12　整数域的哈斯图

如果将从路径入口(将所有变量的区间集记作 D_{in})到出口(将所有变量的区间集记作 D_{out})的区间运算看作一个函数,那么根据克纳斯特-塔斯基定理,这个函数将会迭代收敛至其不动点,这对于总是计算出比实际要大很多的区间运算来说是一个很大的优化。

4.2.4　算法描述和实现

基于上述对区间运算的分析,我们提出引入一个迭代区间算子(Iterative Interval Arithmetic,IIA)来对其进行改进。图 4-13 所示是进行了若干轮迭代的迭代算子的工作过程。由于变量区间在每轮都得到了削减,那么当迭代结束时,所得到的区间集一定是在相同输入条件下所有变量的最精简区间集。另外,如果将区间运算看作一个函数,那么这个区间集也是该函数的不动点。而图 4-14 所示的是迭代算子所产生的另外一种情况,即经过若干轮的迭代之后检查出了不一致,也就是产生了一个空区间(这同样也是一个最精简的区间),这说明路径基于当前的变量区间集是不可达的。

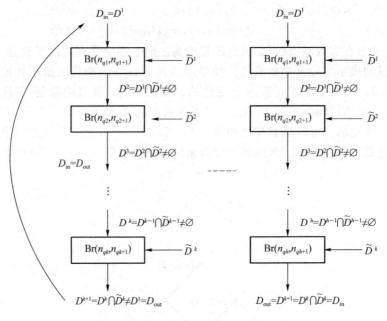

图 4-13　迭代算子运算到不动点的过程

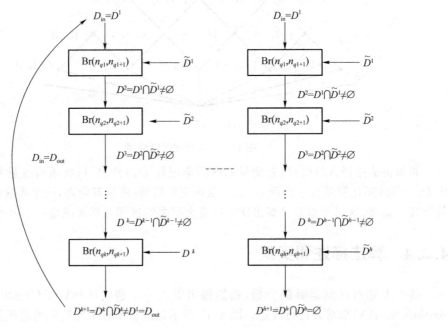

图 4-14　迭代算子检查到不一致的过程

为了更好地描述 IIA 的功能,我们使用下述伪代码来进行描述。

算法 4-2 迭代的区间运算

输入 D^1:路径入口处所有变量的区间集

输出 D^{k+1}:路径出口处所有变量的区间集

　　$F(V_i)$:当某个变量的赋值导致不一致时所对应的目标函数值

Begin

1:arc consistent← false;

2:**while**($D^1 \neq \varnothing$)

3:　　**for** $a \to 1$:k

4:　　　Br(n_{qa},n_{qa+1})←false;

5:　　　$\widetilde{D}^a$←calculate Br(n_{qa},n_{qa+1}) with D^a;

6:　　　**if** ($D^a \bigcap \widetilde{D}^a \neq \varnothing$)

7:　　　　Br(n_{qa},n_{qa+1})←true;

8:　　　　D^{a+1}←$D^a \bigcap \widetilde{D}^a$;

9:　　　**else if** (PV$\neq \varnothing$)

10:　　　　　calculate the corresponding $F(V_i)$;

11:　　　　　**return** $F(V_i)$;

12:　　　　**else return**;

13:　**if** ($D^{k+1} = D^1$)

14:　　arc consistent← true;

15:　　**return** D^{k+1};

16:　　**else** $D^1 = D^{k+1}$;

End

正如 4.2.1 节所述,弧一致性检查方法经常与搜索算法结合起来使用。因此,我们把算法 4-2 和 BFS-BB 结合起来,在本书中叫作 BFS-BB-IIA。

算法 4-3 基于迭代区间运算的分支限界搜索算法(BFS-BB-IIA)

输入 p:待覆盖路径

输出 result{Variable $\mapsto$ Value}:令 p 可达的测试用例

Stage 1:Preprocessing

1:call **Algorithm 1. Iterative interval arithmetic**;

2:**if** (arc consistent= false)

3:　**return** infeasible path;

4:**else foreach** $x_i \in$ FV

5:　　**if** ($D_i = [-\infty, b] \mid\mid D_i = [a, +\infty] \mid\mid D_i = [-\infty, +\infty]$)

6:　　　**do**　reduce D_i;

7:　　　　call **Algorithm 1. Iterative interval arithmetic**;

8:　　　**while** (arc consistent=false)

9:　　　　　$D \leftarrow D^{k+1}$;

Stage 2:branch and bound search

Begin

10： result←null;

11： x_1←order (FV);

12： V_1←select (D_1);

13： D^1←{$[V_1,V_1]$,D_2,D_3,$\cdots$,D_n};

14： **foreach** $x_i(i$→1：$n)$

15：   call **Algorithm 1. Iterative interval arithmetic**;

16： **if** (arc consistent= true)

17： D←D^{k+1};

18：   result←result$\bigcup$$\{x_i \mapsto V_i\}$;

19：   FV←FV$-\{x_i\}$;

20：   PV←PV$+\{x_i\}$;

21：   **if** (FV$=\varnothing$)

22：   **return** result;

23：   **else** x_i← order (FV);

24： V_i←select (D_i);

25： D^1←{$[V_1,V_1]$,$[V_2,V_2]$,$\cdots$,$[V_i,V_i]$,D_{i+1},$\cdots$,D_n};

26：   **goto** 15;

27： **else if** $(|D_i|$>1)

28：   reduce D_i by $F(V_i)$;

29： V_i←select (D_i);

30： D^1←{$[V_1,V_1]$,$[V_2,V_2]$,$\cdots$,$[V_i,V_i]$,D_{i+1},$\cdots$,D_n};

31：   **goto** 15;

32： **else** backtrack;

End

　　BFS-BB-IIA 有两个阶段。第一个阶段是预处理操作。待覆盖路径 p 是 BFS-BB-IIA 的输入,其中包含着变量的集合 $X=\{x_1,x_2,\cdots,x_n\}$、变量的区间集 $D=\{D_1,D_2,\cdots,D_n\}$,以及要满足的约束集合。首先,IIA 检查弧一致性。如果检查出不一致,那么由于检测出了不可达路径退出 BFS-BB-IIA。如果未检查出 p 不可达,但是 D 当中有无限大的区间,那么 IIA 对这些无限大的区间进行削减并判断弧一致性。这个步骤可能一直持续到不再检查出不一致。第二个阶段进行 BB 搜索。对 FV 中的所有变量进行排序,返回第一个待赋值变量(如 x_1)。不失一般性,下面的介绍都假设当前变量为 x_i。从 x_i 的区间 D_i 中为其选择一个赋值 V_i。对于当前所有变量的区间集,IIA 检查弧一致性。如果结果一致,那么将 x_1 放入 PV,对 D 进行更新。对其他变量的排序和赋值重复进行,直到所有变量都有一个合适的赋值$\{V_1,V_2,\cdots,V_n\}$使得 p 可达。$\{x_1 \mapsto V_1,x_2 \mapsto V_2,\cdots,x_n \mapsto V_n\}$ $(V_i \in D_i)$是该 CSP 的一个解。如果结果不一致,那么需要首先通过 $F(V_i)$(式(3-6))为 x_i 从 D_i 中计算出另一个值,然后 IIA 继续判断弧一致性。如果 D_i 中已经没有值了,那么需要从 PV 中选择一个变量并对它重新赋值,这就是回溯。

　　可以看出迭代算子在 BFS-BB-IIA 的 3 个步骤中都发挥作用,同时它也以之前所描述的两种方式参与了约束求解,即搜索开始前的预处理以及搜索过程中的前向检查。我

们使用不同的标记来标识它所起作用的不同阶段:第 1 行的不可达路径检测(Infeasible Path Detection,IPD)、第 7 行的初始区间削减(Initial Domain Reduction,IDR)、第 15 行的变量赋值判断(Variable Assignment Determination,VAD)。IPD 和 IDR 用于预处理,VAD 用于前向检查。除了不同的使用阶段,还有两点可以对这几个方法进行区分。第一点是输入:IPD 的输入是所有变量的区间集,这个区间集有可能令 p 不可达;IDR 的输入是所有变量的区间集,这个区间集中可能包含无穷大的区间;VAD 的输入是所有变量的区间集,这个区间集中的每个区间都有有限的上、下界,而且 PV 中的变量和当前变量的区间都是[V,V]的形式,事实上是一个确切值。第二点是处理矛盾的区间信息的方式:由于区间运算的保守性,如果 IPD 时检查出不一致,那么该路径肯定是不可达的,没有任何必要进行后续的搜索操作;而当 IDR 检查出不一致时,可以认定初始区间削减策略有问题,因而需要对其进行调整;对于 VAD 来说,检查出不一致只能说明当前变量的当前赋值不是最终解的一部分,而后续应该如何调整已在上一章进行了介绍。

迭代的区间运算(IIA)与类似 AC-3 这样的弧一致性检查方法都是前向检查方法,其作用是检查所有变量的区间集是否能够满足它们之间的约束,并通过去除部分搜索空间来提高搜索效率。相比之下,IIA 主要关注分支条件,这其中所涉及的可能不止两个变量,而当不一致被检查出来时,被缩减的区间可能涉及所有相关的变量。

上述分析说明,一方面,在某些情况下,如对于测试变量区间比较大的实际工程项目,IIA 由于其粗粒度的检查方式可能效率更高。另外,IIA 也适用于浮点型变量。而另一方面,这种粗粒度的检查方式会导致精度的损失,其原因可以追溯到区间运算的保守性。而迭代算子的提出就是为了某种程度上能够提高区间运算的精度,所以可以看出 IIA 是在精度和效率之间的一种折中。

4.2.5 实验分析

为了观察 BFS-BB-IIA 的效果,我们在 CTS 框架内做了大量实验。这其中包括与著名的弧一致性检查算法 AC-3 的对比实验;考虑到变量个数和表达式个数是影响测试用例生成的重要指标,因此我们通过实验检查 VAD 部分对不同变量个数和不同表达式个数的实验效果;我们将 BFS-BB-IIA 与常见的测试工具 C++test 以及著名的约束求解器 Choco 进行了对比实验。

1. 弧一致性检查评估

这一部分是 IIA 与 AC-3 之间的对比实验。由于弧一致性算法经常与搜索算法结合使用,因此我们在 BFS-BB 框架内进行实验。也就是说,实验所对比的是 BFS-BB-IIA 与 BFS-BB 和 AC-3 的组合。实验环境为 32 位 MS Windows 7 操作系统,Pentium 4 处理器,主频 3.00 GHz,内存 4 GB。被测程序是 N 皇后问题,其中 N 的范围为4～11。这里需要注意一个相关问题,就是按照什么顺序来对变量的区间进行一致性检查。已经有研究表明,这个排序的启发规则会对 AC-3 的性能产生显著影响,所以为了公平起见,我们假定实验按照数字顺序来进行。

对于测试用例生成来说，一个解已经足够了，所以我们所比较的是当得到第一个解时，AC-3 和 IIA 约束检查的次数和回溯的次数。表 4-9 所示是实验结果，可以看出，IIA 在约束检查的次数和回溯的次数这两个方面都优于 AC-3，这意味着当第一个解被求出来的时候，BFS-BB-IIA 相比于 BFS-BB 和 AC-3 的组合在搜索树上访问了更少的节点。

表 4-9 AC-3 和 IIA 对比的结果

N	约束检查次数		回溯次数	
	AC-3	IIA	AC-3	IIA
4	122	**42**	4	**1**
5	83	**40**	0	0
6	902	**281**	21	**3**
7	212	**168**	0	0
8	858	**473**	10	**0**
9	973	**540**	5	**1**
10	1 274	**540**	8	**0**
11	32 326	**3 377**	256	**10**

2. 测试用例生成性能评估

（1）测试不同的变量个数

变量个数是影响测试用例生成方法性能的一个重要指标。在这一部分中，主要关注不同的变量个数与两种算法（有和没有 VAD）的性能之间的关系。将被测程序设置为 100 个输入变量 $x_1, x_2, \cdots, x_n$，其中 n 从 1 顺次递增到 100。采用语句覆盖，在每个被测程序中设置 100 个 if 语句（相当于每次区间运算要计算 100 个路径约束），而且只有一条待覆盖路径，即完全由真分支构成的路径，从而分支条件与分支谓词完全一致。每个 if 表达式都是如下形式：

$$[a_1, a_2, \cdots, a_n][x_1, x_2, \cdots, x_n]' \text{ rel\_op const}[c] \qquad (4\text{-}6)$$

其中，$a_1, a_2, \cdots, a_n$ 是或正或负的随机数，$\text{rel\_op} \in \{>, \geqslant, <, \leqslant, =, \neq\}$，$\text{const}[c]$（$c \in [1, 100]$）是一个随机常数的数组。需要对随机数 a_i（$1 \leqslant i \leqslant n$）和 $\text{const}[c]$ 进行验证确保路径可达。这样的设置建立起了 n 个变量之间最紧密的线性关系。对于 n 从 1 到 100 之间的每个值所对应的每个被测程序都进行了 100 次实验，对每次实验所耗费的测试用例生成时间都进行了记录。实验环境为 32 位 MS Windows 7 操作系统，Intel Core 处理器，主频 2.4 GHz，内存 2 GB。对比结果如图 4-15 所示，当变量个数不是很大时，两种方法的生成时间很接近，所以使用对数坐标系从而更好地对两种方法进行区分。

图 4-15 说明迭代方法的生成时间要远小于非迭代方法的生成时间。对于迭代方法来说，测试用例生成时间可以被拟合成变量个数的多项式形式（如图 4-16 所示），在 95% 置信区间内其 p 值远小于 0.05。另外，测试用例生成时间随着变量个数的增加以均匀的

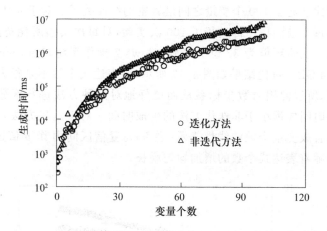

图 4-15　当变量个数增加时迭代方法与非迭代方法的对比实验结果

加速度增加。对拟合函数进行求导,可以得到 $y = 904.4x - 12\,190$,也就是说随着变量个数的增加,测试用例生成时间以 $904.4x - 12\,190$ 的加速度增加。我们可以得出大概的结论:在其他设置保持不变的情况下,当 n 从 1 增加到 13 时,使用 VAD 的方法其生成时间是非常接近的,而当 n 大于 14 时,测试时间开始明显增加。

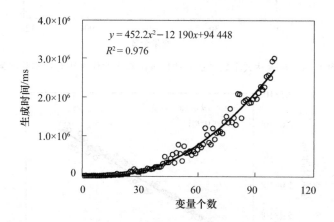

图 4-16　当变量个数增加时迭代方法的拟合结果

（2）测试不同的表达式个数

表达式个数是影响测试用例生成方法性能的一个重要指标。在这一部分中,主要关注不同的表达式个数与两种算法（有或没有 VAD）的性能之间的关系。将被测程序设置为 100 个输入变量 $x_1, x_2, \cdots, x_{100}$。采用语句覆盖,在每个被测程序中设置 u（$u \in [1, 100]$）个 if 语句（相当于每次区间运算要计算 u 个路径约束）,而且只有一条待覆盖路径,即完全由真分支构成的路径,从而分支条件与分支谓词完全一致。每个 if 表达式都是如下形式:

$$[a_1, a_2, \cdots, a_{100}]\,[x_1, x_2, \cdots, x_{100}]'\ \text{rel\_op}\ \text{const}[u] \tag{4-7}$$

其中,$a_1, a_2, \cdots, a_{100}$ 是或正或负的随机数,$\text{rel\_op} \in \{>, \geqslant, <, \leqslant, =, \neq\}$,$\text{const}[u]$ 是一个随机常数的数组。需要对随机数 a_v（$v = 1, 2, \cdots, 100$）和 $\text{const}[u]$ 进行验证确保路径可

达。这样的设置建立起了 100 个变量之间最紧密的线性关系。对于 u 从 1 到 100 之间的每个值所对应的每个被测程序都进行了 100 次实验,对每次实验所耗费测试用例生成时间都进行了记录。实验环境为 32 位 MS Windows 7 操作系统,Pentium 4 处理器,主频 3.00 GHz,内存 4 GB。对比结果如图 4-17 所示,当表达式个数不是很大时,两种方法的生成时间很接近,所以使用对数坐标系从而更好地对两种方法进行区分。图 4-18 说明迭代方法的生成时间要远小于非迭代方法的生成时间。对于迭代方法来说,测试用例生成时间可以被拟合成变量个数的线性表示,在 95% 置信区间内其 p 值远小于 0.05。测试用例生成时间随着表达式个数的增加均匀增长。

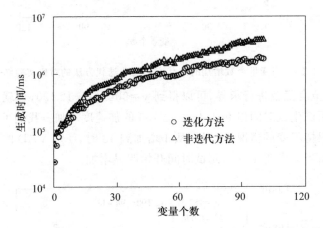

图 4-17　当表达式个数增加时迭代方法与非迭代方法对比实验结果

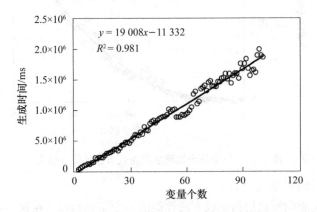

图 4-18　当表达式个数增加时迭代方法的拟合结果

3. 与其他测试用例生成方法的比较

(1) 与 BFS-BB 比较

采用 MC/DC 覆盖,BFS-BB-IIA 测试 aa200c 使用了将近 66 min 的时间,是 BFS-BB 用时的 2/3,且其中 34% 的不可达路径被检测出来。在这一部分,我们使用来自 http://www.moshier.net/的两个工程来比较 BFS-BB-IIA 和 BFS-BB。实验环境为 32 位 Ubuntu 12.04 操作系统,Pentium 4 处理器,主频 2.8 GHz,内存 2 GB。待覆盖路径来自 CTS,这其中可能包含不可达路径。对比采用 3 种覆盖准则:语句、分支、MC/DC。对于每个待测项都进行了100 次实验,对比的参数包括检测出的不可达路径数、平均测试用例生成时间和平均覆盖率。不可达路径上的元素不纳入覆盖率统计。对比结果如表 4-10 所示。

表 4-10　BFS-BB-IIA 与 BFS-BB 的对比实验结果

工程	文件	函数	覆盖准则	来自 CTS 的路径个数	BFS-BB-IIA 判断出的不可达路径个数	平均生成时间/s		平均覆盖率	
						BFS-BB-IIA	BFS-BB	BFS-BB-IIA	BFS-BB
de118i-2	sinl.c	sinl	语句	6	**2**	**0.498**	0.773	**93.8%**	86.4%
			分支	8	**3**	**0.689**	0.756	**95.8%**	95.4%
			MC/DC	9	**5**	**1.060**	1.177	**93.4%**	92.6%
	asinl.c	acosl	语句	4	0	**0.186**	0.226	100%	100%
			分支	5	0	0.226	0.201	100%	100%
			MC/DC	5	0	**0.224**	0.319	93%	93%
aa200c	diurpx.c	diurpx	语句	2	0	**0.380**	0.517	100%	100%
			分支	2	0	**0.496**	0.633	100%	100%
			MC/DC	2	0	0.568	0.521	96%	96%
	dms.c	dms	语句	2	0	0.165	0.11	93.2%	93.2%
			分支	3	0	**0.205**	0.298	**100%**	98%
			MC/DC	2	0	**0.187**	0.226	**91.2%**	84%
	nutate.c	nutlo	语句	6	**3**	3.238	0.970	100%	100%
			分支	8	**4**	**1.305**	1.351	100%	100%
			MC/DC	30	**24**	**9.961**	11.357	100%	100%
	refrac.c	refrac	语句	4	**1**	0.177	0.147	100%	100%
			分支	4	**1**	0.266	0.224	100%	100%
			MC/DC	13	**7**	0.867	0.700	95%	95%

① 不可达路径检测。如第 6 列加粗所示,大概半数的情况都包含不可达路径,BFS-BB 无法检测不可达路径,但是 BFS-BB-IIA 可以,这是一个非常有效的功能,因为省去了后续生成测试用例的步骤。

② 生成时间。如第 7 列加粗所示,在所测试的 18 例中,BFS-BB-IIA 对于其中 11 例消耗了比 BFS-BB 更少的时间。有 7 例 BFS-BB-IIA 消耗的时间更多,这是因为 IIA 执行了两轮,但是第一轮就完成了对所有变量的区间削减,而第二轮只是起到验证的作用。在这种情况下,非迭代方法显然更快(省掉了第二轮的时间)。

③ 覆盖率。如第 9 列加粗所示,在所测试的 18 例中,BFS-BB-IIA 对于其中 5 例得到了比 BFS-BB 更高的覆盖率。两种方法对于另外 13 例取得了相同的覆盖率,包括 9 个100%。在 BFS-BB-II 没有取得 100% 的例子中,大部分是采用了 MC/DC 覆盖准则,它包含了语句覆盖和分支覆盖,相对来说更加严格也更难满足。

（2）与 C++ test 比较

这一部分是 BFS-BB-IIA 和 C++ test 的对比实验，其中 C++ test 是以 Visual Studio 2008 的插件形式存在的。实验环境为 32 位 MS Windows 7 操作系统，Pentium 4 处理器，主频 3.00 GHz，内存 4 GB。对比实验采用语句覆盖。对每个被测程序都进行了 100 次实验，通过平均生成时间和平均覆盖率进行比较。被测程序的细节信息如表 4-11 所示。对比结果如表 4-12 所示，我们基于被测程序的特点从 3 个方面进行讨论，其中对 BFS-BB-IIA 表现更好的地方进行了加粗显示。

表 4-11　用于与 C++ test 对比的程序

程序	代码行数	变量类型	程序结构	循环层数	来自 CTS 的路径个数
testplus1. c	52	int	50if	0	1
testplus2. c	102	int	100if	0	1
testplus3. c	152	int	150if	0	1
testplus3. c	202	int	200if	0	1
loop1. c	12	int	do while,if	1	2
loop2. c	20	int	for,switch,if	2	7
loop3. c	23	int	while,if	3	7
loop4. c	39	int	while,if	4	8
loop5. c	41	int	while,for,if	5	14
loop6. c	43	int	while,for,if	6	15
loop7. c	46	int	while,for,if	7	20
bonus. c	21	long int	6if	0	6
days. c	28	int	switch,if	0	17
statistics. c	18	char	if	0	4
division. c	17	int	for,while,if	2	2
equation. c	28	double	if	0	3
pingpiang. c	10	char	if	0	1
prime. c	16	int	for,if	1	4
star. c	13	int	while,for,if	2	3
triangle. c	48	int	goto,if	0	34
lsqrt. c	37	long	for,if	2	6
dms. c bc_jtoc( )	37	double,long, int,array, pointer	goto,if	0	6

① 表达式个数。前 4 个程序中分别有 50 个、100 个、150 个和 200 个数学表达式，但是由于变量个数不同，所以实验结果并不遵守之前的实验结论，BFS-BB-IIA 的生成时间也并不遵守拟合结果。当表达式个数在 100 以内时，C++ test 花费的时间更少，但是其覆盖率也很低。从覆盖率的角度来说，BFS-BB-IIA 的性能更好。而随着表达式个数的增加，求解约束的难度也随之增加，当表达式超过 150 个时，C++ test 已经无法求解。而 BFS-BB-IIA

能够求解表中的数百个表达式并达到较高的覆盖率,当然求解时间也会随之增加。

② 变量类型。可以从第 2 列和第 4 列看出,对于包含基本类型的程序,BFS-BB-IIA 的表现更好(除了前两个程序),都获得了更少的生成时间和更高的覆盖率。对于大多数情况,C++ test 的生成时间都数倍于 BFS-BB-IIA。C++ test 无法为要求为 NULL 的输入生成测试用例(如最后一个被测程序),而随机生成的测试用例会让程序的执行出错,也就意味着测试用例生成失败。BFS-BB-IIA 能够为它生成测试用例,但是覆盖率也没有到达 100%。

③ 循环。对于 11 个带有循环的程序,BFS-BB-IIA 都在达到 100% 覆盖率的基础上花费了更少的时间。但是这 11 个程序都来自 CTS,我们应该尝试更多来自实际工程的项目来测试其能力。

表 4-12　BFS-BB-IIA 与 C++ test 的对比结果

程序	平均生成时间/s		平均覆盖率	
	BFS-BB-IIA	C++ test	BFS-BB-IIA	C++ test
testplus1. c	23.549	13	**100%**	10%
testplus2. c	42.166	23	**100%**	5%
testplus3. c	**49.464**	—	**100%**	—
testplus4. c	**72.72**	—	**100%**	—
loop1. c	**0.085**	31	100%	100%
loop2. c	**0.085**	22	100%	100%
loop3. c	**0.084**	16	100%	100%
loop4. c	**0.078**	21	100%	100%
loop5. c	**0.09**	32	100%	100%
loop6. c	**0.097**	31	100%	100%
loop7. c	**0.106**	18	92%	92%
bonus. c	**0.921**	12	**100%**	82%
days. c	**1.785**	18	**100%**	55%
statistics. c	**0.289**	16	**100%**	90%
division. c	**0.182**	21	**100%**	75%
equation. c	**0.854**	15	**100%**	86%
pingpang. c	**0.117**	17	**100%**	100%
prime. c	**0.206**	15	**100%**	91%
star. c	**0.302**	16	**100%**	100%
triangle. c	**0.383**	17	**100%**	77%
lsqrt. c	**0.097**	16	100%	100%
dms. c　　void bc_jtoc( )	**0.334**	—	**62.5%**	—

（3）与 Choco 比较

这一部分是 IIA 与一个开源的约束求解器 Choco 之间的对比,我们在 BFS-BB 框架内进行实验。也就是说,实验所对比的是 BFS-BB-IIA 与 BFS-BB 和 Choco 的组合。被测程序来自工程 de118i-2（http://www.moshier.net/）和工程 people（来自佛罗里达州立大学 C 源代码库，http://people.sc.fsu.edu/~jburkardt/c_src/c_src.html）。实验环境为 32 位 Ubuntu 12.04 操作系统，Pentium 4 处理器，主频 3.00 GHz，内存 4 GB。待覆盖路径由 CTS 提供，其中可能包含不可达路径。比较采用 3 种覆盖准则：语句、分支、MC/DC。对每个被测程序都用两种方法测试了 100 次，记录检测出的不可达路径数、平均生成时间和平均覆盖率并进行比较。不可达路径上的元素不纳入覆盖率的计算。比较的具体细节如表 4-13 所示，我们从 3 个方面进行讨论。

① 不可达路径检测。如第 6 列加粗所示，大概半数的情况都包含不可达路径，Choco 无法检测不可达路径，但是 BFS-BB-IIA 可以，这是一个非常有效的功能，因为省去了后续生成测试用例的步骤。

② 生成时间。对于所有情况，Choco 所使用的生成时间都数倍于 BFS-BB-IIA，如第 7 列所示，可以看出有些甚至高达数十倍。从测试时间这个角度来说，BFS-BB-IIA 相比于 Choco 具有非常明显的优势。

③ 覆盖率。在所有的情况下，BFS-BB-IIA 的覆盖率都高于 Choco。Choco 没有一种情况达到 100% 的覆盖率。而 BFS-BB-IIA 除了 5 个案例外都达到了 100%，其中 4 个案例采用了 MC/DC。MC/DC 是相对严格的，我们将进一步研究。

表 4-13　BFS-BB-IIA 与 Choco 对比实验结果

工程	文件	函数	覆盖准则	来自 CTS 的路径个数	BFS-BB-IIA 判断出的不可达路径个数	平均生成时间/s		平均覆盖率	
						BFS-BB-IIA	Choco	BFS-BB-IIA	Choco
de118i-2	sinl.c	cosl	语句	6	**3**	**0.558**	4.525	**100%**	87%
			分支	9	**3**	**0.888**	3.739	**97%**	91%
			MC/DC	9	**4**	**0.346**	2.891	**98%**	82%
	asinl.c	asinl	语句	9	**5**	**0.329**	1.786	**100%**	69%
			分支	7	**5**	**0.226**	1.153	**100%**	60%
			MC/DC	12	**9**	**0.123**	1.178	**98%**	39%
	atanl.c	atan2l	语句	3	**0**	**0.473**	6.301	**100%**	75%
			分支	21	**17**	**0.107**	2.026	**100%**	72%
			MC/DC	35	**26**	**0.122**	0.781	**100%**	71%
people	toms655.c	parchk	语句	5	**0**	**0.472**	1.817	**100%**	50%
			分支	6	**0**	**0.481**	1.729	**100%**	31%
			MC/DC	12	**5**	**0.418**	1.822	**98%**	29%
	treepack.c	i4_power	语句	7	**0**	**0.110**	5.193	**100%**	87%
			分支	7	**0**	**0.121**	5.021	**100%**	75%
			MC/DC	9	**1**	**0.113**	5.759	**80%**	70%

4.3　基于神经网络技术的测试用例生成时间预测

测试用例生成时间是衡量测试效率的关键因素,CTS 采用分支限界的方法进行测试用例生成,研究和实验[20]发现,影响测试用例生成的指标包括代码行数、参数个数、局部变量个数、全局变量个数、路径长度、语句个数、分支个数、表达式总个数、等式个数、非等式个数、位运算表达式个数、循环个数、循环的最大深度、函数调用个数、独立变量个数、数组维度、结构体层数和指针个数等。通过影响测试用例生成相关指标结合具体被测程序构建数据集合,利用神经网络对数据集合进行建模,从而实现预测测试用例生成时间的目的。

本节提供一种对测试用例自动生成时间进行预测的技术和方法,用以提升测试用例自动生成效率,从而改善自动化测试软件的测试性能。首先,对实际工程进行分析,统计影响测试用例生成的数据,同时对测试用例自动生成时间进行记录。然后,利用神经网络对数据集合进行建模。最后,通过输入相应的软件度量数据,实现测试用例自动生成时间的计算和预测。该方法可以方便自动化测试软件的进一步开发,方便用户对整个测试进度有初步的了解。

4.3.1　背景介绍

神经网络的研究范围较为广泛,作为一个多学科交叉的领域,各个学科对神经网络的定义多种多样。根据解决问题的难易程度,神经网络从简单到复杂分为神经元模型、感知机、多层网络。对于复杂的问题,多层网络的学习能力强于单层的感知器,而要训练多层网络,需要采用强大的学习算法,如误差逆传播算法、径向基函数和深度学习等。对于神经网络中存在的局部最小问题,可以采用遗传算法和粒子群算法对多层网络进行改进。

1. 神经元模型与感知机

神经网络的基本组成部分是神经元模型,现今使用的"M-P 神经元模型"是 McCulloch 和 Pitts 在 1943 年提出的抽象生物神经元兴奋传导的过程[21]。M-P 神经元模型如图 4-19 所示。其中的神经元可以收到 n 个其他神经元传递过来的信号,传递过来的输入信号通过连接权重进行传递,当前神经元将接收到的输入信号进行累加并与神经元的阈值进行比较,通过激活函数 $f()$ 判断神经元此刻的输出信号。其中,激活函数常用 Sigmoid 函数。

感知器通常是由两层神经元构成的,如图 4-20 所示。输入层负责接收外界信号,输出层则是一个 M-P 神经元,x_1、x_2 表示两个输入神经元,w_1、w_2 表示连接权重,y 代表输出值。一般感知器的学习能力有限,这种简单的结构只解决线性可分问题,如逻辑与、或、非等。若要解决非线性问题,则需要使用多层神经网络,即引入隐含层。

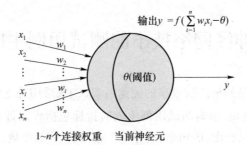

图 4-19　M-P 神经元模型

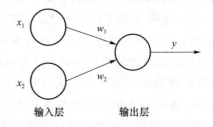

图 4-20　两层感知器网络结构图

2. 误差逆传播算法与多层网络

多层网络一般呈现为层级结构,相邻神经元之间完全相连,且同层神经元之间不连接,也不跨层连接,这样的结构被称为"多层前馈神经网络"。多层网络学习能力较单层感知机要强大得多,需要采用更好的学习策略对网络进行训练,误差逆传播(Error Backpropagation,BP)算法是较为成熟的算法,通过 BP 算法训练多层网络,可以得到 BP 神经网络(如图 4-21 所示)。

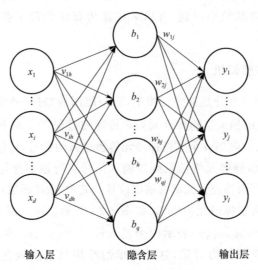

图 4-21　BP 神经网络结构示意图

一般 BP 神经网络分为输入层、隐含层、输出层三层。在图 4-21 中，输入层包括 $x_1,\cdots,$ x_d 共 d 个输入神经元，隐含层包括 $b_1,\cdots,b_q$ 共 q 个输出神经元，输出层包括 $y_1,\cdots,y_l$ 共 l 个输出神经元。其中，用 θ_j 来表示输出层的第 j 个神经元阈值，用 γ_h 来表示隐含层的第 h 个神经元。第 i 个输入层神经元与第 h 个隐含层神经元之间的连接权为 v_{ih}，第 h 个隐含层神经元与第 j 个输出层神经元之间的连接权为 w_{hj}。一般隐含层和输出层都使用 Sigmoid 函数。第 h 个隐含层神经元收到的输入如式(4-8)所示，第 j 个输出层神经元收到的输入如式(4-9)所示。

$$\alpha_h = \sum_{i=1}^{d} v_{ih} x_i \tag{4-8}$$

$$\beta_j = \sum_{h=1}^{q} \omega_{hj} b_h \tag{4-9}$$

另外，BP 算法采用梯度下降策略对上述参数进行调整，可以通过公式推导分别求出输出层梯度项 g_j 和隐含层梯度项 e_h。

对于数据集 (x_k,y_k)，输出层的神经元每次的输出用 $\hat{y_k}$ 表示，得到 BP 算法如下所示。

算法 4-4　BP 算法

输入：训练集 $D=\{(x_k,y_k)_{k=1}^m\},k=1,2,\cdots,m$

输出：连接权与阈值确定的多层前置神经网络

过程：

1：在 $(0,1)$ 范围内随机初始化网络中所有连接权和阈值；

2：**repeat**

3：　　**for** all$(x_k,y_k)\in D$ do

4：　　计算当前输出层输出 $\hat{y_k}=f(\beta_j-\theta_j)$；

5：　　　计算输出层梯度项 g_j；

6：　　　计算隐含层梯度项 e_h；

7：　　　更新连接权和阈值 ω_{hj}、v_{ih}、θ_j、γ_h；

8：　　**end for**

9：**until** 达到训练次数或误差满足条件

径向基函数(Radial Basis Function，RBF)神经网络是另外一种多层神经网络，相对于 BP 神经网络，主要区别是其使用了径向基函数作为隐含层神经元的激活函数，能够逼近任意的非线性连续函数，解析系统难解的规律性，对问题进行泛化。

对于数据较大的系统，需要训练的模型越来越复杂，包含的参数越来越多。简单的学习算法不能更好地完成数据的训练，所以深度学习开始应用到较为复杂的模型中。其中最典型的就是深层次的神经网络，简言之就是通过增加隐含层和隐含层神经元的数目来完成上述过程。但是隐含层的增加带来的是神经网络训练的发散，不能收敛到稳定状态的问题，卷积神经网络(Convolutional Neural Network，CNN)利用权值共享的策略解决了上述问题。

3. 局部最小与全局最小问题

对于 BP 神经网络,其数据训练的整个过程可以被总结为一个参数寻找最优解的问题。最优问题一般分为两种,即局部最小和全局最小,如图 4-22 所示。神经网络的训练过程就是一个计算连接权和阈值使误差最小的过程。

定义 4-9 局部最小(local minimum):如果存在一个 $\zeta > 0$,使得对于任意满足$|x-x^*|<\zeta$的x^*都有 $f(x^*) \leqslant f(x)$,我们就把点x^*对应的函数值 $f(x^*)$称为函数 $f(x)$的一个局部最小值。

定义 4-10 全局最小(global minimum):如果点x^*对于任意的 x 都满足 $f(x^*) \leqslant f(x)$,则称 $f(x^*)$为函数 $f(x)$的全局最小值。

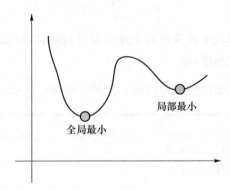

图 4-22　全局最小和局部最小

神经网络的训练过程容易陷入局部最小解中,为了解决该问题,可以使用遗传算法(Genetic Algorithm,GA)和粒子群优化(Particle Swarm Optimization,PSO)算法使其跳出局部最小,从而获得全局最小,得到最优的参数。

两种算法跳出局部最优都采用启发性的策略。遗传算法是人工智能领域中用于解决最优化问题的一种启发式算法,基本的运算过程包括种群的初始化、个体评价、选择运算、交叉运算、变异运算等过程,其输出是进化过程中具有最大适应度的个体。粒子群优化算法与遗传算法相似,从随机解出发,通过不断迭代寻找最优解,但没有交叉与变异的过程。

4.3.2　问题的描述

1. 问题的提出

之前已经介绍,测试用例生成问题可以被定义为约束满足问题,对于面向路径的测试用例生成问题,影响测试用例生成效率即为约束求解的效率。并且生成测试用例耗时与该条路径上相关度量指标的大小相关,要预测测试用例生成的时间,需要分析求解过程的影响因素。图 4-23 是一个待测程序及相应的控制流图,用它来说明该问题。图中

if_out_6、if_out_7、if_out_8、if_out_9 和 exit_10 是虚节点。采用分支覆盖,有 5 条待覆盖路径,分别是 Path1:0→1→9→10、Path2:0→1→2→8→9→10、Path3:0→1→2→3→7→8→9→10、Path4:0→1→2→3→4→6→7→8→9→10 和 Path5:0→1→2→3→4→5→6→7→8→9→10(路径上的数字均对应控制流图的节点)。可以统计每条路径的相关指标及求解该条路径上约束条件所需要的时间,即统计待测文件上包含的约束$\{x_1>x_2,x_1>=10,2x_1+x_2=40,x_1-x_2=5\}$及各自路径上包含的约束,如一条路径 Path1 包含的约束$\{x_1>x_2\}$。影响测试用例生成的指标构成指标集{路径长度,语句个数,分支个数,表达式个数,等式个数,非等式个数,位运算表达式个数,循环个数,循环的最大深度,函数调用个数,独立变量个数,数组个数,结构体个数,指针个数},可以初步得到路径 Path5 上的指标集为{11,5,4,4,2,2,0,0,0,1,2,0,0,0},再通过 CTS 对该条路径生成测试用例,得到预测集{时间}。通过多层神经网络拟合指标集与预测集的关系,神经网络模型主要确定神经网络输入层节点数、输出层节点数和隐含层节点数。另外选择合适的连接函数,最后得到合适的权值和阈值。

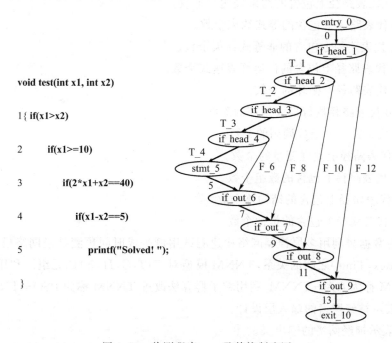

图 4-23 待测程序 test 及其控制流图

模型的确立要对组成的数据集进行处理,数据的处理框架包括数据准备、数据建模和数据预测三部分。其中数据准备包括采集数据和数据清洗,数据建模包括数据标注、特征工程和模型训练,如图 4-24 所示。

2. 问题的定义

基于以上提出的问题,对影响的测试用例数据集和影响测试用例生成时间的神经网络模型进行定义。

图 4-24　数据处理流程图

影响测试用例生成的指标集被定义为一个多元组 $Index(Len, St, Br, Con, Eq, Ieq, Bit, Cy, Cyd, Fc, Iv, Ar, St, Po)$。测试用例生成时间被看作一元组 $Time(T)$，共同组成数据集 $(Index, Time)$。

- Len 代表当前路径的长度。
- St 代表路径语句个数。
- Br 代表路径包含的分支个数。
- Con 代表路径上包含的约束表达式个数。
- Eq 代表路径上包含的等式约束个数。
- Ieq 代表路径上包含的非等式约束个数。
- Bit 代表路径上包含的位运算表达式个数。
- Cy 代表路径上循环的个数。
- Cyd 代表路径执行最大循环的深度。
- Fc 代表路径上函数调用的个数。
- Iv 代表路径上独立变量的个数。
- Ar 代表路径上包含的数组个数。
- St 代表路径上包含的结构体个数。
- Po 代表路径上包含的指针个数。

通过对数据集利用多层神经网络构建测试用例生成时间预测神经网络模型 TNNM 来拟合 $(Index, Time)$ 之间的关系，TNNM 模型对应 (I, O, H, F) 四元组。利用遗传算法改进 TNNM 称为 GA＋TNNM，利用粒子群算法改进 TNNM 称为 PSO＋TNNM。

- I 表示神经网络的输入层设计。
- O 表示神经网络的输出层设计。
- H 表示神经网络的隐含层设计。
- F 表示神经网络的连接函数选取。

4.3.3　数据准备

在这一部分，数据集根据作用类型进行划分，包括训练集（training set）和预测集（forecasting set），其中训练集用以训练模型，而预测集用以检测模型的准确性。预测集的选取有两种方式：一种是从训练集中选取一定的数据，这种方式主要用于检测模型的拟合度;另一种是从训练集外选取一定的数据,从而验证模型的准确性。根据数据来源划分,数据集包括函数级、文件级和工程级的数据集。函数级的数据集用以直接预测被测文件下每个函数测试用例生成的时间,文件级数据集用以直接预测每个被测文件测试用例生成的时间,另外也可以对函数级测试用例的时间进行累加。同理,工程级的数据集采用相同的办法进行处理。

1. 实例分析及函数级数据集

(1) 实例 1

数据集(Index,Time)的最小组成部分是函数级的数据单元,以图 4-23 中的 test 函数来说明,函数中包含等式和不等式等多种约束,并包含 5 条路径。对 test 函数中 5 条路径上包含的约束分别进行求解,统计约束求解所需要的时间,组成时间集 Time,且只统计约束求解成功的时间。同时统计路径上影响测试用例生成的相关指标,构成指标集 Index,如表 4-14 所示。

表 4-14 函数 test 的 Index 和 Time 数据集

路径编号	约束集合	Index	Time/ms
1	$\{x_1 > x_2\}$	$\{4,1,1,1,0,1,0,0,0,0,2,0,0,0\}$	98
2	$\{x_1 > x_2, x_1 \geq 10\}$	$\{6,2,2,2,0,2,0,0,0,0,2,0,0,0\}$	100
3	$\{x_1 > x_2, x_1 \geq 10, 2x_1 + x_2 = 40\}$	$\{8,3,3,3,1,2,0,0,0,0,2,0,0,0\}$	114
4	$\{x_1 > x_2, x_1 \geq 10, 2x_1 + x_2 = 40, x_1 - x_2 = 5\}$	$\{10,4,4,4,2,2,0,0,0,0,2,0,0,0\}$	148
5	$\{x_1 > x_2, x_1 \geq 10, 2x_1 + x_2 = 40, x_1 - x_2 = 5\}$	$\{11,5,5,4,2,2,0,0,0,1,2,0,0,0\}$	310

(2) 实例 2

对包含更多约束表达式和更复杂约束类型的程序,如图 4-25 所示,被测程序 test1 中包含了 5 个约束条件,共 6 条路径,同时在约束中引入了数组类型,提高了约束复杂度,通过统计和测试可以得到 Index 集和 Time 集,如表 4-15 所示。

```
void test1(int x1,int x2,int x3 int x4[]){
    int x5=0;
        if(x1>x2 || x3<10)
            if(x1>=10)
                if(2*x1+x2==40)
                    if(x1−x2==5)
                        if(x4[x5]==1)
                            printf("go");
}
```

图 4-25 被测程序 test1

表 4-15　函数 test1 的 Index 和 Time 部分数据集

路径编号	约束集合	Index	Time/ms
1	$\{x_1>x_2\|\|x_3<10\}$	{5,3,2,3,0,3,0,0,0,0,3,0,0,0}	104
2	$\{x_1>x_2\|\|x_3<10,x_1\geqslant10\}$	{7,4,3,4,1,3,0,0,0,0,3,0,0,0}	104
3	$\{x_1>x_2\|\|x_3<10,x_1\geqslant10,2x_1+x_2=40\}$	{9,5,4,5,2,3,0,0,0,0,3,0,0,0}	195
4	$\{x_1>x_2\|\|x_3<10,x_1\geqslant10,2x_1+x_2=40,x_1-x_2=5\}$	{11,4,3,4,1,3,0,0,0,0,3,0,0,0}	232
5	$\{x_1>x_2\|\|x_3<10,x_1\geqslant10,2x_1+x_2=40,x_1-x_2=5,x_4[x_5]=1\}$	{13,6,5,6,3,3,0,0,0,0,4,1,0,0}	284
6	$\{x_1>x_2\|\|x_3<10,x_1\geqslant10,2x_1+x_2=40,x_1-x_2=5,x_4[x_5]=1\}$	{14,7,5,6,3,3,0,0,0,1,4,1,0,0}	748

2. 数据清洗及文件级数据集

这一部分通过对实际工程进行测试和指标的自动统计,构成数据集。以工程 aa200c 为例,通过单元测试的方式实现对函数中各属性指标的自动化统计。在进行测试用例生成的过程中,会出现一部分未正常生成测试用例的数据,需要将这部分数据剔除,或找到对应函数手动测试并在数据集合中进行添加,实现数据清洗。

图 4-26 所示是自动对 aa200c 进行指标统计和测试用例生成的数据集,图中路径 ID 为 14697 和 14700 的对应测试用例未成功生成的数据。图 4-27 所示是完成数据清洗的数据集,可以看到已将图中标记为×的数据进行剔除。

函数名称	路径id	路径长度	语句个数	分支个数	表达式总个数	等式个数	非等式个数	位运算表达式个数	循环个数	循环的最大深度	函数调用个数	独立变量个数	数组维度	结构体层数	指针个数	测试用例时间	用例正常生成
librations	7705	41	36	3	3	0	3	0	0	0	24	1	0	0	0	141	√
librations	7706	40	35	3	3	0	3	0	0	0	24	1	0	0	0	135	√
librations	7707	40	35	3	3	0	3	0	0	0	24	1	0	0	0	111	√
librations	7708	39	34	3	3	0	3	0	0	0	24	1	0	0	0	93	√
librations	7709	40	35	3	3	0	3	0	0	0	23	1	0	0	0	109	√
librations	7710	39	34	3	3	0	3	0	0	0	23	1	0	0	0	93	√
librations	7711	39	34	3	3	0	3	0	0	0	23	1	0	0	0	138	√
librations	7712	38	33	3	3	0	3	0	0	0	23	1	0	0	0	103	√
altaz	7713	67	61	2	4	2	2	0	2	1	30	7	0	0	0	843	√
altaz	7715	69	62	2	4	2	2	0	2	1	30	7	0	0	0	237	√
altaz	7717	69	62	2	4	2	2	0	2	1	30	8	0	0	0	182	√
altaz	7719	71	63	2	4	2	2	0	2	1	30	8	0	0	0	234	√
altaz	7722	56	50	2	4	2	2	0	2	1	19	7	0	0	0	109	√
altaz	7724	58	51	2	4	2	2	0	2	1	19	7	0	0	0	219	√
altaz	7726	58	51	2	4	2	2	0	2	1	19	8	0	0	0	116	√
altaz	7728	60	52	2	4	2	2	0	2	1	19	8	0	0	0	118	√
angles	7730	20	15	1	2	0	2	0	1	1	3	1	0	0	0	100	√
angles	7731	33	26	1	2	0	2	0	1	1	3	1	0	0	0	73	√
angles	7732	31	24	1	2	0	2	0	1	1	3	1	0	0	0	139	√
whatconst	14690	21	14	1	3	0	3	0	2	1	5	1	0	0	0	124	√
whatconst	14692	26	16	2	6	0	6	1	2	1	5	5	0	0	0	142	√
whatconst	14693	20	13	1	3	0	3	0	2	1	5	1	0	0	0	87	√
whatconst	14695	25	15	2	6	0	6	1	2	1	5	5	0	0	0	106	√
whatconst	14696	24	15	1	3	0	3	0	2	1	5	1	0	0	0	112	√
whatconst	14697	26	18	2	6	0	6	1	2	1	5	5	0	0	0	169	×
whatconst	14698	29	17	2	6	0	6	1	2	1	5	5	0	0	0	129	√
whatconst	14699	23	14	1	3	0	3	0	2	1	5	1	0	0	0	98	√
whatconst	14700	37	22	2	6	0	6	0	2	1	5	5	0	0	0	168	×
whatconst	14701	28	16	2	6	0	6	0	2	1	5	5	0	0	0	111	√
skipwh	7842	5	2	0	6	6	0	0	0	0	1	0	0	0	0	93	√
skipwh	7843	7	3	0	6	6	0	0	0	0	1	0	0	0	0	77	√

图 4-26　aa200c 未经过数据清洗的数据集

经统计,aa200c 有几万条路径。对于这些路径,有许多条会构成重复性较大(指标统计值相似性大)的数据集。需要筛选出这部分数据,并对其对应的测试用例时间做处理。本书采取的方式是对 n 组重复数据的时间累加后取平均值的策略,即通过式(4-10)进行计算。

函数名称	路径id	路径长度	语句个数	分支个数	表达式总个数	等式个数	非等式个数	位运算表达式个数	循环个数	循环的最大深度	函数调用个数	独立变量个数	数组维度	结构体层数	指针个数	测试用例时间	用例正常生成？
librations	7705	41	36	3	3	0	3	0	0	0	24	1	0	0	0	141	√
librations	7706	40	35	3	3	0	3	0	0	0	24	1	0	0	0	135	√
librations	7707	40	35	3	3	0	3	0	0	0	24	1	0	0	0	111	√
librations	7708	39	34	3	3	0	3	0	0	0	24	1	0	0	0	93	√
librations	7709	40	35	3	3	0	3	0	0	0	23	1	0	0	0	109	√
librations	7710	39	34	3	3	0	3	0	0	0	23	1	0	0	0	93	√
librations	7711	39	34	3	3	0	3	0	0	0	23	1	0	0	0	138	√
librations	7712	38	33	3	3	0	3	0	0	0	23	1	0	0	0	103	√
altaz	7713	67	61	2	4	2	2	0	2	1	30	7	0	0	0	843	√
altaz	7715	69	62	2	4	2	2	0	2	1	30	7	0	0	0	237	√
altaz	7717	69	62	2	4	2	2	0	2	1	30	7	0	0	0	182	√
altaz	7719	71	63	2	4	2	2	0	2	1	30	8	0	0	0	234	√
altaz	7722	56	50	2	4	2	2	0	2	1	19	7	0	0	0	109	√
altaz	7724	58	51	2	4	2	2	0	2	1	19	7	0	0	0	219	√
altaz	7726	58	51	2	4	2	2	0	2	1	19	7	0	0	0	116	√
altaz	7728	60	52	2	4	2	2	0	2	1	19	8	0	0	0	118	√
angles	7730	20	15	1	2	0	2	0	1	1	3	1	0	0	0	100	√
angles	7731	33	26	1	2	0	2	0	1	1	3	1	0	0	0	73	√
angles	7732	31	24	1	2	0	2	0	1	1	3	1	0	0	0	139	√
whatconst	14690	21	14	1	3	0	3	0	1	1	5	1	0	0	0	124	√
whatconst	14692	26	16	2	6	0	6	0	1	1	5	5	0	0	0	142	√
whatconst	14693	20	13	1	3	0	3	0	1	1	5	1	0	0	0	87	√
whatconst	14695	25	15	2	6	0	6	1	2	1	5	5	0	0	0	106	√
whatconst	14696	24	15	1	3	0	3	0	1	1	5	1	0	0	0	112	√
whatconst	14698	29	17	2	6	0	6	1	2	1	5	5	0	0	0	129	√
whatconst	14699	23	14	1	3	0	3	0	1	1	5	1	0	0	0	98	√
whatconst	14701	28	16	2	6	0	6	1	2	1	5	5	0	0	0	111	√
skipwh	7842	5	3	0	6	6	0	0	1	1	0	1	0	0	0	93	√
skipwh	7843	7	3	0	6	6	0	0	1	1	0	1	0	0	0	77	√

图 4-27　aa200c 经过数据清洗的数据集

$$Time = \frac{\sum_{i=1}^{n} Time_i}{n}, \quad i = 1, 2, \cdots, n \tag{4-10}$$

如图 4-28 所示,路径 ID7708、7710 和 7711 对应的数据指标数据相同,需要去重并得到如图 4-29 所示的数据集。另外,通过测试多个大工程,采取上述相同的方式,可以构成工程级的数据集。

函数名称	路径id	路径长度	语句个数	分支个数	表达式总个数	等式个数	非等式个数	位运算表达式个数	循环个数	循环的最大深度	函数调用个数	独立变量个数	数组维度	结构体层数	指针个数	测试用例时间	用例正常生成？
librations	7705	41	36	3	3	0	3	0	0	0	24	1	0	0	0	141	√
librations	7706	40	35	3	3	0	3	0	0	0	24	1	0	0	0	135	√
librations	7707	40	35	3	3	0	3	0	0	0	24	1	0	0	0	111	√
librations	7708	39	34	3	3	0	3	0	0	0	24	1	0	0	0	93	√
librations	7709	40	35	3	3	0	3	0	0	0	23	1	0	0	0	109	√
librations	7710	39	34	3	3	0	3	0	0	0	23	1	0	0	0	93	√
librations	7711	39	34	3	3	0	3	0	0	0	23	1	0	0	0	138	√
librations	7712	38	33	3	3	0	3	0	0	0	23	1	0	0	0	103	√
altaz	7713	67	61	2	4	2	2	0	2	1	30	7	0	0	0	843	√
altaz	7715	69	62	2	4	2	2	0	2	1	30	7	0	0	0	237	√
altaz	7717	69	62	2	4	2	2	0	2	1	30	8	0	0	0	182	√
altaz	7719	71	63	2	4	2	2	0	2	1	30	8	0	0	0	234	√
altaz	7722	56	50	2	4	2	2	0	2	1	19	7	0	0	0	109	√
altaz	7724	58	51	2	4	2	2	0	2	1	19	7	0	0	0	219	√

图 4-28　aa200c 待去重复的数据集

函数名称	路径id	路径长度	语句个数	分支个数	表达式总个数	等式个数	非等式个数	位运算表达式个数	循环个数	循环的最大深度	函数调用个数	独立变量个数	数组维度	结构体层数	指针个数	测试用例时间	用例正常生成
librations	7705	41	36	3	3	0	3	0	0	0	24	1	0	0	0	141	√
librations	7706	40	35	3	3	0	3	0	0	0	24	1	0	0	0	135	√
librations	7707	40	35	3	3	0	3	0	0	0	24	1	0	0	0	111	√
librations	7708	39	34	3	3	0	3	0	0	0	24	1	0	0	0	93	√
librations	7711	39	34	3	3	0	3	0	0	0	23	1	0	0	0	138	√
librations	7712	38	33	3	3	0	3	0	0	0	23	1	0	0	0	101	√
altaz	7713	67	61	2	4	2	2	0	2	1	30	7	0	0	0	843	√
altaz	7715	69	62	2	4	2	2	0	2	1	30	7	0	0	0	209	√
altaz	7719	71	63	2	4	2	2	0	2	1	30	8	0	0	0	234	√
altaz	7722	56	50	2	4	2	2	0	2	1	19	7	0	0	0	109	√
altaz	7724	58	51	2	4	2	2	0	2	1	19	7	0	0	0	219	√

图 4-29　aa200c 经过数据清洗的数据集

4.3.4　模型的确定与实现

1. 模型的确定

模型的确定即对 TNNM 中参数的确定过程。

① 输入层的设计,即确定神经元个数 I,I 的大小通常为输入指标参数的个数,即 Index 的长度 14。

② 输出层的设计,即确定输出神经元个数 O,O 的大小通常为输出指标参数的个数,即 Time 的长度 1。

③ 隐含层的设计,通常包括确定隐含层的数量及每层包含神经元的个数 H。隐含层通常选取 1 层,隐含层神经元 H 通常需要实验来确定,本书的实验部分会确定隐含层神经元的个数。

2. 模型的实现

模型 TNNM 实现的具体流程如图 4-30 所示。主要步骤如下。

① 确定建模所用测试用例来源的测试工程。对不同规模工程进行测试,采集测试用例生成时间的数据。随着有效数据的增多,模型的建立和修正更加完善且准确。

② 通过实验和调研确定影响测试用例的指标,且有效指标还可以不断添加,模型的实用性也可以不断完善。通过人工统计和编码实现的方法对有效指标对应数据进行统计和采集。

③ 构建 TNNM 模型,算法 4-5 给出了基于误差逆传播的算法。其中算法输入即数据集(Index,Time),输出是连接权与阈值确定的多层前置神经网络 TNNM。

④ 确定了模型的结构和计算方法后,构造神经网络算法并进行编码。

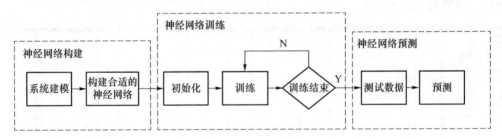

图 4-30　TNNM 实现的具体流程图

BP 算法构建 TNNM 模型的具体流程如下。

① 连接权和阈值的初始化,即对图 4-21 中多层神经网络 I、O、H、F、ω_{hj}、v_{ih}、θ_i 和 γ_h 参数的初始化,其中 I、O、H、F 等值通过实验选取,权值和阈值通常在(0,1)范围内随机选取,另外需要选取合适的学习速率。

② 计算隐含层输出值,根据输入层与隐含层间连接权值 v_{ih} 以及隐含层阈值 θ_j,通过式(4-11)计算隐含层输出 b_h。

$$b_h = f\left(\sum_{i=1}^{n} v_{ih} x_i - \theta_i\right), \quad i = 1,2\cdots,n \tag{4-11}$$

式中:h 为隐含层节点数,即 H 的大小;n 为输入层的节点数;f 为隐含层激励函数,可以选取 Sigmoid 函数。

③ 计算输出层的输出值,根据隐含层输出 b_h、连接权值 ω_{hj} 和阈值 γ_h,通过式(4-12)

计算神经网络预测输出$\hat{y}_j$。

$$\hat{y}_j = f\Big(\sum_{j=1}^{l} b_j w_{hj} - \gamma_h\Big), \quad j = 1,2\cdots,l \tag{4-12}$$

④ 根据网络预测输出$\hat{y}$和期望输出y,通过式(4-13)计算网络预测误差E_j。

$$E_j = y_j - \hat{y}_j, \quad j = 1,2,\cdots,l \tag{4-13}$$

⑤ 利用式(4-14)和式(4-15)根据网络预测误差E_j更新网络连接权值v_{ih}和ω_{hj}。

$$v_{ih} = v_{ih} + \eta b_h(1-b_h)x(i)\sum_{k=1}^{m} \omega_{hj} E_j, \quad i = 1,2,\cdots,d, \quad h = 1,2,\cdots,q, \quad j = 1,2,\cdots,l \tag{4-14}$$

$$\omega_{hj} = \omega_{hj} + \eta b_j E_j, \quad h = 1,2,\cdots,q, \quad j = 1,2,\cdots,l \tag{4-15}$$

⑥ 更新阈值,分别利用式(4-16)和式(4-17)根据网络预测误差E_j更新网络节点阈值θ_i和γ_h。

$$\theta_i = a_i + \eta b_h(1-b_h)\sum_{j=1}^{l} \omega_{hj} E_j, \quad i = 1,2,\cdots,d, \quad h = 1,2,\cdots,q, \quad j = 1,2,\cdots,l \tag{4-16}$$

$$\gamma_h = \gamma_h + E_j, \quad h = 1,2,\cdots,q, \quad j = 1,2,\cdots,l \tag{4-17}$$

算法 4-5 BP 构建 TNNM

输入:训练集 $D = \{(\text{Index}, \text{Time})\}$

输出:连接权与阈值确定的 TNNM

过程:

1: 在$(0,1)$范围内随机初始化网络中所有连接权和阈值;

2: **repeat**

3:　　**for** all$(x_k, y_k) \in D$ do

4:　　　　计算当前输出层输出$\hat{y}_k = f(\beta_j - \theta_j)$;

5:　　　　计算输出层梯度项g_j;

6:　　　　计算隐含层梯度项e_h;

7:　　　　更新连接权和阈值ω_{hj}、v_{ih}、θ_j和γ_h;

8:　　**end for**

9: **until** 达到训练次数或误差满足条件

---

3. 模型的优化

因构建的 TNNM 在求解问题中容易陷入局部最优,需要采用优化算法对原来的模型进行改进,即实现上述定义的 GA+TNNM 和 PSO+TNNM,流程分别如图 4-31 和图 4-32 所示。

其中,GA+TNNM 是通过遗传算法优化神经网络的初始权值。首先,遗传算法优化初始阈值和权重,然后使用梯度下降的方式修正网络。通过这种方式,BP 将不再容易陷入局部最优,从而达到全局最优化。

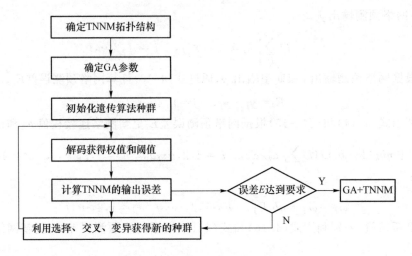

图 4-31　GA＋TNNM 实现流程图

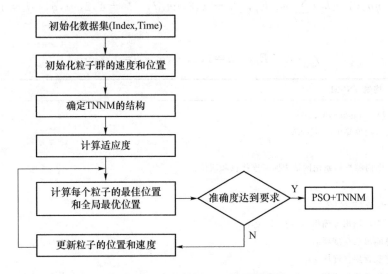

图 4-32　PSO＋TNNM 实现流程图

PSO＋TNNM 的目的与 GA＋TNNM 的目的相同,首先初始化粒子群的速度和位置,然后确定 TNNM 的结构,最后计算粒子群的适应度得出每个粒子的最佳位置和全局最优位置,判断准确度是否满足需要,若满足则输出 PSO＋TNNM,若不满足则继续更新离子群的速度和位置。

4.3.5　实例分析

这部分主要确认上述模型 TNNM、GA＋TNNM 和 PSO＋TNNM 中的参数。经过对工程 aa200c 数据的整理,共统计出 4 922 组数据。经过数据清洗和去重复处理后,得到 1 514 组有效数据。利用这些数据对 3 组模型的参数进行确认,并计算模型的准确率。

本实验共分为以下两个部分。

① 对本书提出的神经网络预测测试用例生成时间模型 TNNM 中的参数进行确认，并计算模型的准确率。

② 对遗传算法优化 TNNM 的 GA＋TNNM 中种群规模、进化代数、交叉与变异概率等相关参数进行确认；对粒子群算法优化 TNNM 的 PSO＋TNNM 中进化代数、种群规模及学习因子取值进行确认。

1．实验配置

① 系统：Windows 7 专业版。

② 具体型号：Lenovo Win7 PC。

③ CPU：Intel(R) Pentium(R) G2030 @3.00GHz。

④ 内存：4.00 GB。

⑤ 系统类型：32 位操作系统。

2．实验结果和分析

(1) TNNM 模型参数的确认

对 1514 组有效数据进行划分，如表 4-16 所示。采用两种划分方式进行建模，并采用主成分分析法进行降维，选取合适的参数。由数据集可知神经网络输入层数为 1，输入层神经元个数为 14，输出层数为 1 且输出层神经元个数为 1。隐含层神经元个数通过实验确认。

表 4-16   不同方式的数据划分方式

编号	训练集	预测集
1	900	100
2	1 400	100

在确认参数的过程中，每个隐含层神经元对应做 10 组实验，求得对应的误差平均值如表 4-17 所示，这里的误差采用式(4-18)所示的计算方法，即实际值和预测值之间差的绝对值的累积和。

$$\text{error} = \sum_{i=1}^{N}(\mid f(i)' - f(i) \mid) \tag{4-18}$$

表 4-17   隐含层神经元个数对应误差平均值

隐含层神经元个数	编号 1 误差	编号 2 误差
6	8 940	6 897
7	8 519	7 209
8	8 745	7 414
9	8 663	8 252
10	8 644	7 540
11	7 198	7 422
12	8 907	7 568

通过实验分析误差情况,得出两种数据划分方式所训练模型对应的隐含层神经元个数等相关参数,并计算准确率,如表 4-18 所示。利用训练完成的模型进行计算,得出 100 组训练集数据结果如图 4-33 所示,100 组检测集数据结果如图 4-34 所示。准确率计算采用式(4-19)。

$$\text{accuracy} = \left(1 - \frac{\text{error}}{\text{sum}}\right), \quad \text{sum} = \sum_{i=1}^{N} f(i), i = 1, 2, \cdots, N \tag{4-19}$$

表 4-18 两种数据划分方式神经网络参数表

编号	输入层	隐层数	输出层	隐含层节点数	迭代次数	学习率	准确率
1	1	1	1	11	500	0.01	71.2%
2	1	1	1	6	1 000	0.01	79.3%

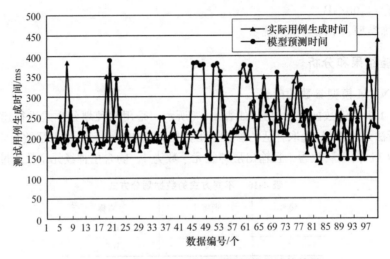

图 4-33 TNNM 100 组训练集数据模拟计算结果

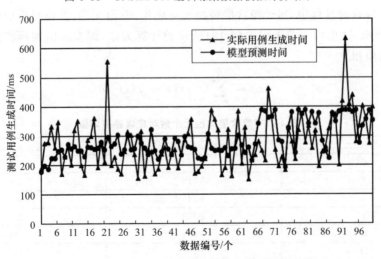

图 4-34 TNNM 100 组预测集数据模拟计算结果

（2）GA＋TNNM 及 PSO＋TNNM 模型参数的确认

按照上述编号 2 的方式进行数据划分和计算（未降维），通过实验分别选取隐含层的神经元个数，可以得到 TNNM、GA＋TNNM、PSO＋TNNM 不同隐含层神经元个数对应误差值（如表 4-19 所示），根据表 4-19 和实验确定 3 种模型的神经网络参数表（如表 4-20 所示）。

表 4-19 TNNM、GA ＋TNNM、PSO＋TNNM 不同隐含层神经元个数对应误差值

隐含层神经元个数	BP 预测误差	GA 优化后预测误差	PSO 优化后预测误差
6	10 028	8 658	8 907
7	9 562	8 954	8 881
8	9 612	8 669	9 183
9	9 572	8 661	8 971
10	9 620	8 692	9 125
11	9 439	9 066	9 171
12	9 822	9 223	9 812

表 4-20 TNNM、GA＋TNNM、PSO＋TNNM 神经网络参数表

模型类型	输入层	隐含层	输出层	隐含层节点	迭代次数	学习率	进化代数	种群规模	交叉概率	变异概率	学习因子 c_1、c_2	准确率
TNNM	1	1	1	11	500	0.01	50	无	无	无	无	71.2%
GA＋TNNM	1	1	1	6	500	0.01	30	30	0.3	0.3	无	85.3%
PSO＋TNNM	1	1	1	7	500	0.01	50	30	无	无	$c_1=1.49$ $c_2=1.49$	84.2%

通过实验可以得知，随着有效数据量的增大，计算的误差不断减小。可以通过增加有效数据的方式完善模型。另外，采用主成分分析法进行降维，可以减少无效指标，从而提高模型的精度。

利用遗传算法和粒子群优化算法优化神经网络可以降低计算的误差，提高模型的准确度。在实验过程中，统计得出遗传算法训练的时间较长，粒子群优化算法次之。最终可以确定性能最好的模型及其对应的参数。

4.4 基于强化学习技术的测试用例自动生成技术

本节应用强化学习技术，提出一种提高测试用例自动生成效率的策略。该策略通过模拟人类利用经验进行决策的能力，使得求解器可以利用之前的求解经验来指导变量的赋值，从而提升测试用例自动生成的效率。本节首先针对测试用例生成问题，对强化学

习模型进行构建。然后在模型中对强化学习过程中的状态、动作、奖赏分别进行抽象,并基于 Q-learning 算法构建一种指导约束求解的算法,得出指导变量求解策略。接着通过变量求解策略构建求解行为路径算法,得到整个测试用例自动生成过程中变量求解的行为路径。最后测试 12 个被测程序,其中包含等式、不等式的约束条件。实验结果证明了该策略的可行性,并确认该方法可以在测试用例自动生成的过程中减少变量赋值的次数,从而提升了测试用例生成的效率。

4.4.1 背景介绍

强化学习技术可以表示为人们利用经验去执行一项任务。根据所处的环境,任务通常都可以分解为许多步骤,每一个步骤执行与否(采取一定的动作),都会对任务的结果造成影响(称为奖赏),且执行前后状态不同。如果该步骤对结果有好的影响,则在下次执行同样的任务时,人们会借鉴之前的经验执行具有较好影响的步骤,同样会避免较差影响的步骤。最后,在多次执行任务以后,我们就可以得出一套最佳的执行任务的步骤。这个过程可以抽象成强化学习模型。在模型中,每次执行任务的是机器,如图 4-35 所示。在这里人与机器统称为智能体(agent)。

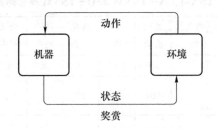

图 4-35 强化学习模型

1. 马尔可夫决策

强化学习可以用马尔可夫决策过程(Markov Decision Process,MDP)来表示。马尔可夫决策过程就是决策者根据具有马尔可夫性的系统,序贯地做出决策,即决策者观察当前的状态,从可以行动的动作中选取一个执行,转移到下一个随机状态,且转移的概率也具有马尔可夫性。接着,决策者再次选取动作反复执行。马尔可夫决策过程可以用数学表述为一个 $\{S(k),A(i),q,\gamma,V\}$ 的五元组,其中:$S(k)$ 表示第 k 个状态;$A(i)$ 表示第 i 个动作,状态和动作的数量由当前解决问题的环境决定;q 表示转移概率;γ 表示为执行动作获得的奖赏;V 表示衡量本次动作收获的策略。

类似地,强化学习的整个过程可以被定义为一个四元组 $<S,A,T,R>$,分别对应强化学习需要包含的状态(state)、动作(action)、转移函数(transition)和奖赏(reward)这 4 个条件,如果系统中有 3 个状态(S_1,S_2,S_3)、2 个动作(a_1,a_2),转移概率及奖赏已定,强化学习状态转移过程如图 4-36 所示。

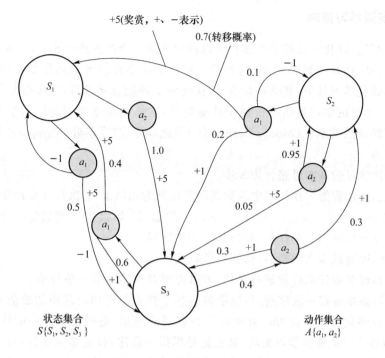

图 4-36   强化学习状态转移过程图

2. 探索与利用策略

在机器学习中,强化学习与监督学习等技术的不同之处在于,强化学习解决问题的最终奖赏需要在进行多次动作后才能获得,原因是所解决的问题没有训练数据告诉机器如何执行动作,即需要通过多次动作的尝试来判断各个动作所产生的结果。

智能体在动作的选取中,只考虑最简单的情形,即单步奖赏。需要考虑两点,其一是每个动作所带来的奖赏,其二就是当前需要判断哪个奖赏最大。如果奖赏值确定的话,通常先遍历所有动作带来的奖赏,然后执行带来最大奖赏的动作。但是,一般奖赏的值是一个不确定的概率分布,一次尝试并不能获得平均的奖赏值。这时要更好地解决问题,则需要考虑探索和利用。

对于当前系统,如果仅采取探索的方式,则每个动作都进行尝试,估计每个动作的奖赏。对于系统的已知动作奖赏,如果只采取利用的方式,则仅仅执行当前奖赏最大的动作。仅采用探索的方式会浪费更多的资源,仅采取利用的方式可能有更容易解决问题的方式并未得到发掘,因此需要一个算法对利用和探索进行折中。

ε 贪心算法被用来解决对利用和探索进行折中的问题。具体来说,对于每次动作,以 ε 的概率进行探索,通常可以以均匀概率随机选择一个动作;以 $1-ε$ 的概率进行利用,根据当前系统选择最优的动作。

3. 免模型学习策略

如上文所述,强化学习的整个过程可以被定义为一个四元组$<S,A,T,R>$,如果S、A、T、R 都已知,被称为模型已知,这种情况被称为模型环境下的强化学习;但是针对现实环境中的强化学习任务,奖赏函数R、转移概率T 不能直接求得,且状态S 与动作A 的数量都未知,此时的学习策略不依赖于环境建模,这样的策略成为免模型学习策略。免模型学习策略有蒙特卡罗(Monte Carlo,MC)强化学习、时序差分(Temporal Difference,TD)强化学习。

MC 强化学习的基本思路分为 3 步。

① 模拟,即让智能体在环境中采取某种策略从起始状态S_0执行n 步产生轨迹$<S_0$,$a_0,r_1,S_1,a_1,r_2,\cdots,S_{n-1},a_{n-1},r_n,S_n>$到最终状态$S_n$,轨迹中出现的每一个$<S_i,a_i>$($i=0,1,\cdots,n-1$)状态与动作对,统计其后的奖赏和$r_{i+1}$。

② 采样,即通过多次模拟后,得到数条轨迹。

③ 估值,即对累计采样值进行平均,可以得到R 奖赏函数的估计值。

MC 学习是指模拟一段序列,根据模拟的各个状态与动作对获得的价值来估计状态价值。而 TD 强化学习结合 MC 方法和动态规划的思想,是强化学习中的核心思想,可以获得更为高效的免模型学习策略,其思想是模拟一段序列,通常每执行一步,根据下一步状态的价值,估计执行步骤状态价值。常用的策略是下面的 Q-learning 算法。

算法 4-6 Q-learning

输入:环境E;

  动作空间A;

  起始状态S_0;

  奖赏折扣γ;

  学习率α。

输出:策略π

过程:

1:$Q(S,a)=0;\pi(S,a)=\dfrac{1}{|A(x)|};$// 以均匀概率选取动作

2:$S=S_0$

3:**for** $t=1,2,\cdots$ do

4: 在环境E中执行动作$\pi^\xi(S)$获得奖赏r,并转移到新状态S^*;

5: $a^*=\pi(S^*)$

6: $Q(S,a)=Q(S,a)+\alpha(r+\gamma Q(S^*,a^*)-Q(S,a))$//更新价值函数

7: $\pi(S)=\max_{a^\sharp} Q(x,a^\sharp)$//选取下一步 Q 值最大的动作

8: $S=S^*,a=a^*$

9:**end for**

4.4.2 问题的描述

1. 问题的提出

在面向路径的测试用例生成中,无效的运算在求解约束的过程中占了很大一部分。如果能减少无效运算,指导计算方向,则可以提高求解效率。即在计算的过程中选取合适的变量进行搜索,选取合适的方向进行搜索,使得整个搜索变得智能化。强化学习技术就是这样一种通过经验来指导决策的技术,利用强化学习技术指导测试用例的生成,会有效地提高测试的效率。

前文已经介绍面向路径的测试用例生成问题是约束满足问题,如图 4-37 所示,对于被测程序 test,包含的约束条件为 $\{x_1>0, x_2>0, x_1-x_2>0, x_1+x_2==4\}$,在分支限界法对约束进行求解的过程中,需要选择合适的变量进行赋值,并且确定变量取值增大还是缩小。例如,变量 x_1 已经被赋值为 1,变量 x_2 被赋值为 -1,当发现不满足约束条件时,如果当前变量 x_2 下一步对应的操作是减 1,这一步运算过程将是无效的多余运算。如果在运算过程

```
void test(int x1,int x2){
        if (x1>0)
          if (x2>0)
            if (x1−x2 >0)
              if(x1+x2==4)
                printf("go");
}
```

图 4-37 待测程序 test

中可以借鉴经验,使其在下一步可以智能地加 1,则可以提高求解器的运算效率。

2. 问题的定义

基于以上问题,对强化学习的过程及构造的测试用例自动生成的强化学习模型进行定义。

定义 4-11 强化学习解决测试用例自动生成问题的过程被定义为一个四元组 $<S, A, S^*, R>$,其中 S 代表当前的状态,A 代表动作集合$(a_1, a_2, \cdots, a_n)$,S^* 代表下一步的状态,R 代表奖惩函数 $r()$。

针对测试用例生成问题,构建的强化学习模型被称为测试用例生成的强化学习模型(Testcase Generation Reinforce Learning Model,TGRLM)。

4.4.3 强化学习模型的构建及算法描述

测试用例生成的强化学习模型 TGRLM 的构建过程即对上述定义 4-11 中四元组的状态集 S、动作集 A 和奖赏函数 R 的抽象建模。对于具体要解决的测试用例生成问题,即求出满足约束条件的一组解。而强化学习模型构建的过程即对测试用例生成过程中的约束求解过程进行抽象建模。

1. 构建状态集

在分支限界求解框架中,首先通过路径分析的结果及参数类型对变量区间初始化,如图 4-37 所示。程序 test 中的约束集合为 $\{x_1-x_2>0, x_1+x_2==4\}$,采用启发式策略对变量的取值进行初始化。具体来说,变量 x_1 和 x_2 的取值被确定在 $[-9,9]$ 之间。定义两种状态集:一种是确定性的取值,即每次变量集合的取值对应一个状态。状态的数量 $Sum=(Value)^n$,即初始化区间内可取值数量的变量数目次幂,其中 n 为变量的个数,Value 为变量可取值的数量。对于约束集合中只包含两个变量的情况,状态的总数量 $Sum=(19)^2=361$ 个。另一种是非确定的取值区间,即每个变量的取值区间组成一个状态。若设置区间的长度为 2,状态的数量 $Sum=(Value^*)^n$,即初始化区间的区间可取值数量的变量数目次幂,其中 n 为变量的个数,$Value^*$ 为可表示的区间数量。对于约束集合中只包含两个变量的情况,状态的总数量 $Sum=(9)^2=81$ 个。如表 4-21 所示,可以看到两种方式的区别,有效地减少状态集可以加速学习的过程。

表 4-21　两种状态集的表述

状态 ID	确定性状态集	非确定性状态集
S_1	$\{x_1=-9, x_2=-9\}$	$\{x_1=[-9,-7], x_2=[-9,-7]\}$
S_2	$\{x_1=-8, x_2=-9\}$	$\{x_1=[-7,-5], x_2=[-9,-7]\}$
S_3	$\{x_1=-7, x_2=-9\}$	$\{x_1=[-5,-3], x_2=[-9,-7]\}$
...	...	...
S_{n-1}	$\{x_1=9, x_2=8\}$	$\{x_1=[7,9], x_2=[5,7]\}$
S_n	$\{x_1=9, x_2=9\}$	$\{x_1=[7,9], x_2=[7,9]\}$

2. 构建动作集

构建动作集的主要目的是从一个状态转移到另外一个状态,例如,确定性的状态集从 S_1 转移到 S_2,即变量 x_1 增加 1,变量 x_2 保持不变。要表示这个行为,定义两种方式:第一种是模拟多维平面的坐标转移,即从多维平面中的一个坐标点到另一个坐标点,为了简单说明,将其定义为二维平面,如图 4-38 所示。在图 4-38 中每个点表示一个状态,状态的切换在平面上表现为上、下、左、右,即动作集被定义为 $\{Up, Down, Left, Right\}$,例如,$S_1 \rightarrow S_2$ 的动作为 Right,$S_1 \rightarrow S_{20}$ 的动作为 Up。对于取值区间式的状态的转移表示为两个区域的转移,如图 4-38 所示。第二种是基于变量进行状态的转换,具体来说在分支限界求解框架中,通过分析区间的大小、变量相关性、变量出现顺序等方法可以获得排序的变量集合 $\{x_1, x_2, \cdots, x_n\}$($n=$ 约束中变量的个数)。将动作集合定义为每个变量的选取和变量的增减,若约束集合中存在 3 个变量 x_1、x_2 和 x_3,经过排序的变量集合为 $\{x_1, x_2, x_3\}$,可以将动作集定义为 $\{LeftAdd, LeftReduce, CurrentAdd, CurrentReduce, RightAdd, RightReduce\}$。若当前变量为 x_2,LeftAdd 表示左移到变量 x_1 并增加 x_1 的取值;LeftReduce 表示左移到变量 x_1 并减少 x_1 的取值;CurrentAdd 表示增加当前变量 x_2 的取值;CurrentReduce 表示表示减少当前变量 x_2 的取值;RightAdd 表示右移到变量 x_3 并增加 x_3 的取值;RightReduce 表示右移到变量 x_3 并减少 x_3 的取值,如表 4-22 所示。

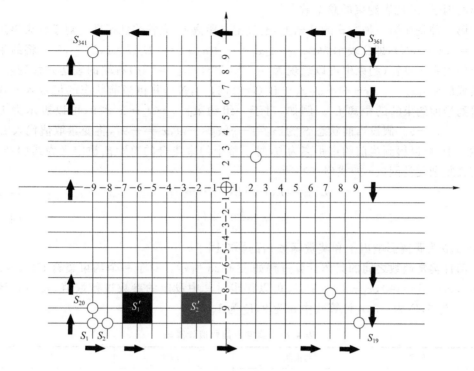

图 4-38　状态转移图

表 4-22　基于动作的状态转移表

当前状态	当前变量	动作	下一步状态
$S_i\{x_1=-9,x_2=-9,x_3=-9\}$	x_2	LeftAdd	$S_{i+1}\{x_1=-8,x_2=-9,x_3=-9\}$
$S_i\{x_1=-8,x_2=-9,x_3=-9\}$	x_2	LeftReduce	$S_{i+1}\{x_1=-9,x_2=-9,x_3=-9\}$
$S_i\{x_1=-9,x_2=-9,x_3=-9\}$	x_2	CurrentAdd	$S_{i+1}\{x_1=-9,x_2=-8,x_3=-9\}$
$S_i\{x_1=-9,x_2=-8,x_3=-9\}$	x_2	CurrentReduce	$S_{i+1}\{x_1=-9,x_2=-9,x_3=-9\}$
$S_i\{x_1=-9,x_2=-9,x_3=-9\}$	x_2	RightAdd	$S_{i+1}\{x_1=-9,x_2=-9,x_3=-8\}$
$S_i\{x_1=-9,x_2=-9,x_3=-8\}$	x_2	RightReduce	$S_{i+1}\{x_1=-9,x_2=-9,x_3=-9\}$

3. 构建奖惩函数

奖惩函数通常是根据对所解决问题的影响程度来定义的,其主要目的是在解决问题中提供指导。根据问题的进一步细化,可以对奖赏函数进一步完善。具体对测试用例生成的过程来说,定义奖惩函数的主要目的是在求解约束的过程中提供求解指导。在这一部分中,定义两种方式:第一种是根据约束满足的个数进行定义,通常来说满足约束的个数越多对求解约束的帮助越大,即可以简单定义的奖惩函数 r_1 如式(4-20)所示。

$$r_1 = F_1 * n + F_2 \times (N - n) \tag{4-20}$$

其中，n 表示满足约束的个数，F_1 表示满足约束条件的影响因子，F_2 代表不满足约束条件的影响因子，N 代表约束的总个数。

第二种是在第一种方式的基础上，通过定义距离 L，完善奖惩函数。对于约束表达式 $C_i(i=1,2,\cdots,N)$，即 C_i 表示为 $a_1x_1 + a_2x_2 + \cdots + a_Nx_N =^* D_i(i=1,2,\cdots,N)$，将约束表达式中关系运算符（约束中可以表现为"=""＞""＜""！="等）右端的表达式移到左端，转换成 $L_i = a_1x_1 + a_2x_2 + \cdots + a_Nx_N - D_i(i=1,2,\cdots,N)$，并将当前状态的值带入上式可以得到当前约束 C_i 的距离 L_i。例如，对于一组约束：$x_1 - x_2 - x_3 < 9$，可以表示为 $L = x_1 - x_2 - x_3 - 9$。假设当前状态 S 为 $\{x_1=-9, x_2=-9, x_3=-9\}$，将变量取值代入 L 的表达式中，可以得到当前约束距离为 0，对于整个约束集合的总距离被定义为式（4-21），故定义复杂奖赏函数 r_2 如式（4-22）所示。

$$L_{sum} = |L_1| + |L_2| + \cdots + |L_N| \tag{4-21}$$

$$r_2 = -\frac{L_{sum}}{a} + \frac{r_1}{b} \tag{4-22}$$

其中，a、b 为距离影响因子和奖赏函数 r_1 的影响因子。

两种奖赏函数之间的具体计算过程如表 4-23 所示。对于一个约束集合 $C\{x_1 > x_2, x_1 \geq 0, x_1 + x_2 == 9, x_1 - x_2 == 5\}$，可以初步对其中设定的参数进行取值，其中 r_1 计算式中 F_1 为 5，F_2 为 -5，r_2 计算式中 a 为 2，F_2 为 1。

表 4-23　奖赏函数取值计算表

状态 S	约束集合	r_1 取值	r_2 取值
$\{x_1=0, x_2=1\}$	C	-10	-17.5
$\{x_1=1, x_2=0\}$	C	0	-7
$\{x_1=6, x_2=1\}$	C	5	-1.5
$\{x_1=7, x_2=1\}$	C	0	-7.5
$\{x_1=7, x_2=2\}$	C	20	14

4. 算法描述

这部分主要描述两个算法。第一个是基于 Q-learning 的约束求解指导算法为约束求解器提供求解指导，即每次求解状态应采取何种动作所获得的收获最大，满足约束条件的状态被称为目标态，而这个状态即为要生成的测试用例。第二个是基于 Q-learning 的输出指导求解行为路径的算法。

算法 4-7　基于 Q-learning 的约束求解指导算法

输入：环境 E（约束集合 $C_i(i=1,2,\cdots,N)$）；

　　　动作集 $A\{Left, Right, Up, Down\}$；

　　　起始状态 S_0；

　　　//从确定状态集随机选取，如 $\{x_0=0, x_1=1\}$

　　　奖赏折扣 γ；

更新步长 α。

输出：策略 π

过程：

1：$Q(S,a)=0;\pi(S,a)=\dfrac{1}{|A(S)|}$；

2：$S=S_0$；

3：for $t=1,2,3,\cdots,n$ do

4：　$A'=\pi(S')$；

5：　$R,S'=$ 执行动作 $\pi^\varepsilon(S)$；

　（采取 ε-贪心策略）获取奖赏 R 与转移的状态 S

6：　$Q(S,a)=Q(S,a)+\alpha*[R+\gamma*Q(S',a')-Q(S,a)]$；

7：　$\pi(S)=\arg\max\limits_{a''}Q(S,a'')$；

8：　$S=S',a=a'$；

9：　end For

对于上述算法中的约束求解指导算法，整个算法流程如图 4-39 所示，描述如下。

① 输入提取约束集合 C。

② 初始化 Q 矩阵 $Q(S,a)$、策略矩阵 $\pi(S,a)$ 和 R 矩阵，其中 R 矩阵提供求解指导经验，需要在求解过程中统计生成。

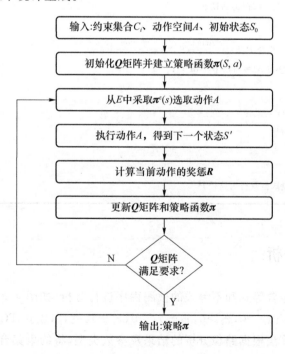

图 4-39　Q-learning 的约束求解指导算法流程

③ 选取初始状态 S_0。

④ 执行 n 次循环，对 $Q(S,a)$ 中的取值更新，更新的过程相当于训练智能体的大脑

Q。训练次数越多,Q 被优化得越好。更新的步骤如下。

- 在当前的一个状态所有的可能行为中选择一个动作 A。
- 根据选择的动作,得到下一个状态 S'。
- 对 $Q(S,a)$ 进行更新。
- 更新当前的状态和动作 $S=S',a=a'$。

⑤ 输出转移策略 π,即状态行为转移路径,具体使用方式如算法 4-8 所示。

下述算法利用上述算法中输出的策略 π 构建求解行为路径。整个流程如下。

① 选取当前状态 S_0,并初始化行为集合 P。

② 确定动作 a',它满足 $Q(S,a)=\max\limits_{a'}(Q(S,a'))$,即选择 $Q(S,a)$ 最大值对应的动作。

③ 确定当前的状态 $S=S'$,S' 代表采用动作 a 后对应的状态。

④ 判断 S 变量取值是否满足约束集合 C,如果不满足则重复执行步骤②和③,直到其满足后输出状态对应的变量取值及行为路径。

算法 4-8　策略 π 构建求解行为路径算法

输入:$Q(S,a)$,约束集合 C_i

输出:满足约束的状态 S 及求解行为路径 P

过程:

1:$S=S_0$,初始化行为路径集合 P:$S_{初始}\xrightarrow{\text{Action}}S_{下一状态}\xrightarrow{\text{Action}}\cdots$;

2:选取动作 a' 使其满足 $Q(S,a)=\max\limits_{a'}(Q(S,a'))$;

3:$S=S'$;

4:　**if** $(S \text{ Not Satisfy } C_i)$;

5:　　添加 S,a' 到约束集合中

6:　　　**goto** 2

7:　　**else**

8:　　　输出 S 对应的变量取值及行为路径 P

4.4.4　实例分析

本节对于一组包含等式和不等式的被测程序进行分析,如图 4-37 所示,通过提取约束后获得约束集合 $C\{x_1>0,x_2>0,x_1-x_2>0,x_1+x_2=4\}$,建立 TGRLM 模型。

分支限界搜索算法根据路径分析的结果及参数类型,将约束集合中变量的取值限定在 $[-9,9]$ 之间。为了便于对模型进行说明,将所有变量取值限定在 $[-2,2]$。遍历所有变量的取值可以获得所有的状态集合,如表 4-24 所示。

表 4-24　状态集 S

S_1	S_2	S_3	S_4	S_5
$\{-2,-2\}$	$\{-1,-2\}$	$\{0,-2\}$	$\{1,-2\}$	$\{2,-2\}$
S_6	S_7	S_8	S_9	S_{10}
$\{-2,-1\}$	$\{-1,-2\}$	$\{0,-2\}$	$\{1,-2\}$	$\{2,-2\}$
S_{11}	S_{12}	S_{13}	S_{14}	S_{15}
$\{-2,0\}$	$\{-1,0\}$	$\{0,0\}$	$\{1,0\}$	$\{2,0\}$
S_{16}	S_{17}	S_{18}	S_{19}	S_{20}
$\{-2,1\}$	$\{-1,1\}$	$\{0,1\}$	$\{1,1\}$	$\{2,1\}$
S_{21}	S_{22}	S_{23}	S_{24}	S_{25}
$\{-2,2\}$	$\{-1,2\}$	$\{0,2\}$	$\{1,2\}$	$\{2,2\}$

动作集选取 $\{\text{Up},\text{Down},\text{Left},\text{Right}\}$，代表智能体在状态集中具体状态之间的转换。假设当前状态为 $S_{13}\{0,0\}$，选择 Up 后状态会转移到 $S_8\{0,-2\}$；选择 Down 后状态会转移到 $S_{18}\{0,1\}$；选择 Left 后状态会转移到 $S_{12}\{-1,0\}$；选择 Right 后状态会转移到 $S_{14}\{1,0\}$。上述过程可以表示为 $S_{13}\xrightarrow{\text{Up}}S_8$，$S_{13}\xrightarrow{\text{Down}}S_{18}$，$S_{13}\xrightarrow{\text{Left}}S_{12}$，$S_{13}\xrightarrow{\text{Right}}S_{14}$。

根据约束集合 C 及上文定义的奖惩函数 $r_1=F_1*n+F_2\times(N-n)$，其中 F_1 取值为 5，F_1 取值为 -5。构建 $\boldsymbol{R}$ 矩阵如下：

$$\begin{bmatrix} -20 & -20 & -20 & -20 & -10 \\ -20 & -20 & -20 & -10 & 0 \\ -20 & -20 & -20 & 0 & 0 \\ -10 & -10 & 0 & 10 & 10 \\ -10 & 0 & 0 & 10 & 20 \end{bmatrix}$$

执行 Q-learning 算法，训练得到一组 $\boldsymbol{Q}(S,a)$ 矩阵，如表 4-25 所示。参考 $\boldsymbol{Q}(S,a)$ 矩阵并利用通过策略 π 构建求解行为路径算法，如果初始状态是 S_1，整个求解该约束流程可以表示为

$$S_1\xrightarrow{\text{Down}}S_6\xrightarrow{\text{Down}}S_{11}\xrightarrow{\text{Right}}S_{12}\xrightarrow{\text{Right}}S_{13}\xrightarrow{\text{Right}}S_{14}\xrightarrow{\text{Down}}S_{19}\xrightarrow{\text{Right}}S_{20}\xrightarrow{\text{Down}}S_{25}$$

即求解约束集合 $C\{x_1>0,x_2>0,x_1-x_2>0,x_1+x_2=4\}$，如果变量 x_1 和 x_2 初始值为 $\{x_1=-2,x_2=-2\}$，即对应表 4-25 中的 S_1。整个过程中变量取值描述如表 4-26 所示。

表 4-25　训练完成的 $Q(S,a)$ 矩阵

状态	a_1(Up)	a_2(Down)	a_3(Left)	a_4(Right)
S_1	-8.1	2.1	-8.1	2.1
S_2	2.1	13.4	-8.1	13.4
...	...	...	...	...
S_6	-8.1	13.4	2.1	13.4

状态	a_1(Up)	a_2(Down)	a_3(Left)	a_4(Right)
...	...	...	...	...
S_{11}	2.1	26.0	13.4	26.0
S_{12}	2.1	26.0	13.4	26.0
S_{13}	26.0	55.6	26.0	55.6
S_{14}	50.0	72.9	50.0	72.9
...	...	...	...	...
S_{19}	65.6	81.0	65.6	81.0
S_{20}	72.9	90.0	72.9	81.0
...	...	...	...	...
S_{24}	72.9	81.0	72.9	90.0
S_{25}	100	100	100	100

表 4-26 变量运算取值描述

状态	变量取值	动作描述
S_1	$\{x_1=-2,x_2=-2\}$	x_2 的值加 1，状态转移到 S_6
S_6	$\{x_1=-2,x_2=-2\}$	x_2 的值加 1，状态转移到 S_{11}
S_{11}	$\{x_1=-2,x_2=-2\}$	x_1 的值加 1，状态转移到 S_{12}
S_{12}	$\{x_1=-2,x_2=-2\}$	x_1 的值加 1，状态转移到 S_{13}
S_{13}	$\{x_1=-2,x_2=-2\}$	x_1 的值加 1，状态转移到 S_{14}
S_{14}	$\{x_1=-2,x_2=-2\}$	x_2 的值加 1，状态转移到 S_{19}
S_{19}	$\{x_1=-2,x_2=-2\}$	x_1 的值加 1，状态转移到 S_{20}
S_{20}	$\{x_1=-2,x_2=-2\}$	x_2 的值加 1，状态转移到 S_{25}
S_{25}	$\{x_1=2,x_2=2\}$	最终状态，生成测试用例

本章参考文献

[1] Philippe Jégou，Terrioux C. Hybrid backtracking bounded by tree-decomposition of constraint networks[J]. Artificial Intelligence，2003，146(1)：43-75.

[2] Chang L，Qin F，Li A. A novel backtracking scheme for attitude determination-based initial alignment [J]. IEEE Transactions on Automation Science and Engineering，2015，12(1)：384-390.

[3] Frost D，Dechter R. Look-ahead value ordering for constraint satisfaction problems[C]// IJCAI (1)，1995：572-578.

[4] Xing Y, Gong Y Z, Wang Y W, et al. Path-wise test data generation based on heuristic look-ahead methods[J]. Mathematical Problems in Engineering, 2014. http://dx.doi.org/10.1155/2014/642630

[5] DechterRina, MeiriItay, PearlJudea. Temporal constraint networks[J]. Artificial Intelligence, 1991, 49(1-3): 61-95.

[6] Bitner J R, Reingold E M. Backtrack programming techniques[J]. Communications of the Acm, 1975, 18(11): 651-656.

[7] Prosser P. Hybrid algorithms for the constraint satisfaction problem[J]. Computational intelligence, 1993, 9(3): 268-299.

[8] Hermadi I, Lokan C, Sarker R. Dynamic stopping criteria for search-based test data generation for path testing[J]. Butterworth-Heinemann, 2014, 56(4): 395-407.

[9] Shapiro S C. Encyclopedia of artificial intelligence, vols. 1 and 2[M]. New York: Information Science Reference, 1987.

[10] Gaschig J. Performance measurement and analysis of certain search algorithms [D]. Pittsburgh: Carnegie-Mellon University, 1979.

[11] Fikes R E. REF-ARF: a system for solving problems stated as procedures[J]. Artificial Intelligence, 1970, 1(1-2):27-120.

[12] Waltz D L. Generating semantic descriptions from drawings of scenes with shadows [R]. Massachusetts Institute of Technology, 1972: 19-91.

[13] Waltz D. Understanding line drawings of scenes with shadows[M]. New York: McGraw-Hill Book Company, 1975.

[14] Mackworth A K. Consistency in networks of relations artificial intelligence[J]. Artificial Intelligence, 1977, 8(1):99-118.

[15] Erratum. The complexity of some polynomial network consistency algorithms for constraint satisfaction problems: A. K. Mackworth and E. C. Freuder [J]. Artificial Intelligence, 1985, 26(2):247.

[16] Mohr R, Henderson T C. Arc and path consistence revisited[J]. Artificial Intelligence, 1986, 28(2):225-233.

[17] Van Hentenryck P, Deville Y, Teng C M. A generic arc-consistency algorithm and its specializations[J]. Artificial intelligence, 1992, 57(2-3): 291-321.

[18] Perlin M. Arc consistency for factorable relations[J]. Artificial Intelligence, 1992, 53(2-3): 329-342.

[19] Bessiere C. Arc-consistency and arc-consistency again[J]. Artificial intelligence, 1994, 65(1): 179-190.

[20] Zhao R, Harman M, Li Z. Empirical study on the efficiency of search based test generation for EFSM models[C]//Third International Conference on Software Testing, Verification, and Validation Workshops. IEEE, 2010: 222-231.

[21] Fitch F B, McCulloch Warren S, Pitts Walter. A logical calculus of the ideas immanent in nervous activity [J]. Journal of Symbolic Logic,1944,9(2):49-50.

第 5 章

特殊程序结构的测试用例生成

5.1 动静结合的循环处理模型

5.1.1 背景介绍

覆盖测试的目的是为所有的程序逻辑元素生成测试用例。在所有自动覆盖测试方法中,基于约束的(constraint-based)技术和基于搜索的(search-based)技术是两种应用广泛的技术。当程序中包含输入相关的循环时,程序的路径规模可能很大,这会导致基于约束的技术无法在有限时间内完成测试,以及基于搜索的技术丢失精度。

此前,在解决由函数调用所引起的路径爆炸问题上,V. Chipounov 和 P. Godefroid 等人提出选择执行[1]和组合执行[2]的思想,用以实现在程序空间的某一部分利用符号执行进行全路径搜索,与此同时在其余部分进行单路径的具体执行。这样的策略兼顾了分析的效率以及分析复杂系统的完整性。

循环结构可以抽象成一段具有输入和输出的代码,其输入是循环结构中读取的变量,输出是在循环结构中改变的变量,因此循环结构在逻辑上可被看作一个函数调用,由此以循环结构为单位采用不同的处理策略。为了解决覆盖测试中由于循环结构导致的路径爆炸问题,受到选择性执行思想的启发,本节提出了启发式引导的动静结合的 $k+1$ 循环处理模型,对程序中的循环结构进行分类,采用不同的路径生成策略,对于循环结构内的覆盖目标生成测试用例;并且利用启发式的策略在路径生成的过程中引导子路径选择。此模型由以下模块组成。

① 根据循环结构相对于覆盖目标的位置对循环结构进行分类,对不同的循环结构采取不同的路径生成策略。

② 对于包含目标的循环结构利用符号执行技术进行全路径搜索,在其余的循环结构利用动态执行技术生成一条可达的部分路径。

③ 利用启发式策略引导动态执行过程中的路径选择过程。

下面首先介绍选择性执行技术和启发式搜索技术的原理,然后描述启发式引导的 $k+1$ 循环处理模型,最后使用一个实例分析展示应用此技术进行自动用例生成的过程。

5.1.2 选择性符号执行

经典符号执行技术的一个主要限制就是路径爆炸问题,符号执行技术难以扩展应用到包含很多函数调用的大型程序中。选择性符号执行(Selective Symbolic Execution,SSE)通过选择性地对于用户指定的程序范围使用符号执行或者具体执行来解决符号执行的扩展性问题。这一思路基于如下观察规律:用户很可能需要重点关注程序中的一部分代码是否存在缺陷,对于这部分程序应当搜索所有路径,在其他部分(如库函数中)则不必要搜索每一条程序路径。因此,选择性符号执行将被测程序分成多个部分,在一些部分中利用符号执行技术进行全路径搜索,在其他部分利用动态执行得到一条程序路径。

图 5-1 给出了选择性符号执行的示意图。被测程序 app 调用了一个用户定义的库函数 lib 以及系统函数 kernel。图 5-1 表示在用户定义的库函数 lib 中利用符号执行进行全路径搜索,文字部分表示在系统函数 kernel 和 app 中利用具体执行进行单路径执行。为了实现从符号执行转为具体执行或者从具体执行转为符号执行,选择性执行需要能够将执行状态在符号域和具体域之间进行互相转换。从符号域到具体域的切换方法是通过在满足当前部分路径的约束条件的值域中选择一个解作为具体执行的输入;从具体域到符号域的切换方法是将具体值用符号值代替,同时利用具体执行的路径信息得到具体执行过程中的约束。符号域和具体域之间的转换过程需要保证程序状态的一致性,在文献[3]中提到维持转换过程中约束一致性的策略。

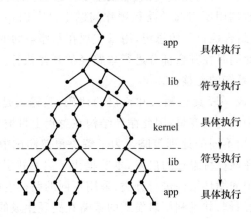

图 5-1 选择性符号执行的示意图

5.1.3 优化问题和目标函数

在动态自动测试方法中,面向路径的自动测试问题被看作一个组合优化问题

(Combinatorial Optimization Problem,COP)。组合优化问题的求解过程分为 3 步:首先确定问题的初始输入、取值域,以及问题所要达到的目标;然后对于问题进行数学抽象,利用化简不相关的过程和近似等手段,将原始问题建模成已有的优化模型以及目标函数;最后利用各种优化算法,求解优化模型的解,使目标函数最优化。

COP 被证明是 NP 问题,因此没有多项式复杂度的算法可以求解。目前对于 COP 的解法可分为两类:确定性算法和近似算法[4]。确定性算法包括动态规划以及各类分支限界算法,可以看作树搜索算法,先将原始问题划分为小规模的子问题,然后对子问题进行求解,找到局部最优解和全局最优解。确定性算法具有完备性和确定性,能够保证得到最优解,但是算法的复杂度为非多项式,当问题规模很大时的求解时间会大到无法接受,因此确定性算法适合应用于优化问题的规模和搜索空间较小的情况。

近似算法利用抽象近似的思想去解决大规模的优化问题,并不保证产生最优解,但是能够在有限的时间内产生"足够好"的解。近年来,由于问题规模不断扩大,近似算法得到了广泛的关注和研究。启发式搜索算法是一种近似算法,将抽象层次较高的思想作为引导策略,对各种优化问题进行求解。

目标函数(Objective Function,OF)是优化问题的目标的数学抽象形式。搜索空间中的每一个解都可以用目标函数来评价,评价得到的值反映了解的优劣,搜索空间的所有解都可以以目标函数的评价值进行排序,得到评价最高(或者最低)的解就是最优解。在搜索算法中,目标函数对于解的评价值是十分重要的引导信息,不同的搜索算法使用各种策略利用引导信息向着更有可能获得最优解的方向进行[5]。如果根据原始问题抽象得到的目标函数选取不合适,那么会导致不论使用哪种搜索策略都无法得到最优解。

5.1.4 启发式引导的 $k+1$ 循环处理模型

受到选择性符号执行技术的启发,本书将一个循环结构抽象成为一段独立代码,对循环结构进行分类并采用不同的策略来处理,定义了目标函数,利用目标函数的信息来引导具体执行的路径选择过程。这两种策略结合在一起为程序中指定的覆盖目标生成测试用例和可达路径。

1. 循环分类

当程序中包含循环结构时,其对应的控制流图是一个有向有环图。循环结构表示为 $L=(E_L,N_L,\text{in}_L,\text{out}_L)$,$\text{in}_L$ 和 out_L 分别是循环的入口节点和出口节点。给定一个程序元素 t 作为覆盖目标,程序中的循环结构可以根据与 t 的相对位置分为 3 类:目标之前的循环 L_{before}、包含目标的循环 L_{target}、目标之后的循环 L_{after}。

定义 5-1 循环 $L=(E_L,N_L,\text{in}_L,\text{out}_L)$ 是 L_{target}:当且仅当 $t\in N$。

此定义同样适用于嵌套循环结构,若目标 t 位于内层的循环,则其外层的循环结构也是 L_{target}。L_{target} 的定义描述了循环结构 L 和目标 t 之间的静态相对位置,与此相对,L_{before} 和 L_{after} 是根据路径搜索过程中的节点序列动态确定的。

定义 5-2 当以某种策略遍历控制流图时遇到了不包含目标 t 的循环结构 L,若已得到的轨迹中包含覆盖目标 t,则 L 是 L_{after},否则 L 是 L_{before}。

图 5-2 为不同程序结构的循环分类示意图。白色的节点代表循环结构的入口节点和出口节点,灰色的节点代表覆盖目标 t,虚线表示在节点之间存在路径。

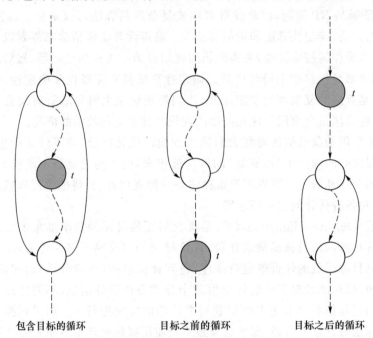

包含目标的循环　　　　　目标之前的循环　　　　　目标之后的循环

图 5-2　循环结构的分类示意图

在实际的程序中,循环结构往往会组合出现,根据不同的组合情况,可以将程序中包含的循环结构总体分为 3 类[6]:简单循环、嵌套循环、串联循环。3 类循环结构的控制流图如图 5-3 所示。

当程序中包含串联或者嵌套的循环结构时,对于复杂循环的分类方法如下。

(1)串联循环

串联循环指的是有两个或多个循环串联组成的循环结构,目标元素可能位于其中某一个循环中。以图 5-3 中的串联循环为例,当目标元素位于第一个循环体中时,第一个循环是 L_{target},第二个循环相对于目标元素来说是 L_{after}。

当目标元素位于第二个循环体时,第一个循环是 L_{before},第二个循环是 L_{target}。

(2)嵌套循环

嵌套循环中的循环结构相对于目标元素,有两种可能的情况:目标元素位于最内层循环内、目标函数位于外层循环内,如图 5-4 所示。

当目标元素位于最内层循环内时,这两个循环都是 L_{target};当目标元素位于外层循环内时,最内层循环不包含目标元素,此时外层循环是 L_{target},若路径搜索过程遇到内层循环时尚未覆盖到目标元素,内层循环不包含目标元素,内层循环是 L_{before};当搜索过程到达内层循环时已经得到了包含目标元素的路径,此时内层循环是 L_{after}。

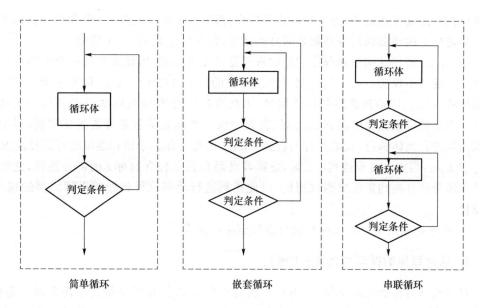

图 5-3 循环结构的分类

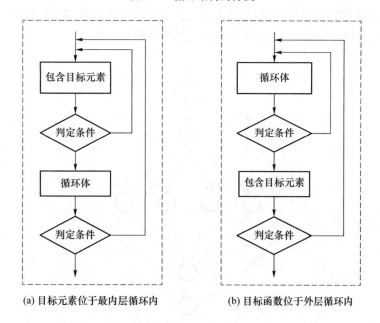

(a) 目标元素位于最内层循环内　　　(b) 目标函数位于外层循环内

图 5-4 两种嵌套循环的情况

2. 基于循环分类的选择性循环路径生成策略

在选择性符号执行中,用户根据所关注的代码来选择进行全路径搜索(符号执行)和单路径搜索(具体执行)的范围。根据对于循环结构的分类,此处基于以下考虑给出不同循环结构的路径搜索策略。

① L_{target}:目标 t 在 L_{target} 中,L_{target} 与目标具有直接的关联关系,因此在 L_{target} 中使用符

号执行技术搜索可达路径,为了防止路径爆炸,将展开上限设置为 k。得到包含目标的路径之后进行 1 次动态执行得到剩余部分的路径,称为 L_{target} 内的 $k+1$ 模型。

② L_{before}:循环结构中的程序路径数量可能是无穷多的,因此展开每一个循环搜索每一条路径变得不现实。由于 L_{before} 对于可达路径的影响可能十分复杂,以至于无法判定是否必须进入 L_{before} 以得到最终的可达路径,因此在 L_{before} 中利用具体执行来获得一条可达路径。当路径搜索过程中遇到 L_{before} 时,首先生成一个满足前置条件的测试用例,利用此测试用例进行具体执行,截取执行的轨迹中 L_{before} 的部分作为子路径继续进行路径搜索。

③ L_{after}:当搜索过程遇到 L_{after} 时,意味着已经得到了包含目标 t 的部分路径,此时利用这条部分路径的约束生成测试用例,以此用例进行动态执行就能够得到完整的包含 t 的路径。

④ 程序的剩余部分利用符号执行进行全路径搜索。

3. 包含目标的循环内的 $k+1$ 模型

对于包含目标的循环结构,采用符号执行在 L_{target} 的所有程序路径中搜索可达路径,假设循环体中的路径数目为 m,迭代次数限定为 k,循环内有一个目标覆盖元素,包含目标覆盖元素的子路径为目标子路径,以"$m=4,k=3$"为例进行说明(设子路径分别为 P1、P2、P3 和 P4,目标子路径为 P1),循环的控制流图如图 5-5 所示。

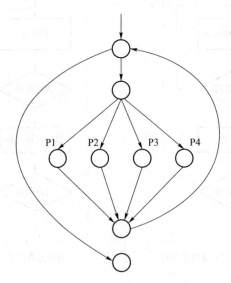

图 5-5　循环示意图($k+1$ 模型)

根据上面的讨论,循环结构会导致程序的路径数量爆炸,若对循环结构进行完全展开,则需要对指数级的搜索树进行遍历。为了减少在循环内部进行路径生成所花费的代价,我们给出一种动静结合的 $k+1$ 循环处理模型,即静态展开循环 k 次,得到一条循环内的部分可达路径,利用这条可达路径所对应的测试用例,进行 1 次动态执行,得到循环内的完整路径。其整体流程如图 5-6 所示。

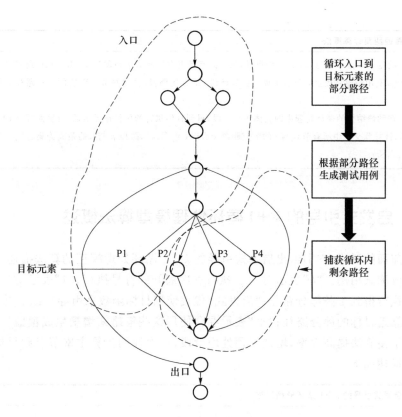

图 5-6　动静结合的 $k+1$ 模型的整体流程

4. 启发式引导的具体执行过程

选择性符号执行的一个主要缺陷就是其具体执行的步骤是随机挑选一个满足前置约束条件的用例并执行。这个用例能够保证具体执行轨迹与已得到的部分路径一致,但是在接下来的程序中随机执行,因此很难保证到达目标。路径生成过程是在程序的输入空间中找到能够覆盖到目标的解的过程,因此可以将路径生成过程看作一个搜索算法。为了引导具体执行部分选择生成更接近目标的路径,本书在具体执行过程中引入目标函数对得到的子路径进行评价和排序。

在利用搜索算法求解优化问题的过程中,需要先对解决的问题建模得到目标函数,利用目标函数和搜索策略来找到满足目标函数的解,目标函数对每一次得到的解进行评价,引导搜索向搜索空间中更有可能产生解的方向进行。

本书定义节点和路径之间的距离作为目标函数。

定义 5-3　令节点 n 是 CFG 上不同于目标 t 的节点,节点距离 $d_t(n)$ 指的是在 CFG 上 n 到 t 的最短路径的长度。节点 n 和路径 p 之间的路径距离[7] $d_t(p)$ 是所有 p 上的节点 $n_1, n_2, \cdots \in p$ 中与 t 距离最小的节点距离 $\min\{d_t(n_1), d_t(n_2), \cdots\}$。

更小的路径距离意味着此路径接近目标点。计算路径距离 $d_t(p)$ 的算法分为如下两个步骤。

算法 5-1　路径距离计算算法

步骤1:给定一个循环中的节点n_t作为目标,从目标节点出发反向遍历控制流图,得到从n_t到程序入口的主宰节点的集合S_t,利用最短路径生成算法生成这些节点到n_t的最短路径,将这些节点对应的最短路径的长度保存为表$D_t(S_t)$。

步骤2:在动静结合的循环处理中的具体执行阶段,得到具体执行的执行路径p后,计算路径p的节点与S_t的交集$N_t \bigcap S_t$,计算此交集中所有节点与n_t的节点距离集合$D_t(N_p \bigcap S_t)$,路径p与n_t的距离为集合D_t中的最小距离$\min \{D_t(N_p \bigcap S_t)\}$。

5.1.5　启发式引导的 $k+1$ 循环处理模型算法概述

基于前面的讨论,本书给出启发式引导的$k+1$循环处理模型的算法描述,为循环内的目标生成测试用例。"k"表示对L_{target}执行k次展开的符号执行,"1"表示对L_{before}和L_{after}使用动态执行得到1条部分路径;"启发式"代表使用目标函数来引导在L_{before}中的动态执行选择更靠近目标的部分路径;"+"表示混合使用这些策略来增量生成覆盖目标的可达路径。为了使算法提高效率,增加了预处理阶段,一次性的计算主宰节点到目标的距离。具体算法描述如下。

算法 5-2　启发式引导的 $k+1$ 循环处理算法

预处理阶段:遍历程序的 CFG 识别出所有的循环结构,并对L_{target}进行标记。反向遍历 CFG 得到目标t的主宰节点集合S_t,计算S_t内所有节点到t的节点距离集合。

步骤1:在程序入口开始遍历 CFG 直到遇到一个循环结构的入口节点。首先利用符号执行在 CFG 上进行路径搜索并得到路径对应的约束条件,约束中每新增一个逻辑表达式就利用约束求解器判定路径约束是否可满足,若约束不可满足则意味着当前得到的路径序列是不可达的,需要进行回溯。当路径搜索遇到一个循环结构时,下一步进行的操作取决于此循环的类型:若当前循环是L_{target},则进入循环结构继续执行步骤3;否则当前循环是L_{before},转到步骤2。

步骤2:利用具体执行获得L_{before}内的路径。为了生成在L_{before}内可达并且可能到达目标的路径,此步骤利用L_{before}前置路径的约束得到一个测试用例并且进行动态执行,捕获动态执行的轨迹来得到L_{before}内的可达路径,并且利用路径距离对于动态执行得到的轨迹进行排序,从而选择靠近目标的路径。具体来说,首先使用约束求解器求解步骤1的部分路径的约束条件,生成多个满足约束条件的测试用例,利用这些测试用例进行动态执行,捕获相应的执行轨迹。所有执行轨迹在程序入口到L_{before}的入口部分都包含相同的路径前缀,之后随机地在L_{before}的入口之后的分支节点选择不同的分支路径。利用算法 5-1 计算这些轨迹到t的路径距离,根据路径距离由小到大对这些轨迹进行排序,将这些路径轨迹中在L_{before}中的部分截取出来作为下一步路径搜索的前缀,转到步骤1。

步骤3:在L_{target}中进行符号执行。在L_{target}中利用符号执行进行全路径的搜索以确保能够得到到达t的路径。由于存在嵌套循环的情况,当在L_{target}中遇到循环结构时,若此循环是L_{before},则转到步骤2;若此循环是L_{target},则在L_{target}中递归地执行步骤3;若在L_{target}中的符号执行过程无法在一个预设的循环展开次数阈值k之内得到包含t的路径,就会回溯到当前循环的上一个回溯点选择其他分支进行搜索;若在k次循环展开的限定之内得到了包含t的可达路径,就转到步骤4处理t之后的部分。

步骤 4:利用动态执行得到目标之后的路径。一旦在步骤 3 中得到了包含 t 的部分可达路径,剩余的部分就利用这部分可达路径的测试用例的动态执行来获得。

5.1.6 实例分析

本节以图 5-7 中的程序为例,说明应用启发式引导的 $k+1$ 循环处理模型对循环内目标自动生成测试用例的过程。被测程序中包含 4 个循环结构,第 8 行的语句 target 被指定为待覆盖的目标语句。

```
/*Example Program, contains four loops.
** n is the data size to deal with in a[]*/
void maxPrime(int a[], int n){
int max, a[0]= 4, isPrime = 1;
1  for(int i = 0;i < n;i++){              //L1
2        ...                        //记录最大元素max;
   }
       ...
3  for(int i = 2;i < max/2; i++){         //L2
4        if(max % i == 0){
5              isPrime = 0;
6              break;
         }
7        if(a[i-2]%3 == 0){
8              target;
9              for(int j=0;j < n;j++)      //L3
10                 a[j]++;
         }
      }
11 if(!isPrime){
12     while(...)                          //L4
           {...}
13     }else
           {...}
End of example program.
```

图 5-7 包含循环结构的程序

首先,预处理步骤通过扫描程序结构,将 L2 标记为 L_{target}。 目标节点的主宰节点集合为 S_t:$\{1,3,4,7\}$,相应的节点距离集合为 $d_t(S_t)$:$\{4,3,2,1\}$。

由程序入口开始进行符号执行,当访问到 L1 的入口节点时,收集到的路径中不包含目标,因此 L1 是 L_{before},利用动态执行获得 L1 的路径。调用约束求解器,获得满足当前 L1 的前置路径条件的 3 个测试用例,假设此时生成的测试用例为 TC_1、TC_2、TC_3,测试用例的具体值和相应的执行轨迹如下所示。

TC_1:$\langle\{10,3,5,\cdots\},-3\rangle$。　Path_1:**1**,**3**,11,…

TC_2:$\langle\{0,-1,-5,\cdots\},1\rangle$,　Path_2:**1**,2,1,**3**,11…

TC_3:$\langle\{-4,2,6,\cdots\},3\rangle$,　Path_3:**1**,2,1,2,1,2,1,**3**,**4**,5,6,11,12,…

测试用例的具体值使用一个整数集和一个整数组成,分别表示输入的数组参数 $a[]$

和整型变量 n。路径以语句序号的序列表示，超过循环 L2 的部分被省略以节省篇幅。路径中以下划线标记同一个循环内的部分。这 3 条路径中，主宰节点以粗体重点表示，根据算法 5-1，Path_1 和 Path_2 中包含语句 3，因此可以在节点距离集合 $d_t(S_t)$ 中查到相应的路径距离为 3；Path_3 包含语句 4，因此路径距离为 2。更小的路径距离意味着 Path_3 相比于 Path_1 和 Path_2 更接近目标，因此 Path_3 具有更高的优先级，将 Path_3 中通过 L1 的路径 1,2,1,2,1,2,1 截取出来进行后续的路径搜索。

L2 在预处理阶段被标记为 L_{target}，因此利用符号执行 L2 搜索可达路径。目标语句在"a[0]%3==0"取真的分支上，此条件在 L2 的第一次展开过程中无法成立，在 L2 展开两次之后，能够得到一条到达目标的部分路径，其约束条件是 $(n>2) \wedge (n \leqslant 3) \wedge (max\%2 \neq 0) \wedge (a[0]\%3=0)$，假设利用约束求解器得到一个满足约束的测试用例（{−4,6,7,…},3），此用例的实际执行路径为覆盖目标的完整可达路径。

5.2 基于代码片段和反向符号执行的不可达路径判定技术

5.2.1 背景介绍

程序中的不可达路径，指的是在实际运行时任何输入参数都无法执行到的程序轨迹。循环结构会导致程序路径发生爆炸，不可达路径也随之增多[8]。不可达路径会导致静态分析的结果不准确和效率低下，例如，在自动测试用例生成问题中，不可达路径使自动用例生成在有限时间内达到覆盖率的要求变得困难，因此需要对不可达路径进行分析和检测。

在基于符号执行的静态测试用例生成中，会在路径搜索的过程中对路径条件的可满足性进行判定，抛弃不可达的路径条件组合，达到缩小路径搜索空间、提高效率的目的。根据分析方向的不同，可将符号执行技术分为两种：正向符号执行[9]和反向符号执行[10]。正向符号执行技术从程序入口开始，沿着控制流图的正方向生成路径和分析路径可达性。反向符号执行技术从一个指定的程序位置出发，沿着控制流图的反方向进行路径搜索和可达性判定。

导致不可达路径的直接原因是路径中存在着矛盾的约束条件，路径的可达性判定问题本质上是约束可满足性问题（Constraint Satisfaction Problem，CSP），而 CSP 是不可判定问题，因此不存在通用的算法对所有不可达路径问题给出确定的结论。现有的不可达路径判定技术包括矛盾片段识别[11]、约束求解[12]、动态执行[13]等。不同的不可达判定技术的效果受到被测程序的结构、约束类型、路径搜索策略等多方面因素的影响。例如，假设一个程序中存在循环结构，有一条程序路径经过此循环结构，此时路径长度可能很长，假设路径的最后两个谓词条件相互矛盾，导致此路径是不可达路径，若使用分析路径谓词条件的技术判定不可达路径，则不同的分析顺序会导致不可达路径的判定时间不同。

例如,使用反向不可达判定则能够立即检测到矛盾的谓词条件的存在,而使用正向分析方法则需要分析一条完整的路径。P. Dinge 在其研究工作[10]中使用了图 5-8 中的程序来说明反向不可达判定方法在特定情况下的优势。图中的语句"error ( );"被指定为覆盖目标,由于"if(y>0)"和"if(y==0)"两个条件语句无法同时成立,所以所有包含此目标的程序语句都是不可达路径。利用正向分析寻找可达路径时,需要判定 2^n 条路径的可达性,很可能因此超时;而从目标点出发进行反向分析可以立即判定出矛盾的条件。随着不可达路径长度的增长,这种差异会更加明显。

```
1 void unreachable(int x1, int x2, int x3 ..., int xn) {
2    int y = 0;
3    if (x1 > 0) { y = y + 1; } else { y = y + 2; }
4    ...
5    if (xn > 0) { y = y + 1; } else { y = y + 2; }
6
7    if (y > 0) {
8       if (y == 0) {    // Error condition for, e.g., division−by−zero
9          error();
10      }
11   }
12 }
```

图 5-8 适合使用反向分析进行不可达判定的示例程序

以上初步分析表明,不可达路径的特征会影响应用什么分析方法进行不可达判定,但是目前缺少针对不可达路径特征的相关研究。因此,本章首先对不可达路径判定问题进行重定义,然后对不可达路径的特征进行归纳,研究程序特征和不可达路径之间的关联关系,给出适合的不可达路径判定技术。

5.2.2 不可达路径判定问题的重定义

一条程序路径 p 由一系列节点 $n_1, n_2, \cdots, n_k$ 以及节点之间的边组成,每一个节点对应程序中的一条语句,节点之间的边表示语句间的控制流关系,k 是路径的长度。

定义 5-4(可达路径) 路径 p 是可达的,当且仅当在程序的输入域 D 中存在至少一个输入v,利用v执行程序的执行轨迹与 p 一致。路径 p 的可达性等价于路径约束条件C_p的可满足性[7]。约束是可满足的记为$C_p \models_D v$。

定义 5-5(矛盾约束) 路径条件C_p是一系列逻辑谓词的合取$\varphi_1 \wedge \varphi_2 \wedge \cdots \wedge \varphi_k$,其中$\varphi_i$是节点$n_i$对应的条件表达式。若路径 p 是不可达路径,则在取值域 D 中所有值都无法满足C_p,此时C_p是矛盾约束,记为 $C_p \models_D \varnothing$,在后续的讨论中会将符号 D 省略以节省篇幅。

定义 5-6(矛盾位置) 若路径 p 是不可达路径,其约束为$C_p = \varphi_1 \wedge \varphi_2 \wedge \cdots \wedge \varphi_k$,则在$C_p$中存在约束$\varphi_i \wedge \cdots \wedge \varphi_j$不可满足,其中 $i < \cdots < j \in [1, k]$,记为$(\varphi_i \wedge \cdots \wedge \varphi_j)$。称不可达路径 p 的矛盾位置是从 1 到 j。

若 $k - j < i - 1$,意味着从终点出发反向分析路径可达性能够比正向分析更早地判定矛盾约束。下一节通过对不可达路径的调研总结不可达路径上矛盾约束的位置特征。

5.2.3　不可达路径的特征调研

本节所调研的不可达路径选自与不可达路径检测相关的学术论文[14-18]以及 6 个广泛使用的开源工程（WCET-benchmark、CoreUtil、libPNG、sqlito、nanoxml、IPEG-benchmark）。

程序中若存在返回值无法直观判定的函数调用，这样的函数被当作未指定的函数（uninterpreted function）来处理，认为其能够返回满足路径约束的任意值，这种对于外部函数的近似处理方法被很多分析工具采用[9]。

不可达路径的特征从控制流和数据流两方面特征进行分类。循环结构是一种能够导致路径爆炸的控制流结构；在 CSP 中，相比于不等式，等式条件更加难以满足[19]。因此本节对于循环结构和等式操作在不可达路径中的出现频次进行了统计。

统计结果如图 5-9 所示，结果表明，在不可达路径中，包含等式操作的路径占了总路径的 76%（图 5-9(a)），包含循环结构的路径占了 54%（图 5-9(b)）。对于包含循环结构的不可达路径所做的进一步分析表明，这其中有 60%（图 5-9(c)）的路径上矛盾约束与等式操作相关。

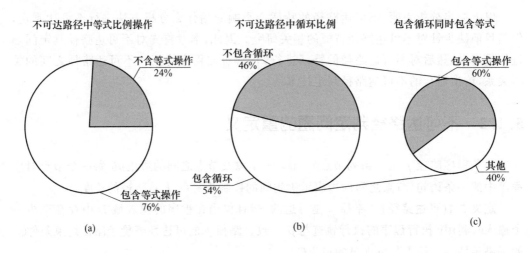

图 5-9　不可达路径中循环和等式出现的比例

基于此统计数据，我们推测循环结构和等式操作与不可达路径之间存在着相关性。一个直观的解释是，循环结构导致程序路径的长度可能变得很长，已有的研究表明，路径长度越长，路径不可达的可能性越高[20]；路径中的等式操作导致路径约束难以满足。在下一节，我们定义一个代码片段模式来描述包含循环结构和等式条件的情况。

5.2.4 依赖循环的等值代码片段

在调研中发现,程序的控制流特征和数据流特征都会对路径的可达性产生影响,因此首先介绍控制流分析和数据流分析领域中的基本定义。

1. 基本定义

当程序中包含循环结构时,其对应的控制流图是一个有向有环图。循环结构表示为 $L=(E_L,N_L,\mathrm{in}_L,\mathrm{out}_L)$,$\mathrm{in}_L$ 和 out_L 分别是循环的入口节点和出口节点。

定义 5-7(数据依赖) 令 R 和 W 表示对于一条节点上语句所进行的读操作和写操作的内存位置集合,如式(5-1)所示,节点 n_i 和节点 n_j 具有数据依赖,记为 $n_i\leftrightarrow n_j$。数据依赖体现的是不同节点之间对相同内存位置的读写操作。

$$[R(n_i)\bigcap W(n_j)]\bigcup[W(n_i)\bigcap R(n_j)]\bigcup[W(n_i)\bigcap W(n_j)]\neq\varnothing \qquad (5\text{-}1)$$

定义 5-8(数据传播) 令 n 为一个赋值语句,将一个包含变量 y 的表达式赋值给变量 v,此时称将 y 值传播给 v,记为 $y\rightarrow v$。传播关系具有传递性,即 $y\rightarrow v,v\rightarrow z\Rightarrow y\rightarrow z$。

基于这些基本定义,给出如下定义。

定义 5-9(条件依赖) n_i 和 n_j 是控制流图 G 上两个表示条件语句的节点,令 p 是 n_i 和 n_j 之间的一条路径,当 p 中不包含赋值语句,并且 $R(n_i)\bigcap R(n_j)=\varnothing$,或者 p 中包含赋值语句 $\{n_1,n_1,\cdots\}$,并且 $x\in R(n_i)\bigwedge y\in R(n_j)$ 时,n_i 和 n_j 具有条件依赖关系。

数据依赖定义的是对同一内存位置读写操作之间的依赖关系。条件依赖关系描述了在不同的条件语句中出现了同一个内存位置的变量,导致变量具有多个约束的情况。条件依赖反映了不同位置的约束之间存在关联关系。

定义 5-10(主宰循环) 令节点 n 的所有主宰节点集合为 $D(n)=\{d_{n_1},d_{n_2},\cdots,d_{n_m}\}$,若 d_{n_i} 和 d_{n_j} 是一个循环结构 L 的入口节点和出口节点,则称 L 为 n 的主宰循环。

节点 n 及其主宰循环 L 在控制流图上表现为 L 是 n 之前的完整循环,并且每一条从程序入口到 n 的路径都经过 L。

定义 5-11(独占节点) 令 n 是循环 $L=\{\mathrm{in}_L,\mathrm{out}_L\}$ 内的一个节点,若每一条从 in_L 到 n 的路径都不经过任何循环(如图 5-10(a)所示),或者同时包含另一个循环 L' 的入口节点和出口节点(如图 5-10(b)所示),则 n 是 L 的独占节点。

定义 5-12(等值判定条件) 令 $V(n)=\{v_1,v_2,\cdots,v_m\}$ 是条件节点 n 上出现的变量集合,若 n 的逻辑表达式 φ 中包含比较操作 $v_1=N$,其中 N 是常量,那么 n 为等值判定条件。

以 C 语言为例,包含等式操作符以及一个操作数是常量的条件语句等值判定条件,例如,条件语句"if (v==3)"的真分支在变量 v 的值为 3 时成立。在判定约束的可满足性时,许多约束求解器会对这种情况进行优化运算来提高判定效率。

程序中符合等值判定条件定义的情况不仅限于隐含的表达式符合等值判定条件,表 5-1 中列举了 C 语言中出现的等值判定条件表达式,这些情况都将被考虑到代码片段的识别中。

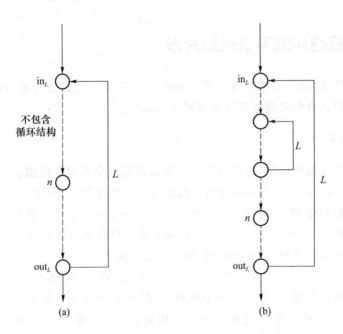

图 5-10　两种 n 是 L 的独占节点情况举例

表 5-1　C 语言中等值判定条件的出现形式

表达式	约束表达式
if(v＝＝N)	真分支:v＝N
if(v!　＝N)	假分支:v＝N
if(v)	假分支:¬(v≠0)
Switch(v)case N:	每一个"case N":v＝N

2. 依赖循环的等值代码片段

基于前面的基本定义,我们给出依赖循环的等值代码片段的定义。

定义 5-13(依赖循环的等值代码片段)　令 L 是一个循环结构,n 是一个等值判定条件节点,L 是 n 的主宰循环或者 n 是 L 的独占节点,若 L 中存在节点 n_1 与 n 有数据依赖或者条件依赖,那么 L 与 n 构成依赖循环的等值代码片段(Loop-Dependent Concrete Condition),简记为 LDc² 模式。

数据依赖和条件依赖在数据流上描述了不同节点之间条件的关联关系。主宰循环和独占节点描述了可达路径的可能性。需要注意的是,在循环中不能包含 n 中变量的重定义,这是因为对变量的重定义会为变量分配新的内存单元,违反了数据依赖的定义。图 5-11 给出了包含依赖循环的等值代码片段的形式,假设循环中都包含目标节点 n_c 的数据依赖节点或条件依赖节点,满足 LDc² 的循环以 √ 标注,否则以 × 表示。其中 L_4 和 L_5 不是 n_c 的主宰循环,因此不构成依赖循环的等值代码片段。

猜测包含此代码片段的程序具有如下性质:等值判定条件 n_c 的约束可能导致矛盾的

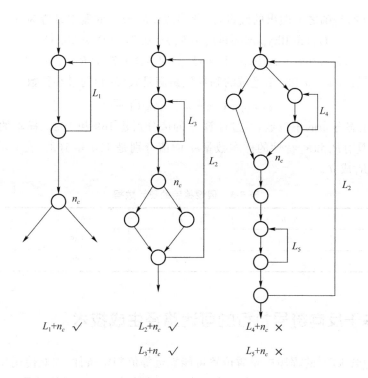

$$L_1+n_c \quad \checkmark$$
$$L_3+n_c \quad \checkmark$$
$$L_2+n_c \quad \checkmark$$
$$L_4+n_c \quad \times$$
$$L_5+n_c \quad \times$$

图 5-11   LDc^2 举例

路径条件,并且矛盾约束在 n_c 下被触发。

5.2.5　对于代码片段性值的有效性验证

本节利用统计数据来对上一节所猜想的性质进行验证。首先统计了在一个广泛使用的开源工程 Coreutils-8.24 中 LDc^2 的出现情况。Coreutils 工程为 GNU 系列的操作系统提供了核心功能,其代码行数超过 6 万,具体信息和统计数据如表 5-2 所示,可以看到在 Coreutils 中此代码片段出现的频率为每千行代码 4.4 个。

表 5-2   依赖循环的等值模式在 Coreutils 的出现情况

工程名	文件数	代码行数	LDc^2	出现频次
Coreutils-8.24	174	60 164	266	4.4/kLoC

本节使用二项分布检验(binomial testing)来验证猜想的性质。首先将性质拆分成为两个假设。

① R_1:程序中若包含 LDc^2,则等式判定条件 n 的约束可能导致路径条件发生矛盾。

② R_2:由 LDc^2 导致的矛盾约束位置相比于程序入口,更接近 n。

为了验证此假设,本书对 Coreutils 中满足 LDc^2 的程序中的不可达路径数量进行了统计,由于对于不可达路径的统计是保守的近似分析,所以将 R_1 成立的概率设置为 0.7,

R_2是在R_1成立的基础之上做出的假设,因此将假设R_2成立的概率设置为 0.93。

$$H_0 \text{（nullhypothesis）}:p(R_1)<0.7,p(R_2)<0.93 \qquad (5-2)$$

$$H_1 \text{（alternativehypothesis）}:p(R_1)\geqslant0.7,p(R_2)\geqslant0.93 \qquad (5-3)$$

显著性水平设置为 $a=0.05$,拒绝域的临界值是满足式(5-4)的最小整数。

$$c\geqslant nq+0.5+u_{1-a}\sqrt{nq(1-q)} \qquad (5-4)$$

其中,u_{1-a}是正态分布的中位数,经过计算,c 的值分别是 169 和 163。样本的统计数据如表 5-3 所示,具有R_1和R_2特性的样本数量 x 的值分别是 170 和 163。在 5% 的显著水平下,假设R_1和R_1成立。

表 5-3　假设检验的统计数据

$a=0.05$	p	n	c	x
R_1	0.7	266	169	170
R_2	0.93	170	163	163

5.2.6　基于反向符号执行的可达路径生成技术

由于在包含LDc^2的程序中矛盾位置可能靠近等值判定条件,因此使用反向分析进行不可达路径判定比正向分析的效率更高。在基于符号执行的自动覆盖测试技术中,利用符号执行技术,对路径搜索得到的路径进行约束收集,并且利用约束求解器判定路径约束的可满足性来进行不可达路径分析。反向符号执行技术在近年来因其能够从目标点出发的特点而适用于面向目标的程序分析。例如,法国雷恩大学的 Charreteur 提出面向 Java Bytecode 的基于符号执行技术的测试用例生成技术[21],该技术就使用了反向符号执行技术保证面向指定目标生成用例,其工作重点集中在对 bytecode 的指令级别的反向约束收集,然后利用受约束的内存变量(Constrained Memory Variables,CMV)的形式记录约束,此形式不同于常规的符号执行技术所收集的符号表达式表示的约束。IBM 的 Chandra 同样使用了面向目标的反向分析技术,并利用调用关系图进行过程间的最弱前置条件的反向传递[22]。

本节对符号执行技术进行修改,使其能够反向地收集路径约束条件判定不可达路径。相比于正向符号执行技术,利用反向符号执行技术搜索可达路径的优势有两点:从目标点出发反向遍历控制流图可以缩小搜索空间的规模;目标条件的具体值可以用来对约束进行化简。反向符号执行技术在具体实现上与正向符号执行之间有如下区别。

① 搜索路径过程中变量先使用后定义。在正向符号执行中,遇到的变量使用会在定义之后出现,而反向符号执行时,变量使用先于定义。当遇到未知的变量时,反向符号执行搜索距离其最近的定义来对变量进行符号化,这与初始化[23]的思想相似。

② 赋值关系将影响到已收集的约束。令 v 是出现在已得到的约束 C 中的变量,若 v 在一个赋值语句中以一个表达式 exp 赋值,那么 C 中 v 出现的所有位置都要被 exp 替代。

反向符号执行伪代码形式的算法描述如下:其中以传统的符号执行常用的符号进行描述,C 和 A 分别表示条件语句和赋值语句,C 表示约束集合,M 表示内存表,$M=M+[mav]$ 表示内存 M 中在 m 位置的值改变为 v。

首先对内存表、路径和搜索状态进行初始化,然后从节点 n 开始进行反向分析。若当前要处理的语句是条件语句 C,则利用符号执行提取当前语句的符号表达式;若当前语句是赋值语句 A,则利用符号执行获得 A 中的赋值关系 $[x:symbolExpression]$,然后将约束 C 中的 x 替换为 symbolExpression。每当约束 C 更新时,就利用约束的一致性来判定约束 C 的可满足性。当算法结束时,若成功则返回包含 n 的可达路径,若回溯到了最初状态,则返回 null。

5.2.7 实例分析

本节以算法 5-3 中的程序为例,对比利用反向和正向不可达路径判定方法为包含 LDc^2 的程序生成可达路径的过程。位于真分支的条件语句 8 的语句 9 被选为覆盖目标,变量 i 在循环的每一次迭代中进行累加,累加的数值由 i 的奇偶性决定,循环的结束条件与 i 的取值相关。为了简化的目的,循环中只保留了与条件语句"if (i%2==0)"具有条件依赖和数据依赖的部分,可以看出此段代码符合 LDc^2 的定义。为了执行到目标语句,循环至少需要执行 6 次($i=9,n=20$)。

算法 5-3　包含 LDc^2 模式的示例程序

```
1: Input : i : [0,10],n : [−inf,+inf]
2: void foo(int i,int n){
3:     while(i < n){//循环结构
4:         if(i %2 == 0)
5:             i = i+1;
6:         else //与循环后判定的变量有依赖
7:             i = i+3;
    }
    // 等值的判定条件
8:     if (i == 20)
9:         target;
    }
```

利用正向和反向符号执行技术生成可达路径的搜索过程示意如图 5-12 所示,图中的边表示约束和操作,方框中代表满足入边约束的变量取值范围。

左侧表示反向分析的过程,目标语句"if (i==20)"的真分支的条件被用来作为优化约束的前缀条件,然后沿着两个可能的分支 $i=i+3$ 和 $i=i+1$ 继续搜索,根据反运算得出变量 i 在经过两条操作语句之前的值相应为 17 或 19,由于这两条语句分别对应着判定 i 是奇数和偶数,此时几个条件组成了矛盾的分支关联关系,因此可将此条路径抛弃,沿着条件为奇数的分支继续搜索。在反向分析循环的每一次迭代中,都可以判定出一个无法满足的分支条件。

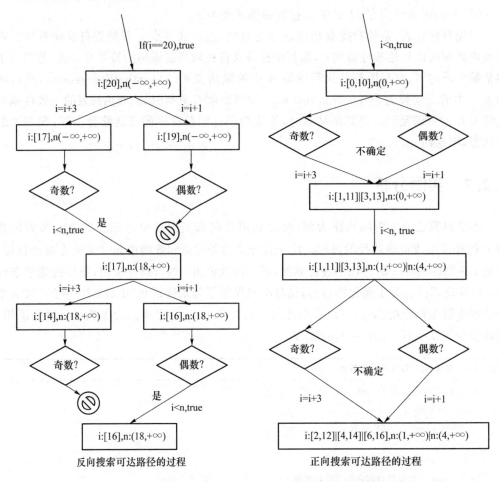

图 5-12　使用反向分析和正向分析生成可达路径的搜索过程示意图

相反的,在右侧的正向分析过程中,由于输入域是多个值,因此循环的每一次迭代都无法进行剪枝,所以搜索空间的规模要大于反向分析的搜索空间。

这个实例说明,对于包含 LDc² 的程序,利用反向不可达路径判定技术来生成可达路径的效率比正向分析的效率要高。

5.3　基于原子函数的字符串类型测试用例自动生成技术

5.3.1　背景介绍

字符串类型是许多编程语言中的基本数据类型,特别是在 Web 程序和数据库软件中有很广泛的应用。由于程序中包含各种类型的约束,测试用例自动生成工具需要能够对不同类型的约束进行求解。常见的用例自动生成工具能够支持的约束类型包括数值类型、布尔类型、数组类型等,但是由于字符串和字符串函数的操作十分复杂,若不对字符串类型进行特殊处理的话很难生成准确的字符串测试用例。

字符串是有限长度的字符序列,一个字符串的长度是其中包含的字符数量,字符串中的每一个字符成员都有其所在的位置。程序中的字符串对象常常通过字符串函数进行操作,字符串函数操作通常可以描述为数学上的操作,因此可以抽象为一个字符串语言中的函数或者谓词[24]。常用的字符串函数被封装为标准的库函数随着编程语言发布,本书作者对实际工程中出现的字符串函数做了调研,统计了大约 90 万行代码中标准字符串函数库的字符串函数的出现情况,统计数据如表 5-4 所示,出现频率较高的 7 个字符串函数占了所有字符串函数出现总数的 80% 以上,我们重点关注这些出现频率很高的字符串函数。

表 5-4 实际工程中字符串函数的分布情况

函数名称	Strlen	Strcmp	Strdup	Strcat	Strcpy	Strchr	Strrpl	其他
数量/万 LoC	29.85	18.87	7.84	7.15	6.59	5.38	2.69	17.96
比例	31.13%	19.68%	8.17%	7.46%	6.88%	5.61%	2.80%	18.28%

字符串函数的语义十分丰富,因此无法直接求解字符串函数的约束。由于字符串类型可以表示为字符数组,因此利用字符串函数对于字符串的操作可以等价为对字符数组成员的基本操作的组合。字符串函数的语义包括操作类型和操作范围,操作类型包括修改和查询,操作范围是被操作的字符数组成员的位置。根据对字符数组成员操作范围的不同,本书对字符串函数进行了分类,如表 5-5 所示。

表 5-5 字符串函数的分类

典型函数	语义	操作范围	同类函数
strchr(s,c)	查询字符 c 在 s 中 第一次出现的位置	字符串中的第一个成员	strlen,strrchr strcspn,strspn
strcmp(s1,s2)	字符串比较	字符串中的连续多个成员	strcat,strcpy strncmp,strstr
strrpl(s1,s2,s3)	将 s1 中所有的 s2 替换为 s3	字符串中的一系列 不连续的成员	strupr

字符串测试用例自动生成存在两方面困难:字符串函数是通过编程语言实现的,意味着字符串函数可能是任何语义,需要在约束提取过程中不丢失约束;被测程序中可能同时包含字符串约束以及其他类型的约束,要求约束求解器能够求解混合类型的约束。因此,字符串测试用例自动生成的关键是能够准确提取各种字符串函数的约束,以及能够求解混合的约束。

5.3.2　字符串约束描述语言

本书利用数组模型对字符串进行建模和求解,首要任务是将源程序中的字符串约束转换为数组模型表示的约束。本节对于大部分字符串函数的语义进行了分析,然后定义了一种描述语言对字符串函数的约束进行描述。

1. 字符串操作语言 $\mathscr{L}_{\text{Str}}$

首先我们引入字符串操作语言 $\mathscr{L}_{\text{Str}}$ 来描述包含字符串函数的原始程序约束,$\mathscr{L}_{\text{Str}}$ 是一个包含如下元素的多类型一阶逻辑语言[25]。

① 集合:A 表示有限数量的字符表。字符串集合 S 是 A 的幂集。I 和 B 分别表示整数集合以及布尔值集合,每一个集合都包含有限个变元,以小写字母来表示。

② 常量:$\mathscr{L}_{\text{Str}}$ 中的常量包括所有的整数以及所有的字符串常量。

③ 谓词:包括整数集上的谓词,以及字符串函数中查询字符串的属性并返回布尔值 B 的部分。

④ 函数:包括整数集上的运算,以及字符串函数中查询或者修改字符串并返回整数值 I 或者字符串 S 的部分。

所有的字符串函数都可归类为 $\mathscr{L}_{\text{Str}}$ 中的谓词或者函数,因此包含字符串函数的约束可以通过语言 $\mathscr{L}_{\text{Str}}$ 中的公式来表示。

2. 原子字符串语言 $\mathscr{L}_{\text{Atom}}$

我们定义了原子字符串语言 $\mathscr{L}_{\text{Atom}}$,其中包含描述不同操作范围的原子函数,其数量远少于 $\mathscr{L}_{\text{Atom}}$ 的非逻辑符号,利用原子函数的组合描述 $\mathscr{L}_{\text{Atom}}$ 中的字符串函数的语义。$\mathscr{L}_{\text{Atom}}$ 中的集合与常量 $\mathscr{L}_{\text{Atom}}$ 一致,区别在于包含如下的谓词和函数。

① 谓词:包括整数集上的谓词,不包括字符串函数。

② 函数:$\mathscr{L}_{\text{Atom}}$ 包括表示字符串长度的函数 $L(s)$,以及 3 个原子函数,原子函数表示了不同操作范围的字符数组成员。

- $\text{CharAt}(s,i)$:表示在字符串 S 中位置为 i 的字符成员,其中 $s \in S$,表示被操作的字符串,$i \in I$,表示位置变量,简写为 $S[i]$。

- $\text{CharAt}(s,\tilde{i},i)$:表示在字符串 S 中位置从 $\tilde{i}$ 到 i 的一系列字符成员,其中 $\tilde{i},i \in I$,表示位置变量,简写为 $S\begin{bmatrix} \tilde{i} \\ i \end{bmatrix}$。

- $\text{CharAt}(s,N)$:表示字符串 S 中一系列位置不确定的成员,N 表示字符位置的集合,$|N|$ 是集合 N 的基数,每一个字符成员的位置是 $i_1,i_2,\cdots,i_n$,其中 $n=|N|$,$i_1 < i_2 < \cdots < i_n$。除此之外,本书使用一个四元组 $N^P:\{\underline{n},\overline{n},\Delta,\Gamma\}$ 来对集合 N 的属性进行描述,其中:$\underline{n}$ 和 $\overline{n}$ 是 $|N|$ 的上界和下界;$\Delta=\min(i_{j+1}-i_j),j \in [1,n-1]$,表示位置之间的最小间隔;$\Gamma$ 表示非法位置。$\text{CharAt}(s,N)$ 被简写为 $s(N)$。

$\mathscr{L}_{\text{Atom}}$中的公式根据以下规则递归生成。

① 所有的变量和常量都是项。

② 令 f 为 $\mathscr{L}_{\text{Atom}}$ 中的函数符号，$t_1,\cdots,t_n$ 是 $\mathscr{L}_{\text{Atom}}$ 中的项，则 $f(t_1,\cdots,t_n)$ 也是 $\mathscr{L}_{\text{Atom}}$ 的项。

③ 令 F 为 $\mathscr{L}_{\text{Atom}}$ 中的谓词符号，$t_1,\cdots,t_n$ 是 $\mathscr{L}_{\text{Atom}}$ 中的项，则 $F(t_1,\cdots,t_n)$ 是 $\mathscr{L}_{\text{Atom}}$ 的公式。

④ 公式之间利用¬、∧、∨等逻辑运算符连接起来得到的表达式也是公式。

$\mathscr{L}_{\text{Str}}$ 与文献[24]中定义的核心字符串语言 $C\mathscr{L}$ 类似，但是 $\mathscr{L}_{\text{Atom}}$ 比 $C\mathscr{L}$ 包含更多的函数，因此 $\mathscr{L}_{\text{Atom}}$ 能够表示更广泛的操作范围。$\mathscr{L}_{\text{Atom}}$ 作为 $\mathscr{L}_{\text{Str}}$ 到数组类型的约束的中间语言，不仅能够表示 $\mathscr{L}_{\text{Str}}$ 的约束，还能够被约束求解器求解。下一节介绍从 $\mathscr{L}_{\text{Str}}$ 到 $\mathscr{L}_{\text{Atom}}$ 的转换过程。

3. $\mathscr{L}_{\text{Str}}$ 到 $\mathscr{L}_{\text{Atom}}$ 转换

本节以表 5-6 中的 3 种类型的代表性函数为例，介绍字符串函数的语义以及转换为 $\mathscr{L}_{\text{Atom}}$ 的公式表示的过程。

从覆盖测试的角度考虑，所生成的字符串测试用例应当尽可能触发字符串函数的合理功能，避免一些意外行为，如空字符串触发异常处理等，因此本书将字符串函数的语义分为两部分：有效条件和语义定义。有效条件限制了函数的输入必须在合法的范围内，不会导致程序崩溃或者不确定的结果，是转换的前提条件；语义定义是函数在合法范围内的操作语义，在利用原子函数表示语义定义的过程中，会引入表示下标的辅助变量，在约束求解过程中需要为所有的下标变量给出合法且确定的取值。一些查询功能的函数（如 strhr 和 strcmp）的语义定义与返回值的取值相关，需要分情况讨论。具体的转换规则如表 5-6 所示。

表 5-6　$\mathscr{L}_{\text{Str}}$ 到 $\mathscr{L}_{\text{Atom}}$ 转换

$\mathscr{L}_{\text{Str}}$	$\mathscr{L}_{\text{Atom}}$	
	语义定义	有效条件
$j=$ strchr(s,c)	$s[j]=c,\ s\begin{bmatrix}j-1\\0\end{bmatrix}\neq c,\ 0<j<\|s\|$ $s[0]=c,\quad j=0$ $s\begin{bmatrix}\|s\|-1\\0\end{bmatrix}\neq c,\quad$ 其他	$\|s\|>0$
$j=$ strcmp(s_1,s_2)	$\begin{cases} s_1\begin{bmatrix}i\\0\end{bmatrix}=s_2\begin{bmatrix}i\\0\end{bmatrix},i<\min(\|s_1\|,\|s_2\|),\\ \qquad\qquad\qquad\qquad\qquad\qquad j<(>)0\\ s_1[i+1]<(>)s_2[i+2] \end{cases}$ $s_1\begin{bmatrix}l-1\\0\end{bmatrix}=s_2\begin{bmatrix}l-1\\0\end{bmatrix},l=\|s_1\|=\|s_2\|,\quad j=0$	$\|s_1\|>0$ $\|s_2\|>0$
$s_4=$ strrpl(s_1,s_2,s_3)	$s_1\begin{bmatrix}N+\|s_2\|-1\\N\end{bmatrix}=s_2\begin{bmatrix}\|s_2\|-1\\0\end{bmatrix},N^p:\{0,\|s_1\|-1,\Delta:\|s_2\|,\Gamma:\{I\}\}$ $\|s_4\|=\|s_1\|,s_4\begin{bmatrix}\|s_4\|-1\\0\end{bmatrix}=s_1\begin{bmatrix}\|s_1\|-1\\0\end{bmatrix},s_4\begin{bmatrix}N+\|s_2\|-1\\N\end{bmatrix}:=s_3\begin{bmatrix}\|s_3\|-1\\0\end{bmatrix}$	$\|s_2\|>0$ $\|s_3\|>0$

其中 C 是一个字符常量,语义定义中以逗号表示公式之间的合取。这里对语义定义进行解释。

① $j=\text{strchr}(s,c)$:函数的功能是查询字符 c 在 s 中出现的位置,当返回值在 $0<j<|s|$ 之间时,表示在 s 中的位置 j 处存在字符 c,并且在位置 $[0,j-1]$ 处没有字符 c。

② $j=\text{strcmp}(s_1,s_2)$:函数的功能是比较 s_1 和 s_2 的每一个字符。非零的返回值意味着至少在位置 i 处有 $s_1[i]\neq s_2[i]$。返回值为零表示 s_1 和 s_2 不仅具有相同的长度,并且每一个字符都相同。

③ $s_4=\text{strrpl}(s_1,s_2,s_3)$:函数的功能是把 s_1 中所有的 s_2 替换为 s_3。这里将有效条件限制为 s_2 和 s_3 必须具有相同的长度,此时的语义定义由以下部分组成。

- $s_1\begin{bmatrix} N+|s_2|-1 \\ N \end{bmatrix}=s_2\begin{bmatrix} |s_2|-1 \\ N \end{bmatrix}$:这意味着 s_1 中包含数个字符串 s_2。N 表示 s_2 在 s_1 中开始位置的集合,具有下面的属性。

- $N^p:\{0,|s_1|-1,\Delta:|s_2|,\Gamma:\{I\}\}$:0 和 $|s_1|-1$ 表示 s_1 中包含的字符串 s_2 的数量。

- $\Delta:|s_2|$ 表示集合 N 中开始位置的最小间隔,即 $\forall j\in(0,|N|),i_{j+1}-i_j>|s_2|\forall$。

- $\Gamma:\{I\}$ 是一个非法位置集合,表示了 N 中元素所不能取的值,例如,当 s_2 是确定的字符串"qwer"并且 $s_1[2]$ 是字符'b',则 s_2 在 s_1 中的开始位置不能是 $\{0,1,2\}$。

原子函数的组合提供了准确描述各种字符串库函数的能力,表 5-6 中同类型的其他字符串函数也能以类似方式进行组合表示。转换之后的表达式是有量词的谓词表达式,因此需要在求解的过程中在边界确定之后将量词消除。

5.3.3 原子函数的等价性

3 种原子函数都表示字符串中的字符成员,区别在于表示范围不同,3 种原子函数可以在一些条件下相互转换,本节介绍原子函数之间的关系。

函数 $s_2\begin{bmatrix} i \\ i \end{bmatrix}$ 本质上是一个带有全称量词 $\forall$ 的一阶公式的简写,可以转换为包含 $s[i]$ 的式(5-5)。

$$s\begin{bmatrix} i \\ i \end{bmatrix}=\forall i\in[\underline{i},\overline{i}],s[i] \tag{5-5}$$

可以直观地看出,当原子函数 $s[N]$ 的 N 中的元素是一系列连续值时,包含 $s[N]$ 的公式可以用包含 $s\begin{bmatrix} i \\ i \end{bmatrix}$ 的公式表示,如式(5-6)所示。

$$s[n]=\exists N(\forall j\in[1,|N|-1](i_j\in N\wedge(i_j+1=i_{j+1}))s\begin{bmatrix} i_N \\ i_1 \end{bmatrix}) \tag{5-6}$$

5.3.4 $\mathscr{L}_{\mathrm{Atom}}$ 的约束求解过程

原始的字符串约束被转换为 $\mathscr{L}_{\mathrm{Atom}}$ 中的公式,由支持数组约束的约束求解器求解,由于 $\mathscr{L}_{\mathrm{Atom}}$ 中包含原子函数,所以需要在约束求解器中增加对于原子函数的处理方法。本节介绍约束求解的过程。

1. 总体架构

约束求解的整体架构如图 5-13 所示。转换之后的约束被分为两个部分:下标部分和

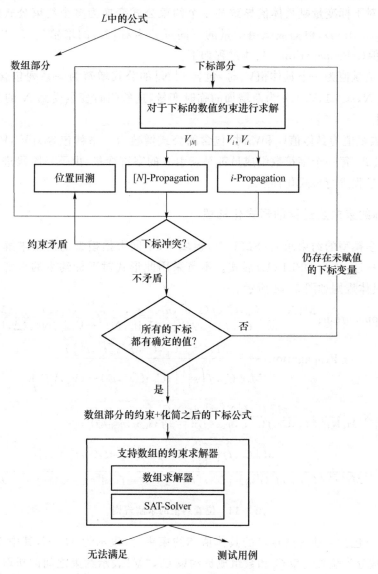

图 5-13 转换之后的约束求解过程

数组部分。下标部分是一个线性算数表达式集合,包括下标的约束和字符串长度的约束。数组部分是字符串的字符成员的约束。下标部分是约束成立的必要条件,下标的改变会引起字符串的结构发生改变,因此需要先求解下标部分的约束。

下标约束中变量的赋值顺序为表示字符串长度的变量、$|N|$、$\underline{i}$和$\bar{i}$。这个求解顺序由如下原因决定。

① 确定字符串的长度使解的搜索空间变得有限。

② 当约束公式中包含 N、$\underline{i}$和$\bar{i}$时,约束公式中包含表示集合的变量,因此是二阶表达式,需要确定集合的数量来将约束公式变换为一阶表达式才能够进一步求解。若对下标变量的赋值导致了矛盾,则进行回溯重新赋值。

本书将对下标变量赋具体值导致的一个约束公式变换为多个约束公式的过程称为"增殖"(propagation),根据被赋值变量的不同可分为对 $|N|$ 的增殖($|N|$-Propagation)和对 i 的增值(i-Propagation),具体过程如下。

当$|N|$被赋值为一个具体值V_n时,包含 $s|N|$ 的公式增殖为一系列包含 $s|n_i|$ 的公式,其中$n_i \in N, i \in [1, V_n]$,$n_i$为新增加的临时变量,这些临时变量受到 N 的属性N^p中Δ和Γ的限制。

当$\underline{i}$和$\bar{i}$被赋值为具体值$V_{\underline{i}}$和$V_{\bar{i}}$时,包含的公式增殖为一系列包含 $s[V_{\underline{i}}, V_{\underline{i}} + 1, \cdots, V_{\bar{i}} - 1, V_{\bar{i}}]$的公式,每一个字符数组成员都是新引入的字符变量,由下一阶段进行求解。在下一节对此过程进行形式化描述。

2. 下标约束求解过程的形式化描述

在支持多模型的约束求解(SMT[26])领域中,不同数据模型的约束求解过程以统一的步骤进行描述,称为 DPLL(L)形式。本节采用此形式对下标约束的求解过程进行形式化描述,具体规则如图 5-14 所示。

$$|N|\text{-Propagation:} \frac{M|N|^d \parallel C_p, C_a, f(s[n_1, n_{|N|^d}]), \bigcap_{j=0}^{|N|^d-1}(n_j \leqslant n_{j+1} + \Delta, n_j \neq \Gamma)}{M \parallel C_p, f(s[|N|]), C_a \text{ if } |N|^d \leftarrow V_{|N|}, N^p:(\Delta, \Gamma)}$$

$$i\text{-Propagation:} \frac{M\underline{i}^d\bar{i}^d \parallel C_p, C_a, f(s[\underline{i}^d, \bar{i}^d])}{M \parallel C_p, f\left(s\begin{bmatrix}\bar{i}\\\underline{i}\end{bmatrix}\right), C_a \text{ if }((\underline{i}^d, \bar{i}^d) \leftarrow (V_{\underline{i}}, V_{\bar{i}}))}$$

$$\text{位置回溯:}\begin{cases} N: \dfrac{M \parallel C_p, (|N| \neq |N|^d), C_a}{M|N|^d \parallel C_p, C_a, f(s[n_1, n_{|N|^d}]) \text{ if } \vDash_{\varnothing} f(s[n_1, n_{|N|^d}])} \\[4mm] i: \dfrac{M \parallel C_p, f_2\left(s\begin{bmatrix}\bar{i}\\\underline{i}\end{bmatrix}\right), (\underline{i} > m \vee \bar{i} < m), C_a, f_1(s[m])}{M\underline{i}^d\bar{i}^d \parallel C_p, C_a, f_1(s[m]), f_2(s[\underline{i}^d, \bar{i}^d]) \text{ if } \vDash_{\varnothing} f_1(s[m]), f_2(s[\underline{i}^d, \bar{i}^d]) m \in [\underline{i}^d, \bar{i}^d]} \end{cases}$$

图 5-14 位置约束的求解规则

一个状态包括当前为变量赋的具体值和约束集合,表示为 $M \parallel C$,其中 M 表示赋值表,约束 C 被分为位置约束 C_p 和数组成员约束 C_a,"$\vee$"表示约束之间的析取。每一个转换规则以横线下方的状态作为输入,在右侧方框中的条件下,转换到横线上方的状态,当一个状态无法应用图中的任何一个规则时,此状态中所有的位置变量都已经有具体值,转到下一步骤进行数组约束的求解过程。对于每个规则的描述如下。

① $|N|$-Propagation:当 $|N|$ 被赋一个确定值 V_n 时,引入 V_n 个下标变量以及 V_n 个字符数组成员变量 $s[n_i]$,并且将约束中包含 $s[N]$ 的表达式增殖为 V_n 个包含 $s[n_i]$ 的表达式,约束 $n_j \leqslant n_{j+1} + \Delta$ 来保证下标之间的间隔要大于 Δ。

② i-Propagation:与 $|N|$-Propagation 相似,当边界变量 $\underline{i}$ 和 $\bar{i}$ 确定值之后,每个约束表达式中的 $s\begin{bmatrix} \bar{i} \\ \underline{i} \end{bmatrix}$ 都由一系列从 $\underline{i}^d$ 到 $\bar{i}^d$ 的连续位置的字符成员进行替换。

③ 位置回溯:若变换之后的约束表达式导致数组模型发生冲突,则意味着为下标变量的赋值存在错误,需要回溯到之前的状态,并且为下标变量记录导致矛盾的约束,以避免生成相同的导致冲突的取值。

5.3.5 实例分析

本节以文献[24]中的程序 isEasyChair() 为例,介绍利用本章提出的技术生成字符串测试用例的过程。为了便于理解,示例程序中的字符串函数被重命名为 C 语言库函数中的名称,所选择的程序路径如图 5-15 所示,包含和字符串相关的操作。

```
/*示例程序 isEasyChair()中指定路径的约束*/
input: String s₁
1: int i₁ = strrchr(s₁, '/');   //找到最后一个'/'
2: int i₂ = length("http:://");
3: string s₂ = substr(s₁, i₂, i₁);  //取子串
4: int i₃ = contains(s₂, "Easy")}; i₃>0;
5: int i₄ = strchr(s₂, '&'); i₄>0;//包含'&'
6: string s₃ = replace(s₂, '/', ' ')  //替换
```

图 5-15 示例程序中的字符串操作

首先将路径约束按照约束提取规则,以 $\mathcal{L}_{\text{Atom}}$ 的公式的形式提取,并且分为下标约束和数组约束两部分。提取结果如表 5-7 所示。

对表 5-7 中的约束,首先为下标变量生成具体值,假设得到了一个解:$\{i_1:18, i_2:8, i_3:5, i_4:6, |s_1|:20, |s_2|:10, |s_3|:10, |N|:2\}$,满足下标部分的约束。对 $|N|$ 赋值为 2 之后,应用 $|N|$-Propagation 规则消去约束中的 N,通过引入两个下标变量 n_1 和 n_2,将包含 $s_2[N]$ 和 $s_3[N]$ 的公式更新为一组包含 $s_2[n_1]$、$s_2[n_2]$、$s_3[n_1]$ 和 $s_3[n_2]$ 的公式。

然后,根据边界变量 i_3 的赋值 5 以及 i-Propagation 规则,确定字符串 s_2 中子串 "Easy" 的位置。根据边界变量 i_4 的赋值 6 和 i-Propagation 规则,生成约束表达式为 $s_2[6] = \text{'\&'}$,与语句 4 的数组约束 $s_2\begin{bmatrix} 8 \\ 5 \end{bmatrix} = \text{"Easy"}$ 存在冲突,因此需要回溯到上一个状态,并且将导致

矛盾的约束 $i_4 \neq 6$ 加入下标约束 C_p 中。

当下标约束中不包含未取值的下标变量时,路径约束中仅包含关于数组的无量词的一阶表达式,接下来使用能够求解数组约束的求解器得到最后的测试用例。

表 5-7 以 $\mathscr{L}_{\text{Atom}}$ 中的公式表示的路径约束

序号	下标约束 C_p	数组约束 C_a
1	$i_i \geqslant 0, i_i < |s_1|$	$s_1[i_1] = '/'; s_1 \begin{bmatrix} |s_1| \\ i+1 \end{bmatrix} \neq '/'$
2	$i_2 = 8$	$\varnothing$
3	$|s_2| = i_1 - i_2, i_2 < i_1, i_2 \geqslant 0$	$s_2 \begin{bmatrix} |s_2| \\ 0 \end{bmatrix} := s_1 \begin{bmatrix} i_1 \\ i_2 \end{bmatrix}$
4	$i_3 > 0, i_3 + 4 < |s_2|$	$s_2 \begin{bmatrix} i+3 \\ i_3 \end{bmatrix} = \text{"Easy"}$
5	$i_4 > 0, i_4 < |s_2|$	$s_2[i_4] = \& ', s_2 \begin{bmatrix} i_4 - 1 \\ 0 \end{bmatrix} \neq '/'$
6	$|s_3 = s_2|, |N| \geqslant 0, |N| < |s_2| - 4,$ $N : \left\{ \Delta : 1, \Gamma : \left\{ \begin{bmatrix} i_3 + 4 \\ i_3 \end{bmatrix} \right\} \right\}$	$s_2[N] = '/', s_3 \begin{bmatrix} |s_3| \\ 0 \end{bmatrix} = s_2 \begin{bmatrix} |s_2| \\ 0 \end{bmatrix}, s_3[N] := ''$

5.4 库函数的约束求解策略

库函数是由系统建立的具有一定功能的函数的集合,不仅提高了程序的运行效率,节省了编程时间,也提高了程序的质量。因此,库函数被广泛地应用于工程代码中,尤其是大型工程中。另外,库函数本身实现的功能可能会对其输入参数的取值区间有一定的限制,这类限制可能会导致不可达路径的产生。由于库函数在工程中的广泛应用,对包含库函数的函数代码的不可达路径的判定以及生成测试用例是急需解决的问题。每个库函数都有其明确的功能,符号执行不但不能为包含库函数的复杂表达式生成适当的符号,也无法表示出其所代表的确定的函数功能和意义,当其出现在路径上的约束中时,就会导致此约束丢失以及区间运算不精确,从而用例生成失败。因此,必须提出一种库函数处理方法,该方法不仅能明确约束集合中包含库函数的约束的含义,还能根据其含义正确削减其输入参数的取值区间,判定路径可达性,进而正确生成测试用例。

5.4.1 问题的描述

1. 问题的提出

以图 5-16 为例来说明路径中包含库函数约束求解的测试用例生成问题。图 5-16 中是一个被测程序 test 及其对应的控制流图。其中 if_out_5、if_out_6、if_out_7、exit_9 是虚节点。如果采用分支覆盖,则有 4 条待覆盖路径,分别是 Path1:0→1→3→4→5→8→9、Path2:0→1→2→3→5→8→9、Path3:0→1→2→6→8→9、Path4:0→1→7→8→9(路径上的数字均对应控制流图的节点)。

如果令 Path1 为待覆盖路径(加粗部分),就要同时满足路径上所有 if 节点上的约束。约束 1 和约束 2 将 x 的取值域限定在[91,149],if_head_3 节点中的约束是 ctype.h 中的一个库函数,其功能是判定 ASSIC 为 x 的字符是不是大写字母,此项约束将 x 的取值域限定在[65,90]。由此可知,不存在这样一个能为 x 选出合适的值的区间,可生成正确的用例并成功覆盖 Path1,即输入参数 x 的取值域为空,Path1 为不可达路径。

由于符号执行无法对 isupper()函数生成能够表示其语义的符号,区间运算也无法根据其语义为其参数 x 的取值域做相应的运算,因此只能将 x 的值域确定为[91,149],并在此区间内做浪费时间和资源的无用功。

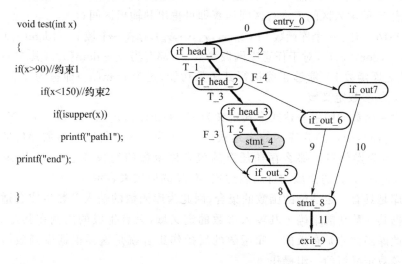

图 5-16 被测程序 test 及其控制流图

2. 问题的定义

基于以上提出的问题,结合求解包含库函数约束需确定其函数具体功能的特点,提出了基于语义分析的库函数区间运算的求解模型,以便扩展区间运算的处理范围。

定义 5-14 基于语义分析的库函数区间运算的求解模型是一个四元组(E, L, X, D)。

- E 表示当前处理的约束表达式。
- L 表示 E 所在的库函数反操作集合,若 E 为普通约束即约束中不包含库函数,则 L 为空。
- $X = \{x_1, x_2, x_3, \cdots, x_n\}$,表示当 E 为包含库函数的约束表达式时其输入参数的符号集合,若 E 为普通约束,则其为空。
- $D = \{\mathrm{dom}(x_1), \mathrm{dom}(x_2), \mathrm{dom}(x_3), \cdots, \mathrm{dom}(x_n)\}$,表示当 E 为包含库函数的约束表达式时其输入参数对应的值域集合,若 E 为普通约束,则其为空。

求解路径上节点中的约束 E 时,若判定约束中包含库函数,经过库函数反操作集合 L 处理,对此库函数的输入参数列表 X 进行求解,得出适当的区间集合 D。

定义 5-15 库函数求反操作集 L 是一个五元组 (E,F,X,I,O)。

- E 表示当前处理的包含库函数的约束表达式。
- F 表示当前库函数的语义。
- $X=\{x_1,x_2,x_3,\cdots,x_n\}$,表示包含库函数的输入参数的符号集合。
- $I=\{\mathrm{dom}(x_1),\mathrm{dom}(x_2),\mathrm{dom}(x_3),\cdots,\mathrm{dom}(x_n)\}$,表示库函数输入参数符号满足库函数约束时的库函数值域。
- $O=\{\mathrm{dom}(x_1),\mathrm{dom}(x_2),\mathrm{dom}(x_3),\cdots,\mathrm{dom}(x_n)\}$,表示经过区间运算后的库函数输入参数符号的输出区间集(由区间 interval 构成,为了简便以下把区间集均称为区间)。

经过语义解析,得出当前约束表达式 E 中库函数的函数语义 F,根据 F 对库函数输入参数列表 X 的输入区间 I 进行区间运算即可得出其输出区间 O。

定义 5-16 对于一个库函数 $\mathrm{LF}(x_1,x_2,x_3,\cdots,x_n)$,存在一个域 $D=\{\mathrm{dom}(x_1),\mathrm{dom}(x_2),\mathrm{dom}(x_3),\cdots,\mathrm{dom}(x_n)\}$,对于任意库函数参数 x_i,都有当 $x_i\in\mathrm{dom}(x_i)$(其中 $i=1,2,\cdots,n$)时,保证此库函数 LF 能够正确执行其函数功能,这个 $\mathrm{dom}(x_i)$ 即称为 x_i 的定义域,D 即为 $x_1\sim x_n$ 的参数定义域。

将包含库函数的约束表达式形式定义为 $E=(\mathrm{LF}(x_1,x_2,x_3,\cdots,x_n)\ \mathrm{op}\ N)\ \mathrm{op}\ M$,其中 $\mathrm{LF}(x_1,x_2,x_3,\cdots,x_n)$ 为库函数表达式,$x_1\sim x_n$ 为库函数的输入参数,M、N 为任意符号表达式,op 为操作符。那么存在任意的包含库函数的约束表达式 E,库函数表达式 $\mathrm{LF}(x_1,x_2,x_3,\cdots,x_n)$ 的值域均可用表达式 M、N 的值域来表示。

函数库是具有一定功能的函数的集合,因此为库函数的输入参数生成合适的测试用例必须依据其函数功能来确定其输入参数的定义域,只有生成的用例在其定义域内,这个用例对此库函数才是有效的。库函数的反操作集合就是这样根据库函数语义确定库函数输入参数定义域的一组操作。

求库函数参数定义域的操作即求反操作借鉴了数学领域中反函数的思想,下面给求反操作的定义。

定义 5-17 令库函数为 $F(X)(X\in I)$ 的值域是 C,若找到一组操作 $L_i(i=1,2,3,\cdots,n)$,能够令 C 经过区间运算求得输入参数的定义域 O,这样的一组操作即为库函数的求反操作。

根据对约束表达式语义分析后得出的库函数类型 F_type,可以在求反操作集 L 中找到与此库函数对应的求反操作 L_i,并由此得到满足库函数参数定义域的参数取值区间 $O=\{\mathrm{dom}(x_1),\mathrm{dom}(x_2),\cdots,\mathrm{dom}(x_n)\}$,保证最后生成的用例取值 $V=\{V_1,V_2,\cdots,V_n\}$ 一定在此区间内,即 $V_i\in\mathrm{dom}(x_i)$,满足库函数的约束要求。

5.4.2 算法描述和实现

算法 5-4 给出了基于语义分析的库函数区间运算算法(Improved Constraint Solving

algorithm based on Inverse Function,ICSIF)的基本流程。

算法 5-4　ICSIF 算法

输入:约束表达式 E,库函数值域 I,库函数参数列表 X,X 的区间 D

输出:X 的取值区间 D

1:F_type←null；

2:F_type←JudgeType(E)

3:**if**(F|type≠null)

4:　　**if**(F_type∈S_L.key)

5:　　　　L_i←S_t·getValue(F_type)；

6:　　**if**(L_i≠null)

7:　　　　D'←$L_i(X,I)$；

8:　　　　$D=D\bigcap D'$；

9:**else**

10:D←calculate as normal

11:**return** D；

在上述算法中,JudgeType(E)通过输入表达式中的库函数名判定库函数类型 F_type,并确定其函数语义。S_L 是一个由 F_type、L_i 构成的二元组的集合,S_L.key 为所有 F_type 组成的集合,S_L.value 为 L_i 组成的集合。根据此类型在库函数反操作集 S_L.key 选择求反操作类型,根据库函数值域 I(约束对库函数取值的限定),以及其参数列表 X 进行区间运算求出满足库函数定义域的区间 D',进而得出 X 的取值区间 D。

事实上,C 语言函数库中的一些库函数是存在互为"反函数"的关系的[10],如 math.h 中的正弦函数 $\sin(x)$ 和反正弦函数 $\mathrm{asin}(x)$。处理这类在函数库里有自身"反函数"的库函数时,只需在语义分析确定函数功能后,直接调用其"反函数"即可完成求反操作。然而,更多的库函数在库中是不存在"反函数"的,因此在语义分析清楚函数功能的基础上,需要根据库函数值域和函数功能,人为地为此库函数定义一个求反操作。另外,约束 E 对库函数值域的约束会导致一个库函数对应不同的求反操作:abs(int x)表示 x 的绝对值,当约束表达 E 为 abs(x)>10 时,x 的定义域为[11,+∞)∪(−∞,−11];当约束表达式 E 为 abs(x)<10 时,x 定义域为[−9,9]。库函数的参数列表中参数的个数及其赋值顺序也可能会导致一个库函数对应不同的求反操作:pow(int x,int y)=9 表示 x^y=9,是一种幂次操作,由数学定义可知 $x=\sqrt[y]{9}$,$y=\log_x 9$,可知在输入参数区间均不为确定值的情况下,如果不明确其赋值次序,就无法确定求反操作类型。

针对以上问题可以对库函数类型集合进行图 5-17 所示的进一步细化,将库函数类型集合 S.key 分为 S_{API}.key 和 S_{NAPI}.key。其中 S_{API}.key 表示在函数库里有自身"反函数"的库函数类型集,S_{NAPI}.key 表示需要人为定义"反函数"的库函数类型集。S_{API}.key 和 S_{NAPI}.key 互为补集。由于参数列表中不确定的区间的参数变量个数、赋值次序导致了求反操作类型不确定,因此根据参数列表的参数个数对 S_{API}.key 以及 S_{NAPI}.key 再次进行分类,区别处理流程不同:对于参数类表中只有一个参数的库函数集 $S_{API}.key1$(或 $S_{NAPI}.key1$),直接根据其 F_type 进行求反操作;对于多个变量区间都为不确定的库函数集 $S_{API}.keyN$(或 $S_{NAPI}.keyN$),可以人为规定变量的赋值次序,直到只剩下一个区间不确定的变量,然后再对此变量根据 F_type 进行求反操作,上述流程由算法 5-5 给出。

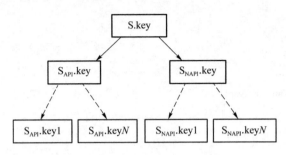

图 5-17　库函数类型层次图

算法 5-5　求反操作的确定算法

输入:约束表达式 E、库函数参数变量列表 X

输出:对应的库函数反操作 L_i

1:F_type←null;

2:L_i←null;

3:F_type←JudgeType(E);

4:**if**(F_type∈$S_{API}.key$)

5:　　**int** $i=1$;

6:　　while($i++<$X.length-1)

7:　　　　**if**(dom(x_i).isConcrete())

8:　　　　　continue;

9:　　　else

10:　　　　　x_i←selectValue(dom(x_i));

11:　　　L_i←S_{APL} getValue(F_type);

12:　　**else if**(F_type∈$S_{NAPI}.key$)

13:　　　　**int** $i=1$;

14:　　　　**while**($i++<$X.length-1)

15:　　　　　**if**(dom(x_i).isConcrete())

16:　　　　　　continue;

17:　　　　　else

18:　　　　　　　x_i←selectValue(dom(x_i));

19:　　　L_i←S_{NAPI}.getValue(F_type);

20:　　**return** L_i;

5.4.3 实例分析

1. 实例 1

在这一部分以图 5-16 中的粗体部分 path1 作为输入来为输入参数 x 生成用例。由 path1 上的约束可知,若想成功覆盖 stmt_4,即输出"path1",必须满足路径上的 3 个约束。变量 x 的初始区间为 $(-\infty, +\infty)$,通过 $x>90$ 和 $x<150$ 这两个约束对 x 进行区间运算,求得 x 的区间为 $[91,149]$,即 $D=[91,149]$。到第三个 if 节点时,遇到包含库函数的约束 isupper$(x)\neq 0$,根据关键字 isupper 进行语义解析,可以判定此库函数的语义是判定 ASSIC 为 x 的字符是不是大写字母且只有一个输入参数。根据算法 5-5 可确定 isupper 的求反操作 $L_{isupper}$。求反操作 $L_{isupper}$ 根据 ASIIC 规则将 x 的取值区间限定在 $[65, 90]$,即经过分支限定算法,求得 $D'=[65,90]$,此操作相当于将约束 3 变为图 5-18 所示的"x>=65&&x<=90"。满足库函数约束的 x 的取值区间 D' 和满足前两个约束的 x 的取值区间 D 进行相交运算可得到满足路径上所有约束的条件,完成覆盖 Path1 的要求。$D' \bigcap D = [65,90] \bigcap [91,145] = \varnothing$,由此可知,不存在这样一个 x,同时满足路径上的所有约束,即此路径不可达。有了路径不可达这个判定结果,用例求解算法就不会再在 $[91,149]$ 这个区间上做无用功,而是直接返回,节约了时间和资源。

```
void test(int x)                    void test(int x)
{                                   {
   if(x>90)                            if(x>90)
     if(x<150)                           if(x<150)
       if(isupper(x))                      if(x>=65&&x<=90)
         printf("path1");                    printf("path1");
   printf("end");                       printf("end")
}                                   }
```

图 5-18 程序 test 及其经过库函数反操作后的形式

2. 实例 2

这一部分以 pow$(x,y)=9$ 为待求库函数约束为 pow() 的两个输入参数 x、y 生成测试用例。

库函数 pow(x,y) 的参数标准类型均为 double,但是此处为了说明简单,我们将 x 和 y 的类型设为整型。如图 5-19 所示,假设变量 x 和 y 的初始区间均为 $[-10,+10]$,通过 $x>2$,$x<4$ 两个约束对变量 x 进行区间运算,求得 x 的区间为 $[3,3]$,y 的区间仍为 $[-10,+10]$。当用例生成程序分析到"if(pow$(x,y)==9$)"这个节点时,遇到了包含库函数的约束 pow$(x,y)=9$,根据关键字 pow 对此库函数进行语义解析,进而判定函数名为 pow 的库函数是个幂次函数,在此约束中表示 $x^y=9$,且参数列表中有两个输入参数。

由于 x、y 中变量 x 的区间是只有一个值的单值区间，因此根据算法 5-5，对 x 在其区间中选取唯一整数 $x=3$ 后返回针对 y 的求反操作 L_{pow}，由数学定义可知 $y=\log_x 9$，由此求得 y 的取值为 2，满足了约束 3 的条件，可成功覆盖语句"printf("path1")"。通过对库函数 pow 的语义解析以及求反操作处理，明确了变量 x、y 的关系，这就使得在给 x 成功赋值后，y 就不会在 $[-10,+10]$ 中盲目选值，提高了用例生成成功率。

```
void test1(int x,int y){
        if(x>2)
            if(x<4)
                if(pow(x,y)==9)
                    printf("path1);
}
```

图 5-19　被测程序 test1

在图 5-20 中，同样假设变量 x 和 y 的初始区间为 $[-10,+10]$，但是此时变量 y 的区间是确定的只有一个值的单值区间。由于库函数中参数列表的赋值顺序发生改变，因此库函数对应的反操作 L_{pow} 也发生了改变，不再是 $y=\log_x 9$，而是 $x=\sqrt[y]{9}$，当 $y=2$ 时可以求得 x 的取值为 3 或 -3，满足了语句覆盖路径上的所有条件，避免了为 x 在其区间 $[-10,10]$ 上的盲目选值，同样提高了用例生成成功率。图 5-21 和图 5-22 分别描述了上述两个计算过程。

```
void test2(int x,int y){
        if(y>1)
            if(y<3)
                if(pow(x,y)==9)
                    printf("path2");
}
```

图 5-20　被测程序 test2

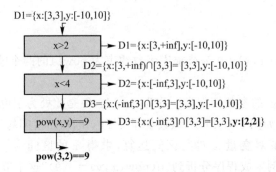

图 5-21　被测程序 test1 的区间求解过程

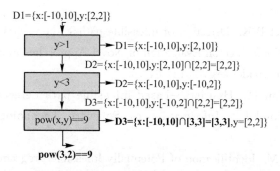

图 5-22 被测程序 test2 的区间求解过程

本章参考文献

[1] Chipounov V，Georgescu V，Zamfir C，et al. Selective Symbolic Execution[C]// the 5th Workshop on Hot Topics in System Dependability，2009：1-6.

[2] Godefroid P. Compositional dynamic test generation ［C］//Acm Sigplan-sigact Symposium on Principles of Programming Languages. ACM，2007：47-54.

[3] Chipounov V，Kuznetsov V，Candea G，et al. The S2E platform：design，implementation，and applications[J]. Acm Transactions on Computer Systems，2012，30(1)：1-49.

[4] Talbi E-G. Metaheuristics：from deign to implementation[M]. Hoboken：John Wiley & Sons，Inc.，2009.

[5] Mcminn P. Search-based software test data generation：a survey[J]. Software Testing Verification & Reliability，2004，14(2)：105-156.

[6] Boris Beizer. Software testing techniques[M]. 2nd ed. New York：Van Nostrand Reinhold Co，1990.

[7] Yan J，Jian Z. An efficient method to generate feasible paths for basis path testing [J]. Information Processing Letters，2008，107(3-4)：87-92.

[8] Hedley D，Hennell M A. The causes and effects of infeasible paths in computer programs[C]//International Conference on Software Engineering，1985：259-266.

[9] Cadar C，Dunbar D，Engler D R. KLEE：unassisted and automatic generation of high-coverage tests for complex systems programs[C]//Usenix Conference on Operating Systems Design & Implementation. USENIX Association，2009.

[10] Peter Dinges，Gul Agha. Targeted test input generation using symbolic-concrete backward execution[D]. Illinois：University of Illinois at Urbana-Champaign，2014.

[11] Ngo M N，Tan H B K. Detecting large number of infeasible paths through recognizing their patterns[C]//Joint Meeting of the European Software Engineering Conference & the Acm Sigsoft International Symposium on Foundations of Software Engineering.

DBLP，2007：215.

[12] Ding S，Tan H B K. Detection of infeasible paths：approaches and challenges[C]// International Conference on Evaluation of Novel Approaches to Software Engineering，Springer Berlin Heidelberg，2012：64-78.

[13] Ngo M N，Tan H. Heuristics-based infeasible path detection for dynamic test data generation[J]. Information & Software Technology，2008，50（7-8）：641-655.

[14] Bueno P，Jino M. Identification of Potentially Infeasible Program Paths by Monitoring the Search for Test Data[C]//Fifteenth IEEE International Conference on Automated Software Engineering. IEEE，2000.

[15] Song D，McCamant S，Saxena P，et al. A symbolic execution framework for JavaScript[C]// Security & Privacy. IEEE，2010.

[16] Yu F，Alkhalaf M，Bultan T. Generating vulnerability signatures for string manipulating programs using automata-based forward and backward symbolic analyses[C]//IEEE/ACM International Conference on Automated Software Engineering. ACM，2009.

[17] Aydin A，Bang L，Bultan T. Automata-based model counting for string constraints [C]//International Conference on Computer Aided Verification. Springer International Publishing，2015.

[18] Ghosh I，Shafiei N，Li G，et al. JST：an automatic test generation tool for industrial Java applications with strings[C]//International Conference on Software Engineering. IEEE，2013.

[19] Feige U，Reichman D. On the hardness of approximating Max-Satisfy[J]. Information Processing Letters，2006，97（1）：31-35.

[20] Malevris N. A path generation method for testing LCSAJs that restrains infeasible paths[J]. Information & Software Technology，1995，37（8）：435-441.

[21] Charreteur F，Gotlieb A. Constraint-Based Test Input Generation for Java Bytecode [C]//2010 IEEE 21st International Symposium on Software Reliability Engineering，2010：131-140.

[22] Satish Chandra，Stephen J Fink，Manu Sridharan. Snugglebug：a powerful approach to weakest preconditions[C]//Proceedings of the 2009 ACM SIGPLAN Conference on Programming Language Design and Implementation，PLDI 2009，Dublin，Ireland，June 15-21，2009. ACM，2009.

[23] Godefroid P，Klarlund N，Sen K. DART：directed automated random testing [C]//Proceedings of the ACM SIGPLAN 2005 Conference on Programming Language Design and Implementation，Chicago，IL，USA，June 12-15，2005. ACM，2005.

［24］ Bjørner N，Tillmann N，Voronkov A. Path feasibility analysis for string-manipulating programs[C]//Tools and Algorithms for the Construction and Analysis of Systems，15th International Conference，TACAS 2009，Held as Part of the Joint European Conferences on Theory and Practice of Software，ETAPS 2009，York，UK，March 22-29，2009. DBLP，2009.

［25］ Liang T，Reynolds A，Tinelli C，et al. A DPLL（T）Theory Solver for a Theory of Strings and Regular Expressions[C]//CAV'14，2014：646-662.

［26］ Nieuwenhuis R，Oliveras A，Tinelli C. Solving SAT and SAT Modulo Theories [J]. Journal of the ACM，2006，53(6)：937-977.

第 6 章

测试用例集约简

6.1　测试用例集约简概述

6.1.1　相关技术研究

1. 回归测试

在软件周期的任何阶段,软件一旦发生了改变,就有可能出现问题。软件的改变往往源于两种情况,即旧问题的修复和新模块的增加。而当开发人员对软件出现的错误理解不全面或者软件的管理系统不完善时,往往可能会导致错误没有在根源上进行修正,甚至有新的错误产生。所以,每当软件产生了变化,都要对现有的功能进行重新测试,以确定这些改动是否达到了预期效果和是否对原有功能产生了不利影响,同时还要针对新增加或者修改后的功能添加新的测试用例。因此,为了保证软件在迭代过程中的正确性和稳定性,回归测试是软件开发中一个至关重要的环节。

(1) 回归测试的基本概念

定义 6-1　回归测试是指对旧的代码进行修改后,对修改后的代码重新测试以确认修改是否引入了新的错误或者导致其他代码产生了错误[1]。

作为软件生命周期的重要组成部分,回归测试会出现在软件开发的各个阶段。在渐进和快速的迭代开发中,往往版本更迭较快,每一次新版本的发布都要进行回归测试,这使得回归测试非常频繁。因此,设计合适的策略来提高回归测试的效率和有效性以及降低回归测试成本有着非常重要的意义。

(2) 回归测试的方法

回归测试主要关注的是效率和有效性这两个方面。常用的回归测试方法为以下几种。

① 再测试全部用例

在这种方法中,回归测试包是基准测试用例库中所有的测试用例,属于最安全的一种方法,遗漏错误风险的可能性是最小的,但是因为要执行所有测试用例,其成本也是最高的。随着软件开发进程的延续,执行全部测试用例的难度和成本甚至会超出预期。

② 基于风险选择测试

除了运行全部的测试用例之外,也可以基于一定的风险标准从基准测试用例库中选择测试用例,组成回归测试包。跳过那些非关键、高稳定和优先级别低的测试用例,选择运行关键、重要和可疑的测试用例,这些用例会有很大可能检测到缺陷。一般而言,往往是从主要特征再到次要特征检测的。

③ 基于操作剖面选择测试

如果测试用例是基于软件可靠性工程中的操作剖面开发的,就可以预测到测试用例的实际测试情况,这种情况下可以优先选择软件中使用最频繁或者最重要部分的测试用例,这样可以优先考虑、测试到最高级别的风险。这种方法可以在控制成本的情况下,最高效地检测和提高系统稳定性,但是往往在实际应用中较为困难。

④ 再测试修改的部分

当测试者对软件的变动比较熟悉时,可以使用相依性来对软件的修改状况进行分析,预测软件改动后的影响,因此可以将测试的范围缩小,只针对有变动和受影响的模块。

在以上 4 种方法中,再测试全部用例是最安全的,但是由于每次改动不一定会影响软件的所有部分,因此运行多次的回归测试往往是无效的操作,难以发现新的故障,从而对人力、时间等造成浪费。一般测试人员会根据实际情况来选择策略,执行缩减的回归测试[1]。

(3)测试用例

测试用例是指对一个待测软件的测试任务的描述,总体包含了测试的方案设计、测试的方法、测试的技术以及测试的策略,在实际的测试操作中,具体表现为测试的目标、环境、输入的数据、步骤、预期的结果以及执行测试的脚本等,经过一系列操作后,最后得到相关的测试文档。

测试用例的定义如下。

定义 6-2　测试用例是根据所需要的测试目标来设计的一组测试输入、执行环境和预期得到的结果,其主要目的是检测软件是否到达所需的质量要求[2]。

① 测试用例的主要作用

a. 指导测试的实施

测试用例的应用往往不局限于回归测试,在系统测试和集成测试中也有很广泛的应用。针对不同的场景,测试用例的设计都有明确的规定,测试人员不得随意改动。在进行测试任务的过程中,测试用例作为测试的标准,测试人员必须严格按照测试用例要求和步骤进行测试,并根据要求对测试的情况进行记录,生成得到测试的结果。

b. 规划测试用例的准备

在设计测试中,一般会按照测试用例来准备一组或多组测试的原始数据,以及对应的标准测试结果。除正常的数据外,还必须根据测试用例设计一些边缘的数据和错误的数据,用来检测是否有边缘问题和软件的鲁棒性。

c. 评估测试结果的度量基准

测试完成后,会得到相应的测试结果,而如何对测试结果进行评估是生成测试报告的关键。由于需要编制测试报告,因此需要对一些指标进行量化。常见的测试指标有测试用例的分支覆盖率和语句覆盖率、测试的合格率等。过去使用的统计基准往往是软件的模块或者功能点,这样虽然能总体满足需求,但是这样的结果对于软件测试来说显得过于粗糙,因此相较于传统的统计基准,使用测试用例作为测试基准,是一种更为准确有效的方法。

d. 分析缺陷的标准

进行测试的主要的目的就是分析软件是否有缺陷,因此在得到测试结果报告后,使用得到的数据与测试用例和缺陷数据库进行比较,分析我们得到的结果,总体来说主要有两类问题:一类问题是漏测,即表示测试用例不能满足覆盖率等要求,在这种情况下需要补充测试用例,完善软件测试的质量;另一类问题是缺陷复现,在这种情况下并不缺少测试用例,因此表示测试过程或者软件开发变更出现问题,需要进行相应的排查,完善软件的质量[3]。

② 测试用例的设计

测试用例的质量会直接影响软件测试的效果,而软件测试的质量直接关系着软件产品的质量,因此设计好的测试用例,对软件产品的质量有着至关重要的作用。一方面,好的测试用例可以节约软件测试的资源;另一方面,好的测试用例可以更有效地检测出软件开发过程中出现的问题和缺陷,从而提高测试的效率。

测试用例设计一般遵循以下原则。

a. 正确性

正确性主要是指测试用例首先要满足覆盖需求规格说明书的基本要求,即测试点可以测试到各项功能,并且判断是否正常运行。

b. 全面性

除了对测试点基本功能的测试外,还要考虑一些更复杂的情况,如用户实际使用时可能的情况、与其他功能进行关联的情况、当出现非法操作时的情况和非正常环境设置的情况等,因此设计测试用例时要覆盖所有的需求功能项。

c. 连贯性

设计测试用例时应保证条理清晰、主次分明,特别是在测试业务方面。从执行粒度来讲,最基本的是要保持每个测试用例都有测试点,但是为了保证测试执行的简洁,减小测试时的牵连,尽量不要同时覆盖多个测试点,因此测试用例之间保持连贯性是至关重要的。

d. 可判定性

为了便于判断测试结果和生成测试结果,每一个测试用例都要有其对应的测试结果,防止测试完之后无法判断测试点执行的正确与否。

e. 可操作性

测试用例要对测试步骤有明确的规范,写明不同的测试操作对测试结果的影响[4]。

综上所述,测试用例的设计会对测试的效率及结果产生直接的影响,因此设计测试用例时有以下几点需要注意。

- 根据软件测试的需求来设计测试用例的数目,因为大量的测试用例可能会导致测试用例出现冗余,使得测试的成本增加。
- 尽量避免在测试的过程中,多个测试用例只对同一个测试点进行测试。
- 由于软件更迭较快,因此复用性是在设计测试用例的过程中不能忽视的一点,良好的复用性能够明显地缩短测试周期,对提高测试的效率有着至关重要的作用。
- 软件往往比较复杂,除了功能之外还要考虑边界等问题,因此在设计测试用例的时候,要进行全面而细致的考虑,内容一定要完整。

2. 测试用例集约简相关技术

(1) 测试用例集约简的定义

定义 6-3 (测试用例集约简) 测试用例集约简旨在最大限度地减少执行的测试用例的数量,为了有效约简测试用例集,约简后的测试用例集必须与原始测试用例集具有相同的覆盖率,例如,语句覆盖率,即测试执行过程中覆盖语句的比例,是现实世界中最常见的测试需求[5]。

(2) 传统的约简方法

最初的测试用例约简方法是贪心算法(greedy algrithm),之后出现了 GRE 算法、H 算法和整数规划法,下面对这些方法及特点进行逐一介绍。

① 贪心算法

贪心算法是最早被提出的约简方法之一,该方法首先创建一个新的测试用例集,在旧的测试用例集中寻找当前能最大化满足尚未被覆盖的测试需求的测试用例,将其加入新的测试用例集中,并将其从旧的测试用例集中删除,同时将其所覆盖的所有的测试需求标记为已覆盖,然后重复此操作,当所有的测试需求都被满足后,停止该操作。这时新的测试用例集就是约简后的测试用例集。该算法的最坏时间复杂度为 $O(mn\min(m, n))$[6]。

② GRE 算法

Chen 和 Lau 在贪心算法的基础上进行了改进,提出了一种新的启发式算法——GRE 算法。它的核心是 3 种策略:必不可少策略、冗余策略和贪心策略[7]。其中必不可少策略是最关键的一部分,它的意义是:在测试用例集中,有一些测试需求只能被某些特定的测试用例满足,因此这些测试用例经过约简后一定会被保存,因此要从测试用例集中选出这些必不可少的测试用例。冗余策略是指在测试用例集中删除冗余的测试用例。

GRE 算法的基本思路是:首先,使用必不可少策略,从测试用例集中选出一个必不可少的测试用例;然后,根据选出的测试用例删除对应的测试需求,并采用冗余策略,去掉冗余的测试用例,这一步可能会导致测试需求发生变化;最后,循环使用这两种策略,直到没有必不可少的测试用例为止。这时可能会出现两种情况,第一种情况是此时已经满足了所有的测试需求,即得到了约简后的测试用例集,算法结束,这种情况是最优情况;另一种情况是剩余的测试用例集没有必不可少的测试用例,但目前选出的测试用例尚无法覆盖所有的测试需求,则对剩下的测试用例集利用贪心算法选出可以满足剩余的测试需求的测试用例。该算法最坏的时间复杂度为 $O(\min(m,n)(m+n^2k))$,其中 k 表示一个测试用例最多能覆盖的测试需求数量[8]。

③ H 算法

区别于前面两种算法,Harrold 等人提出了一种根据测试用例的重要性来进行约简的启发式算法,其主要思想是通过重要性来对测试用例进行排序,从中选出重要程度高的测试用例,组成约简后的测试用例集,该算法被称作 H 算法[9]。

该算法的基本思路是根据可以覆盖需求的测试用例数目对测试用例的重要性进行设置,即如果可以覆盖该测试需求的测试用例数量越少,那么这些测试用例的重要性越高,反之则重要性越低。先选择重要性最高的测试用例,并对该测试用例覆盖的测试进行标记,再从剩下的测试需求中找到重要性次高的测试用例,并进行相同的操作,依此类推,当所有的测试需求都被覆盖时结束算法。该算法最坏的时间复杂度为 $O((n(m+n)d)$。

④ 整数规划法

与传统方法不同,Lee 等人将测试用例集约简问题转化为整数规划问题,因此可以使用求解整数规划问题的方法进行求解,找到最好的约简后的测试用例子集[6]。这种方法的优点是:在理论上可以获得覆盖所有测试需求的最小测试用例集子集,而且具有很好的适应性,一方面可以很好地应用于初始测试、回归测试等,另一方面对各种条件都有很好的适应性,如多种约束条件、适应度函数以及测试充分性准备等。但是却存在一个难以忽视的缺点,即该算法的时间复杂度过高,当测试用例集规模和测试需求集规模增大时,运算开销也会随之呈指数型增长。这样会导致难以在实际测试工作中进行应用,因为往往会得不偿失。

(3)经典群智能算法的约简方法

全军林提出的基于遗传算法的测试用例极小化研究[10]是一个比较早期的基于智能算法的测试用例约简方法,该算法以随机的方式产生一个初始种群,将种群中的个体通过遗传算法中的变异、融合、杂交等方法进行转化,得到可行个体,并根据个体的适应度选取最优的覆盖测试用例子集,得到约简后的测试用例子集。其整个算法的过程如下。

算法 6-1　基于遗传算法的测试用例约简

begin

1:initialize()//随机产生 N 个解构成的初始种群

2:execute program()　　//运行初始解

3:evaluate()　　//计算初始解的适应度

4:**while do**

```
5：      select()     //选择复制
6：      crossover()     //交叉融合杂交
7：      mutate()     //变异
8：      execute program()     //运行后代
9：      evaluate()     //计算后代的适应度
10：end while
11：end
```

6.1.2　测试用例集约简的基本概念

测试用例集约简问题的主要定义如下。

定义 6-4（测试用例集）　测试用例集表示为 $T=\{t_1,t_2,\cdots,t_n\}$，是针对测试任务设计的一组测试用例，n 代表测试用例集中测试用例的数量。

定义 6-5（测试需求集）　测试需求集表示为 $R=\{r_1,r_2,\cdots,r_m\}$，根据实际情况可以选定软件中的代码行、分支数或功能点等组成测试需求集。在测试中，每个需求至少需要被一个测试用例满足，m 代表测试需求数量。

定义 6-6（测试关系）　测试关系是测试用例集和测试需求之间的关系，可以表示为 $S=\{(t,r)|t \text{ satisfies } r,t\in T \text{ and } r\in R\}$。

定义 6-7（测试开销）　测试开销表示为 $C=\{c_1,c_2,\cdots,c_m\}$，代表每个测试用例用于测试时产生的开销。

定义 6-8（测试约简集）　测试约简集是测试用例集经过约简得到的一个子集 RS，其中 RS 的测试用例可以满足所有的测试需求，并且使产生的测试开销尽可能小。

6.1.3　测试用例集约简的数学建模

测试用例集约简问题的输入为 T、R、S 和 C，其目标为经过约简，得到一个 T 的子集 RS，其中 RS 的测试用例可以满足所有的测试需求，并且测试开销尽可能小。

令测试需求集为 $R=\{r_1,r_2,\cdots,r_m\}$，测试用例集为 $T=\{t_1,t_2,\cdots,t_n\}$，$\exists T_1\subset T$，其中，T_1 满足 R，有 $\forall T_x\subset T$，使得 T_x 的测试开销大于等于 T_1 的测试开销。因此，这是一个最小集合覆盖问题，属于典型的 NP-Complete 问题，无法用传统的方法得到最优解。

下面给出一个测试用例集约简的实例。如表 6-1 所示，测试用例集 T 内包含 5 个测试用例 $\{t_1,t_2,t_3,t_4,t_5\}$，测试需求集包含 6 个需求 $\{r_1,r_2,r_3,r_4,r_5,r_6\}$，其中的 ■ 代表的是测试关系，每个测试用例分别都对应一个测试开销。实际上，这组测试用例是有冗余的，不考虑开销的情况下，只需要 $\{t_1,t_2\}$ 便可以覆盖全部测试点，因此另外 3 个便是需要约简的冗余测试用例。

表 6-1　测试用例集实例

测试用例集 T	测试需求集 R						测试开销 C
	r_1	r_2	r_3	r_4	r_5	r_6	
t_1		■	■		■		c_1
t_2	■			■		■	c_2
t_3					■	■	c_3
t_4		■	■	■			c_4
t_5				■		■	c_5

将上述问题转化为数学问题,可以等价于以下形式:测试用例集和测试需求分别代表矩阵的行和列,测试用例 i 满足测试需求 j 的测试关系表示为 $S_{ij}=1$,测试开销表示为一个向量,则可以将表 6-1 转换为下述矩阵:

$$
\begin{array}{c}
\begin{array}{cccccc}
r_1 & r_2 & r_3 & r_4 & r_5 & r_6 & \quad c
\end{array}\\
\begin{array}{c}
t_1\\t_2\\t_3\\t_4\\t_5
\end{array}
\begin{bmatrix}
0 & 1 & 1 & 0 & 1 & 1\\
1 & 0 & 0 & 1 & 0 & 1\\
0 & 0 & 0 & 0 & 1 & 1\\
0 & 1 & 1 & 1 & 0 & 0\\
0 & 0 & 0 & 1 & 0 & 1
\end{bmatrix}
\begin{bmatrix}
c_1\\c_2\\c_3\\c_4\\c_5
\end{bmatrix}
\end{array}
$$

即问题可以表示为一个 m 行 n 列的 0-1 矩阵,目的是在开销最小的情况下,选择一部分矩阵的行,使其覆盖矩阵所有的列。设向量 $\boldsymbol{x}$ 表示约简结果,$x_i=1$ 表示行 i 被选中,可以覆盖 $S_{ij}=1$ 各行对应的测试功能点,问题求解目标表示为式(6-1)和式(6-2):

$$\min f(x)=\boldsymbol{x}\cdot\boldsymbol{c} \tag{6-1}$$

$$\text{s.t.}\quad \prod_{j=1}^{n}\left(\sum_{i=1}^{m}(x_i\cdot s_{ij})\right)>0 \tag{6-2}$$

式(6-1)为约简目标,式(6-2)为约束,表示每个测试点都需要被覆盖。

6.2　基于佳点集萤火虫算法的测试用例集约简

6.2.1　萤火虫算法

萤火虫算法(Firefly Algorithm,FA)是模拟自然界中成虫发光的生物学特性发展而来的,也是基于群体的随机优化算法。2008 年,Yang 等人研究了萤火虫个体间相互吸引度与发光强度之间的关系和萤火虫的移动特性,提出了一种新型群智能优化算法,即萤火虫算法[11]。

通过对自然界中萤火虫生活习性的观察,发现萤火虫有一种特征,萤火虫之间会受到彼此发出的光吸引,其中发光强的个体会吸引发光弱的个体。受到这种特征的启发,萤火虫算法的基本思想是将空间中的各个点当作萤火虫,将适应度当作萤火虫的发光强度,发光强度越大代表适应度越高,其所在的空间位置也就越好,适应度低的空间点会向适应度高的空间点移动,通过这种吸引,完成空间点在空间中的位置迭代,并最终找到适应度最大的最优位置,这个过程就是萤火虫算法的寻优过程。

萤火虫算法有以下条件。

① 萤火虫算法中的萤火虫是无性别的,因此所有萤火虫之间都可以相互吸引。

② 萤火虫算法中影响萤火虫之间相互吸引度的条件只有发光强度和距离,与前者成正比,与后者成反比。

③ 萤火虫的发光强度就是适应度,其计算方式是由目标函数决定的,一般是在指定的范围内与指定的函数成比例关系。

萤火虫算法的数学描述和主要参数如下。

① 萤火虫相对发光强度,如式(6-3)所示:

$$I = I_0 e^{-\gamma r_{ij}} \tag{6-3}$$

式中:I_0 表示萤火虫的最大亮度,由目标函数决定,位置越好,亮度越大;γ 表示光吸收系数,其表示的是光的强度会受到距离大小和传播介质吸收的影响而减弱;r_{ij} 表示空间点 i 和空间点 j 之间的欧氏距离。

② 相互吸引度 β,如式(6-4)所示:

$$\beta(r) = \beta_0 e^{-\gamma r_{ij}^2} \tag{6-4}$$

式中,β_0 代表最大吸引度,其意义是两个空间点距离为 0 时的吸引度。

③ 最优目标迭代,如式(6-5)所示:

$$x_i(t+1) = x_i(t) + \beta(x_j(t) - x_i(t)) + \alpha\left(rand - \frac{1}{2}\right) \tag{6-5}$$

式中:t 表示算法迭代的时刻;α 表示步长因子;rand 表示一个随机扰动项,其主要功能是产生振荡,一般为在区间[0,1]上的均匀分布。

6.2.2 佳点集萤火虫算法

1. 佳点集

佳点集(good-point set)理论是由华罗庚与王元两位数学家在《数论在近似分析中的应用》一书中提出的,该书说明了佳点集理论的性质:使用佳点集选择点比随机选择点的偏差小得多[12]。清华大学张铃教授利用佳点集理论对遗传算法进行了改进,并从理论与实验的角度分析了算法性能的提高[13]。

佳点集相关定义和定理如下。

① 假设 G_m 是 m 维欧氏空间中的单位立方体,即 $\langle x \rangle = (x_1, x_2, \cdots, x_s)$,其中 $0 \leqslant x_i \leqslant 1$($i = 1, 2, \cdots, s$)。

② 将样本点 $\langle x \rangle = (x_1, x_2, \cdots, x_s)$ 和目标集 $P_n(i)$ 分别进行比较,令 $\varphi(n) = \sup |N_n(r)/n - |\langle r \rangle||$,则称点集 $P_n(i)$ 有偏差 $\varphi(n)$。其中:$P_n(i) = (x_1^{(n)}, x_2^{(n)}, \cdots, x_s^{(n)})$,$1 \leqslant i \leqslant n$;$x_j^{(n)}(i) = c(e^j \times i)$,$1 \leqslant j \leqslant s$;$c(k)$ 表示 k 的小数部分;$N_n(\langle x \rangle) = N_n(x_1, x_2, x_3, \cdots, x_s)$ 是 $P_n(i)$ 中满足条件 $0 \leqslant x_j^{(n)}(i) \leqslant r_j$ 的点的数目。

③ 设 $\varphi(n)$ 满足 $\varphi(n) = C(\langle r \rangle, \varepsilon) n^{-1+\varepsilon}$,其中 $C(\langle r \rangle, \varepsilon)$ 是只与 $\langle r \rangle$ 和 ε(ε 是任意小的正数)有关的常数,则称 $P_n(i)$ 为佳点集,$\langle r \rangle$ 为佳点。除此之外,取 $r_j = \{e^j, 1 \leqslant j \leqslant m\}$,则 $\langle r \rangle$ 也是佳点[12]。

将佳点集应用到近似积分中,其误差的阶仅仅和样本数 n 有关,和样本的空间维数 m 没有关系,这种特点使得佳点集在高维近似计算中有很好的表现。经过计算分析,佳点集的偏差为 $O(n^{-1+\varepsilon})$,而使用随机方法的偏差为 $O(n^{-1/2}(\log\log n)^{1/2})$,其表现明显不如佳点集方法[13]。

在图 6-1 中,在三维空间内随机生成 100 个点,其中图 6-1(a)是采用佳点集算法生成的,图 6-1(b)是使用随机算法生成的。可以很直观地看出,佳点集算法生成的点在空间中具有非常好的均匀分布性。

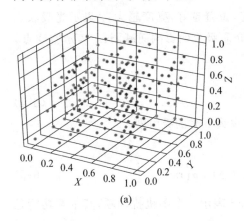
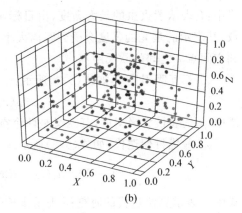

(a)   (b)

图 6-1　佳点集算法示例

2. 佳点集萤火虫算法

我们将佳点集与萤火虫算法相结合,提出了佳点集萤火虫算法(Good-point set Firefly Algorithm,GFA),该算法主要是使用佳点集对萤火虫算法初始化萤火虫阶段进行优化,防止初始萤火虫分布不均匀导致陷入局部最优解。佳点集萤火虫算法的主要步骤如下。

步骤1:初始化萤火虫算法的基本参数,包括萤火虫数目、位置维度、最大吸引度、步长因子、最大迭代次数。

步骤2:使用佳点集初始化萤火虫位置,并根据该位置计算该萤火虫的最大荧光度。

步骤3:计算群体中萤火虫之间的相对亮度和吸引度,并进行比较判断移动方向。

步骤4:更新萤火虫的位置,对最佳位置萤火虫进行随机移动。

步骤5:根据更新后的位置,重新生成细胞阵列,并根据新的0/1序列计算亮度。

步骤 6:当到达最大搜索次数时,转到下一步;否则进行下一次迭代,迭代次数加 1,转到步骤 3。

步骤 7:输出全局极值点,即最优萤火虫。

3. 佳点集萤火虫算法算例

下面用传统萤火虫算法和佳点集萤火虫算法分别对 Ackley 函数、Drop-Wave 函数、Griewank 函数、Holder Table 函数和 Schaffer 函数 N.2 这 5 个经典的测试函数算例进行求解,通过对收敛次数和收敛稳定性等方面进行统计,对两种算法的性能进行比较。

(1) 测试函数

本节采用了 5 个经典测试函数,其分别如下。

① Ackley 函数

a. 函数描述

该函数的数学表达式如下:

$$f(x) = -a\exp\left(-b\sqrt{\frac{1}{d}\sum_{i=1}^{d}x_i^2}\right) - \exp\left(\frac{1}{d}\sum_{i=1}^{d}\cos(cx_i)\right) + a + \exp(1) \qquad (6\text{-}6)$$

b. 函数介绍

Ackley 函数广泛用于测试优化算法,其维度为 d。图 6-2 所示是二维形式的 Ackley 函数,其特点是外部区域几乎平坦,中央有一个大孔。

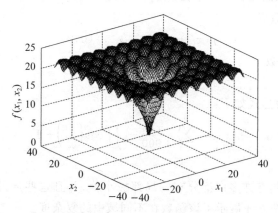

图 6-2　Ackley 函数

c. 输入域

Ackley 函数通常在超立方体 $x_i \in [-32.768, 32.768]$, $i=1,2,\cdots,d$ 上求解,它也可应用于较小的域。

d. 全局最小极值点

$$f(x^*) = 0, \quad x^* = (0,\cdots,0) \qquad (6\text{-}7)$$

② Drop-Wave 函数

a. 函数描述

该函数的数学表达式如下:

$$f(x) = -\frac{1+\cos 12 \sqrt{x_1^2+x_2^2}}{0.5(x_1^2+x_2^2)+2} \tag{6-8}$$

b. 函数介绍

Drop-Wave 函数是一种多模而且非常复杂的函数,维度为 2,如图 6-3 所示。其中,图 6-3(b)显示了在较小输入域上的函数表现,表现了其复杂的特征。

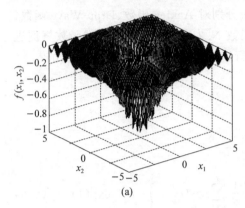
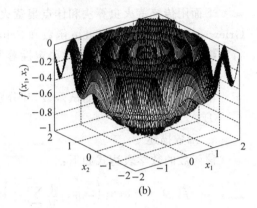

图 6-3 Drop-Wave 函数

c. 输入域

Drop-Wave 函数通常在二维平面 $x_i \in [-5.12, 5.12]$, $i=1,2$ 上求解。

d. 全局最小极值点

$$f(x^*) = -1, \quad x^* = (0,0) \tag{6-9}$$

③ Griewank 函数

a. 函数描述

该函数的数学表达式如下:

$$f(x) = \sum_{i=1}^{d} \frac{x_i^2}{4\,000} - \prod_{i=1}^{d} \cos\left(\frac{x_i}{\sqrt{i}}\right) + 1 \tag{6-10}$$

b. 函数介绍

Griewank 函数具有许多广泛分布的局部极小值,并且这些局部极小值的分布有规律性,其维度为 d。图 6-4 展示了该函数在不同域中的复杂度。

c. 输入域

Griewank 函数通常在超立方体 $x_i \in [-32.768, 32.768]$, $i=1,2,\cdots,d$ 上求解。

d. 全局最小极值点

$$f(x^*) = 0, \quad x^* = (0,\cdots,0) \tag{6-11}$$

④ Holder Table 函数

a. 函数描述

该函数的数学表达式如下:

$$f(x) = -\left| \sin(x_1)\cos(x_2)\exp\left(\left| 1-\frac{x_1^2+x_2^2}{\pi} \right|\right) \right| \tag{6-12}$$

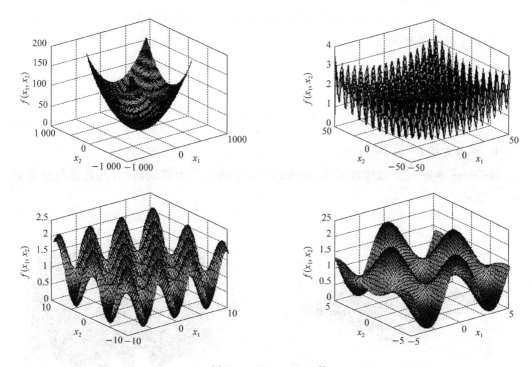

图 6-4 Griewank 函数

b. 函数介绍

Holder Table 函数的维度为 2,具有多个局部最小值,同使包含全局最小值,具体分布如图 6-5 所示。

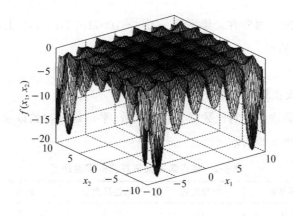

图 6-5 Holder Table 函数

c. 输入域

Holder Table 函数通常在二维平面$x_i \in [-10,10]$,$i=1,2$ 上求解。

d. 全局最小极值点

$$f(x^*) = -19.2085, \quad x^* = (8.05502, 9.66459),(8.05502, -9.66459),$$

$$(-8.055\,02, 9.664\,59), (-8.055\,02, -9.664\,59) \tag{6-13}$$

⑤ Schaffer 函数 N.2

a. 函数描述

该函数的数学表达式如下：

$$f(x) = 0.5 + \frac{\sin^2(x_1^2 - x_2^2) - 0.5}{[1 + 0.001(x_1^2 + x_2^2)]^2} \tag{6-14}$$

b. 函数介绍

Schaffer 函数 N.2 的维度是 2，是 Schaffer 中的第二个测试函数，其具体的分布如图 6-6 所示。

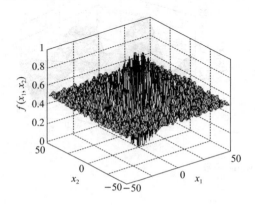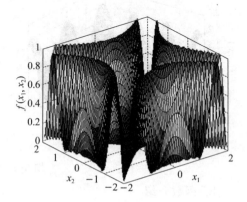

图 6-6　Schaffer 函数 N.2

c. 输入域

Schaffer 函数 N.2 通常在二维平面 $x_i \in [-100, 100], i = 1, 2$ 上求解。

d. 全局最小极值点

$$f(x^*) = 0, \quad x^* = (0, \cdots, 0) \tag{6-15}$$

(2) 佳点集萤火虫算法结果分析

佳点集萤火虫算法主要对比数据为收敛次数、平均迭代次数以及收敛结果的均值和方差。实验结果如表 6-2 所示。

表 6-2　佳点集萤火虫算法的实验结果

函数序号	方法名称	收敛次数	平均迭代次数	均值	方差
1	FA	12	44.5	2.5×10^{-5}	3.37×10^{-8}
	GFA	14	28.25	2.45×10^{-5}	2.5×10^{-8}
2	FA	15	7.73	-0.98	6.1×10^{-4}
	GFA	20	5.85	-1.00	8.1×10^{-10}
3	FA	17	12.0	2.6×10^{-3}	1.3×10^{-5}
	GFA	19	10.9	5.5×10^{-4}	2.7×10^{-6}

续　表

函数序号	方法名称	收敛次数	平均迭代次数	均值	方差
4	FA	14	5.57	-17.84	39.6
	GFA	20	5.45	-19.2085	1.8×10^{-10}
5	FA	17	10.18	7.4×10^{-4}	4.31×10^{-6}
	GFA	20	6.35	7.62×10^{-5}	4.78×10^{-10}

通过对结果进行分析发现,在 5 种函数的 100 次实验中,传统萤火虫算法总共收敛到全局最优值的次数是 75,佳点集萤火虫算法收敛次数是 93,有很大的提升。从平均收敛次数来看,佳点集萤火虫算法在 5 种测试函数中的表现均好于传统萤火虫算法;从收敛均值来看,两者差别较小,佳点集萤火虫算法表现略优。由此可见,引入佳点集技术对于传统萤火虫算法的改进具有较好的效果。

6.2.3　测试用例集约简建模

1. 二元优化问题

测试用例约简问题属于二元优化问题,因此可以引入二进制编码,并采用一维二值细胞自动机模型对问题的复杂求解过程进行描述[14]。假设问题维度为 L,则萤火虫细胞列的长度为 L,每个细胞的取值 $Q\in\{0,1\}$,第 i 只萤火虫的第 j 维位置表示为 x_{ij}。可以采用 sign 函数对细胞值进行分类,sign 函数为

$$S_{ij}=\frac{1}{1+\mathrm{e}^{-x_{ij}}} \tag{6-16}$$

则细胞自动机模型分类的表达式为

$$X_{ij}(t+1)=\begin{cases}0, & \mathrm{sign}(x_{ij}(t))<0.5 \\ 1, & \mathrm{sign}(x_{ij}(t))\geqslant0.5\end{cases} \tag{6-17}$$

式中,t 代表的是时刻,萤火虫在 0 时刻需要遍历一遍分类模型,将位置信息转化为一个 0/1 序列,从而得到二元离散问题的解。

2. 算法描述

本节将佳点集算法应用于测试用例集约简,其目标是首先通过萤火虫算法得到一个 0/1 序列,其中 0 代表舍弃这个测试用例,1 代表保留这个测试用例,然后采用传统的贪婪算法得到解。

经过上文的讨论可知,在萤火虫算法中,将萤火虫的位置转化为 0/1 序列,随机在空间中生成初始点,每个点通过二值细胞自动机模型转化为 0 或 1,并利用萤火虫算法搜索能力强的特点遍历空间,向适应度最好的点收敛,更新位置和适应度,得到最好的约简效果。

算法 6-2　二元优化佳点集萤火虫算法

输入：测试用例集 T、测试开销 C

输出：最优解 x_b

Begin：

1：**Initialize** variables pop, α, β, γ, maxGAN

2：**Initialize** $f=1$, firefly population b_p

3：**Initialize** fireflies' positions x_p

4：**While** $f<$maxGAN：

5：**Find** fitness for b_p using T and C；

6：**Find** best solution x' in x_p；

7：**if** $x'>x_b$：

8：　　**update** x_b；

9：**end if**

10：**for** each $i=1,\cdots,$pop：

11：　　**for** each $j=1,\cdots,$pop：

12：　　　　**if** $i\ !=j$ **and** fitness$_i<=$fitness$_j$：

13：　　　　　　**update** x_i move to x_j；

14：　　　　**else if** $i\ !=j$ **and** fitness$_i==$fitness$_j$：

15：　　　　　　**update** x_i random；

16：　　　　**end if**

17：　　**end for**

18：　**end for**

19：　$f=f+1$

20：**end while**

21：**return** x_b

22：**End**

6.2.4　实验分析

1. 实验环境

本节算法是在 CPU 为 i5-4200 2.3 GHz，内存为 12G DDR3 的环境下运行的，算法的实现语言为 Python 3.6。

2. 实验内容

本节采用由 Siemens Corporate Research 学者们为了研究程序的数据流和控制流的覆盖准则的错误检测能力而提供的标准程序测试套件 Siemens Suite[15]。在 Siemens 程序中有 7 个标准 C 程序（printtokens、printtokens2、replace、schedule、schedule2、tca、totinfo）和对应的测试用例集合，以及执行这些用例的 shell 脚本，具体信息如表 6-3 所示。

表 6-3 Siemens 测试程序的信息

被测程序	LoC	分支数	测试用例集规模	官方提供错误版本	描述
printtokens	420	109	4 130	7	词法分析器
printtokens2	483	163	4 115	10	词法分析器
replace	516	180	5 542	32	用于图案替换的程序
schedule	299	66	2 650	9	用于优先级调度程序的程序
schedule2	297	86	2 710	10	用于优先级调度程序的程序
tca	148	66	1 608	41	用于高度分离的程序
totinfo	346	88	1 052	23	用于信息衡量的程序

本节的实验旨在研究以下几个问题。

① 本书方法在降低测试用例集开销方面的能力如何？

对测试用例集约简来说，开销的降低是最重要的，也是最直接的表现，本书用约简后测试子集，即 RS 中的总测试开销表示约简效果，本书采用约简集开销成本（Execution Cost of the Representative Set，ECRS）表示约简效果[16]，公式如下。

$$\text{ECRS} = \sum_{i \in \text{RS}} \text{Cost}(i) \tag{6-18}$$

式中，Cost(i)代表第 i 个测试用例的开销，ECRS 值越小代表约简效果越好。

② 本书测试方法在不同规模测试用例集中的表现有什么差异？

③ 本书测试方法在不同工程的测试用例集的表现如何？

3. 实验结果

以上述问题为基准，本书设计了如下实验。

首先进行测试需求的提取，本书中测试需求为 Siemens Suite 中 7 个程序的分支覆盖，采用 gcov 技术进行提取。本书的测试开销用的是每个测试用例执行的时间，而且是执行 50 次后取的平均值。

每个测试程序分别进行如下操作：在保证覆盖率为 100％的情况下，分别在总测试集中随机选择 50 个、200 个、1 000 个测试用例和全集组成新的测试用例集，每组随机抽取 20 次。

本书复现了 Lin 等人设计的 GRE 算法和贪心算法进行对比试验[17]。在实验过程中，本书分两方面进行比较：一方面统计在进行了相同次数的约简实验后，GFA、GRE 算法和贪心算法 3 种算法表现最优的次数；另一方面统计每组实验后约简的 ECRS。实验结果如表 6-4 所示。

表 6-4　实验结果

测试工程	算法	测试用例集规模							
		50		200		1 000		max	
		次数	ECRS/ms	次数	ECRS/ms	次数	ECRS/ms	次数	ECRS/ms
printtokens	GFA	20	2.855	18	2.743	20	2.806	20	2.462
	GRE算法	20	2.855	5	2.827	20	2.806	3	2.463
	贪心算法	0	3.032	3	3.074	0	2.997	0	2.998
printtokens2	GFA	20	4.709	20	4.061	20	2.971	20	2.395
	GRE算法	8	4.74	0	4.617	1	3.561	20	2.395
	贪心算法	3	5.081	0	4.739	1	3.735	0	2.992
replace	GFA	18	3.03	20	2.879	17	2.681	16	2.637
	GRE算法	20	3.026	17	2.893	7	2.717	6	2.615
	贪心算法	0	3.162	4	3.035	0	3.037	0	3.182
schedule	GFA	20	2.854	19	2.689	18	2.508	20	2.229
	GRE算法	17	2.856	6	2.754	9	2.535	5	2.34
	贪心算法	3	2.021	3	3.012	0	2.784	0	3.072
schedule2	GFA	18	2.545	19	2.6	11	2.508	20	2.456
	GRE算法	18	2.545	9	2.617	13	2.504	0	2.457
	贪心算法	0	2.705	0	2.898	0	2.787	0	2.835
tca	GFA	20	2.611	16	2.439	17	2.622	19	2.322
	GRE算法	20	2.611	17	2.438	20	2.617	20	2.321
	贪心算法	3	2.971	0	3.129	0	2.983	0	3.086
totinfo	GFA	18	3.395	20	2.872	18	2.459	20	2.379
	GRE算法	5	3.616	0	3.272	7	2.46	0	2.388
	贪心算法	0	3.996	0	4.182	0	2.891	0	2.891

4. 实验分析

(1) 问题一

将 GFA 与 GRE 算法和贪心算法进行对比,分别统计 3 种方法的 ECRS,得到 ECRS 分别为 77.717 ms、79.846 ms 和 89.307 ms,GFA 相对 GRE 算法的 ECRS 值减少2.7%,相对贪婪算法的 ECRS 减少 13.0.%;从最优次数进行统计,3 种算法的最优次数分别为 522 次、293 次、20 次(包括约简效果相同的情况)。从以上两方面均可以看出,GFA 的约简效果最好。

(2) 问题二

本书对 7 个被测程序的原始测试用例集随机生成大小不同的测试用例集进行约简,实验结果表明,规模为 50、100、1 000 和全集的情况下,FA 约简得到最优效果的次数占比分别为 52.86％、75.00％、65.00％和 85.71％，由此可以看出，在较小的测试用例集约简中，GFA 的效果比 GRE 算法差一些，而随着测试用例集的规模增大，GFA 的效果在 3 个算法中最好。具体数据如表 6-5 所示。

表 6-5　不同规模下最优次数

约简方法	测试用例集规模			
	50	100	1 000	全集
GFA	134	132	121	135
GRE 算法	108	54	77	54
贪心算法	9	10	1	0

（3）问题三

本书一共测试了 7 个不同的工程，对 7 个工程的测试结果进行统计，可以得到表 6-6 所示的结果。

表 6-6　不同被测程序下的最优次数

约简方法	被测工程						
	printtokens	printtokens2	replace	schedule	schedule2	tca	totinfo
GFA	78	80	71	77	68	72	76
GRE 算法	48	29	50	37	40	77	12
贪心算法	3	4	4	6	0	3	0

在 7 个项目中，GFA 最优次数占比分别为 97.5％、100％、88.75％、96.25％、85％、90％、95％，均超过了 50％，且只有 tca 项目的最优次数小于 GRE 算法。因此，总体来说，GFA 在不同的工程中都有着优异的表现，证明该算法有着良好的鲁棒性。

6.3　基于蚁狮优化算法的测试用例集约简

6.3.1　蚁狮优化算法

1. 蚁狮优化算法描述

蚁狮优化（Ant Lion Optimizer，ALO）算法简称蚁狮算法，模拟了蚁狮和陷阱中的蚂蚁之间的交互，为了模拟这种交互作用，蚂蚁需要在搜索空间中移动，而蚁狮则可以捕猎它们。由于蚂蚁在自然界中寻找食物时是随机移动的，因此选择一个随机行走来模拟蚂蚁的运动：

$$X(t) = [0, \text{cumsum}(2r(t_1)-1), \text{comsum}(2r(t_2)-1), \cdots, \text{cumsum}(2r(t_n)-1)] \tag{6-19}$$

式中：cumsum 计算了累积和；n 为最大迭代次数；t 表示随机游走的步数（即迭代），$r(t)$ 的定义为

$$r(t) = \begin{cases} 1, & \text{rand} > 0.5 \\ 0, & \text{rand} \leqslant 0.5 \end{cases} \tag{6-20}$$

式中，rand 为 $[0,1]$ 内服从均匀分布的随机数。

蚂蚁在每一步的优化中都通过随机游走来更新它们的位置。但是，由于每个搜索空间都有一个边界（变量范围），式(6-19)不能直接用于蚂蚁位置的更新。为了使随机游走保持在搜索空间内，使用式(6-19)对其进行归一化：

$$X_i^t = \frac{(X_i^t - a_i) \times (d_i^t - c_i^t)}{b_i - a_i} + c_i^t \tag{6-21}$$

式中，a_i 为第 i 个变量随机游走的最小值，b_i 是第 i 个变量随机游走的最大值，c_i^t 是第 t 次迭代中第 i 个变量的最小值，d_i^t 是第 t 次迭代中第 i 个变量的最大值。每次迭代都需要式(6-21)，以保证搜索空间内出现随机游走。

蚂蚁的随机游走会受到蚁狮陷阱的影响，如式(6-22)、式(6-23)所示：

$$c_i^t = \text{Antlion}_j^t + c^t \tag{6-22}$$

$$d_i^t = \text{Antlion}_j^t + d^t \tag{6-23}$$

式中，c^t 为第 t 次迭代中所有变量的最小值，d^t 为第 t 次迭代中所有变量的最小值，Antlion_j^t 为被选定的第 j 只蚁狮在第 t 次迭代中的位置。

通过轮盘赌策略选择某只蚂蚁具体被哪只蚁狮捕食，每只蚂蚁只能被一只蚁狮捕食，而适应度越高的蚁狮捕获蚂蚁的概率越大。通过式(6-24)、式(6-25)模拟这种现象：

$$c^t = \frac{c^t}{I} \tag{6-24}$$

$$d^t = \frac{d^t}{I} \tag{6-25}$$

式中，I 为比率。

当蚂蚁的适应度值比蚁狮小时，则认为蚁狮将其捕获，此时蚁狮会根据蚂蚁的位置来更新位置，如式(6-26)所示：

$$\text{Antlion}_j^t = \text{Ant}_i^t, f(\text{Ant}_i^t) > f(\text{Antlion}_j^t) \tag{6-26}$$

式中，Ant_i^t 为第 i 只蚂蚁在第 t 次迭代的位置，f 为适应度函数。

每次迭代后，选择适应度最好的蚁狮作为精英蚁狮。第 t 只蚂蚁在第 $t+1$ 次迭代的位置由式(6-27)确定。

$$\text{Ant}_i^{t+1} = \frac{R_A^t(l) + R_E^t(l)}{2} \tag{6-27}$$

式中，$R_A^t(l)$ 为蚂蚁在一只由轮盘赌在第 t 次迭代选择到的蚁狮周围随机游走第 l 步产生的值，$R_E^t(l)$ 为蚂蚁在第 t 代的精英蚁狮周围随机游走第 l 步产生的值，l 为蚂蚁随机游走步数内的任何值。

2. 基于 ALO 算法的测试用例约简算法描述

本书提出的基于 ALO 算法的测试用例集约简算法如下所示。

算法 6-3　基于 ALO 算法的智能电表测试用例集约简算法

---

begin

1：输入测试用例集 T

2：输入测试需求 R

3：输入测试关系 S

4：输入测试开销 C

5：初始化算法参数（pop，max_iter，xmin，xmax，acc）

6：初始化蚁狮种群和蚂蚁种群

7：计算蚁狮种群中所对应的适应度

8：根据适应度对蚁狮种群进行优先级排序

9：取排序后的第一只蚁狮为精英蚁狮，并获取相应的适应度

10：**for** cur＝1：max_iter：

11：　　　　**for** i＝1：pop：

12：　　　　　采用轮盘赌的方式获取轮盘指数

13：　　　　　通过模拟蚂蚁随机游走计算得到 $R_A^t(l)$ 和 $R_E^t(l)$

14：　　　　　更新蚂蚁的位置

15：　　　　**end for**

16：　　　　计算蚂蚁种群对应的适应度

17：　　　　根据蚂蚁更新周边的蚁狮种群

18：　　　　计算新生成蚁狮种群的适应度

19：　　　　更新精英蚁狮，并获取相应的适应度

20：　　　**end for**

21：　　　结果后处理

end

在上述算法中，第 1～4 行为输入；第 5、6 行为蚁狮算法的基本参数和蚁狮及蚂蚁的初始化位置；第 7 行为计算蚁狮种群中每一只蚁狮所对应的适应度；第 8 行为根据适应度对蚁狮种群进行排序；第 9 行为获取到精英蚁狮及其对应的适应度；第 10～20 行为对蚁狮种群和蚂蚁种群进行遍历，分别更新蚂蚁种群和蚁狮种群，并进行不断迭代，直到达到最大迭代次数；第 21 行为对算法后结果进行处理和可视化。

6.3.2　实验分析

1. 实验环境

实验环境为 64 位操作系统，基于 x64 的处理器 i5-8250U，系统版本为 Windows 10，主频为 1.6 GHz，运行内存为 8.00G DDR4-2400，编程语言为 Python 3.9.0。在每个被

测程序的测试用例集约简中,运用 ALO 算法执行 20 次,对每次蚁狮种群迭代 100 次的结果进行分析处理。

2. 测试用例集

本次实验的被测程序是智能电表程序中的 5 个模块代码,为不同的被测程序准备了不同规模的测试用例集,可实现分支全覆盖,具体信息如表 6-7 所示。

表 6-7　被测程序信息

被测程序	LoC	分支数	测试用例集规模	描述
ap_ad. c	167	105	1 680	AD 检测模块
ap_CommProgram. c	355	78	1 326	编程记录标志清零及相应的事件记录
ap_recorder. c	292	96	1 632	负责读取负荷的记录
GuoWangPrepay. c	114	118	2 006	智能检测插卡用户
Ap_ClockBatLowV. c	232	37	1 221	检测时钟电池是否欠压

3. 实验问题

实验旨在研究以下几个问题。

① 算法在降低测试开销方面的能力。

测试开销的降低是提高回归测试效率最直接的表现。采用约简集测试开销(ECRS)表示约简效果[16],公式如下。

$$ECRS = \sum_{i \in RS} c_i \qquad (6-28)$$

式中,c_i 代表第 i 个测试用例的开销,约简后 ECRS 越小,约简效果越好。

② 算法在不同规模的测试用例集约简中的探究。

③ 算法在不同智能电表被测程序中测试用例集约简中的探究。

以上述问题为基准,本书设计了如下实验。首先对智能电表程序的测试需求进行提取,本次实验选择的是智能电表项目中的 5 个模块代码程序,为不同的模块代码程序准备了不同规模的测试用例集。本次实验的测试开销用的是每个测试用例所能覆盖被测程序的分支数量。

4. 实验探究

本书实验对测试程序分别进行如下操作:在保证和全集覆盖率相同的情况下,分别在原测试用例集中随机选择 100、200、500、1 000 以及全集组成新的测试用例集,进行约简。本书复现了基于 FA 的测试用例集约简算法[18]、贪心算法和 GRE 算法,分别对选择的 5 个智能电表模块程序的测试用例集进行约简,统计出了 4 个算法中表现最优的次数和 ECRS。实验结果如表 6-8 所示,后面的分析都是基于表 6-8 的。

表 6-8　约简后测试用例集最优次数以及对应的 ECRS

被测程序	算法	测试用例集规模									
		100		200		500		1 000		全集	
		次数	ECRS	次数	ECRS	次数	ECRS	次数	ECRS	次数	ECRS
ap_ad. c	ALO	8	170.95	**13**	158.7	**14**	147.05	**17**	139.5	**17**	137.85
	FA	**10**	171	4	164.6	8	149.15	4	143.9	5	138.6
	GRE算法	3	175.15	4	161.35	1	151.65	4	141	0	140
	贪心算法	0	100.15	2	169.05	0	154.45	0	151	0	141
ap_Comm Program. c	ALO	9	112.75	**13**	106	**17**	99.1	9	95.95	**16**	93
	FA	**11**	111.8	5	108.25	4	101.1	5	97.4	6	94.75
	GRE算法	4	114.7	9	106.85	2	103.05	13	95	0	95
	贪心算法	0	124.75	0	114.5	0	105.15	0	103	9	94
ap_ recorder. c	ALO	**14**	148.5	**12**	141.7	**15**	129.7	**18**	124.25	**14**	122.8
	FA	6	149.8	2	144.6	2	133.7	4	126.5	7	124.3
	GRE算法	1	156.35	6	142.6	2	136.45	0	128	0	130
	贪心算法	0	166.2	2	148.05	2	136.3	0	127	0	136
GuoWang Prepay. c	ALO	**15**	201	**16**	186.2	**15**	172.15	**17**	163.05	**16**	160.25
	FA	4	205.05	1	193.05	1	175	5	166.05	7	161.85
	GRE算法	2	207.65	2	193.75	3	176.1	5	169.05	0	168
	贪心算法	3	211.75	2	196.45	2	180.45	0	174.65	0	167
Ap_Clock BatLowV. c	ALO	12	44.25	**19**	42.6	**16**	40.15	13	39.25	**17**	38.75
	FA	10	44.6	7	43.6	7	41.3	**16**	39.1	14	38.9
	GRE算法	5	46.65	3	44.95	3	43.45	1	40	0	40
	贪心算法	1	49.15	0	44.95	3	43.7	0	44	0	44

注：ECRS 为算法执行 20 次后的平均值。

5. 实验结果分析

(1) 问题一

本书通过与 FA、GRE 和贪心算法的实验结果进行对比,一方面,将 4 种算法约简后的 ECRS 分别进行统计,如图 6-7(a)所示,得到 ECRS 的均值分别为 120.618、122.718、124.27 和 125.068,ALO 算法对测试用例集约简后的结果比 FA 减少 1.71%,比 GRE 算法减少 2.94%,比贪心算法减少 3.56%;另一方面,从最优约简次数进行统计,如图 6-7(b)所示,4 种算法在对相同的测试用例集进行约简后达到最优的次数分别为 362 次、155 次、73 次、27 次。从两方面均可以看出,ALO 算法的约简效果更优。

(2) 问题二

本书通过从 5 个被测程序的原测试用例集中随机生成规模 100、200、500、1 000 和全

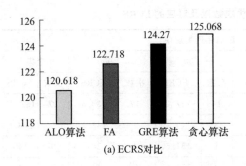
(a) ECRS对比

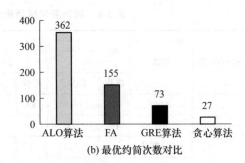
(b) 最优约简次数对比

图 6-7　4 种算法的最优约简次数和 ECRS 对比

集的测试用例集进行约简,其中 ALO 算法进行测试用例集约简后得到最优子集的次数分别为 58、73、77、74 和 80,占比分别为 49.15%、59.34%、65.81%、56.49% 和 62.5%,可以看出,在 4 种算法中,随着测试用例集的规模增大,ALO 算法的约简效果越来越好,具体数据如表 6-9 所示。

表 6-9　不同规模下的最优次数

算法	测试用例集规模				
	100	200	500	1 000	全集
ALO 算法	**58**	**73**	**77**	**74**	**80**
FA	41	19	22	34	39
GRE 算法	15	24	11	23	0
贪心算法	4	7	7	0	9

（3）问题三

本书通过对 5 个不同的被测程序的实验结果进行统计,得到如表 6-10 所示的数据。在 5 个被测程序中,ALO 算法的最优次数占比分别为 60%、48.48%、67.6%、68.1%、52.38%,由此可以看出基于 ALO 的优化算法在不同的被测程序中都有着不错的表现,该 ALO 算法在测试用例集约简问题上有着良好的鲁棒性。

表 6-10　不同被测程序下的最优次数

算法	被测程序				
	ap_ad. c	ap_CommProgram. c	ap_recorder. c	GuoWangPrepay. c	Ap_ClockBatLowV. c
ALO 算法	**69**	**64**	**73**	**79**	**77**
FA	31	31	21	18	54
GRE 算法	12	28	9	12	12
贪心算法	2	9	5	7	4

本章参考文献

[1] 马军勇,杨胜建.软件回归测试研究[J].电子测试,2009(6):56-59.

[2] 李香菊.软件工程课程设计教程[M].北京:北京邮电大学出版社,2016.

[3] 冯灵霞,邵开丽,张亚娟,等.软件测试技术[M].西安:西安电子科技大学出版社,2017.

[4] 杨胜利.软件测试技术[M].广东:广东高等教育出版社,2015.

[5] Harrold, Jean M. Reduce, reuse, recycle, recover: techniques for improved regression testing[C]//IEEE International Conference on Software Maintenance. IEEE, 2009:5-5.

[6] Lee J G, Chung C G. An optimal representative set selection method[J]. Information and Software Technology,2000,42(1):17-25.

[7] Chen T Y,Lau M F. Heuristics towards the optimization of the size of a test suite [C]. Proceedings of the 3rd International Conference on Software Quality Managemen,1995,2:415-424.

[8] Johnson D S. Approximation algorithms for combinatorial problems[J]. Journal of Computer and System Sciences,1982,9(3):256-278.

[9] Harrold M J, Gupta R, Soffa M L. A methodology for controlling the size of a test suite[C]//International Conference on Software Maintenance (ICSM),1990: 302-310.

[10] 全君林,陆璐.基于遗传算法测试用例集极小化研究[J].计算机工程与应用, 2009,45(19):58-61.

[11] Yang X S. Nature-Inspired Metaheuristic Algorithms[M]. Beckington:Luniver Press,2008.

[12] 王元. 数论方法在近似分析中的应用[J]. 数学的实践与认识,1980(3):73-79.

[13] 张铃,张铋. 佳点集遗传算法[J]. 计算机学报,2001(9):22-27.

[14] 周冲波,楼俊钢,程龙.基于矩阵行列变换的测试用例约简算法[J].计算机应用研究,2013(3):145-148.

[15] Chvatal V. A greedy heuristic for the set-covering problem[J]. Mathematics of Operations Research,1979,4(3):233-235.

[16] Wang S, Ali S, Gotlieb A. Cost-effective test suite minimization in product lines using search techniques [J]. Journal of Systems and Software, 2015, 103: 370-391.

[17] Lin C T,Tang K W,Wang J S,et al. Empirically evaluating greedy-based test

suite reduction methods at different levels of test suite complexity[J]. Science of Computer Programming,2017:S0167642317301077.

[18] 宫云战,徐健豪,邢颖. 萤火虫算法在测试用例集约简中的应用[J]. 哈尔滨工程大学学报,2020,41(4):577-582.

第7章

测试用例优先级排序

7.1 测试用例优先级排序

7.1.1 测试用例优先级排序的定义

Rothermel 等人给出了测试用例优先级的定义,如下所示。

假设存在以下已知条件:T,一组测试用例集;PT,T 的一组排序;$f(p_i)$,从 $p_i \in$ PT 映射到实数的函数,则求解目标为找到 $T' \in$ PT,使得对任意 $T'' \in$ PT 且 $T'' \neq T'$,$|f(T') \geqslant f(T'')|$ 成立[1]。

其中:PT 表示 T 的所有可能的优先级排列集合;$f(p_i)$ 代表适应度函数,用于对排序的有效性进行衡量,一般情况下,适应度函数的值越大表明测试用例排序的有效性越高。

7.1.2 多目标优化问题

在实际的工程或者研究中,遇到的决策类问题往往不只包含一个目标,而是由多个或一组相互冲突的目标所组成的,具有多个目标的特点和性质,使这些目标在指定维度的空间内同时达到最优的问题为多目标优化问题。但是在实际情况下,其中一个解往往只能使多个目标中的一个达到较好的结果,对于其他的目标无法得出较好的结果,即无法使所有子目标同时达到最优。在解决多目标优化问题时一般采用折中处理的方法,使各子目标达到平衡,所以目标优化问题的解在一般情况下并不是唯一的,这种性质是多目标优化问题和单目标优化问题两者之间最本质的区别。而通过折中方法得到的解的集合称为 Pareto 最优解集,解集中的元素称为 Pareto 最优解[2]。

1. 多目标优化问题的数学建模

多目标优化问题一般情况下是由以下内容组成的:目标函数、决策变量以及约束条件。其数学模型如式(7-1)所示。

$$\begin{cases} \min\ y = \boldsymbol{F}(x) = (f_1(x), f_2(x), \cdots, f_n(x))^{\mathrm{T}} \\ \mathrm{s.\,t.} \quad g_i(x) \leqslant 0, \quad i=1,2,\cdots,k \\ h_j(x) = 0, \quad j=1,2,\cdots,l \\ \boldsymbol{X} = (x_1, x_2, \cdots, x_p) \\ x_{\mathrm{dmin}} \leqslant x_{\mathrm{d}} \leqslant x_{\mathrm{dmax}} \end{cases} \tag{7-1}$$

其中,y 为 n 个目标函数,$f_i(x)$ 代表第 i 个目标函数,$g_i(x) \leqslant 0$ 代表不等式约束条件,$h_j(x)=0$ 表示等式约束条件,$\boldsymbol{X}$ 为 p 维的决策向量,x_{dmin} 表示向量空间的下界,x_{dmax} 表示向量空间的上界[3]。

2. 多目标优化问题的基本概念

定义 7-1（可行解） 对于 $\forall x \in \boldsymbol{X}$,若 x 满足式(7-1)中的约束条件 $g_i(x) \leqslant 0(i=1,2,\cdots,k)$ 和 $h_j(x)=0(j=1,2,\cdots,l)$,称 x 为可行解。

定义 7-2（可行解集） 可行解构成的集合称为可行解集,如式(7-2)所示。

$$X_f = \{x \in \boldsymbol{X} \,|\, h(x) \leqslant 0, g(x) = 0\} \tag{7-2}$$

X_f 在向量空间中对应的可行解表示为式(7-3)。

$$Y_f = f(x) = \bigcup_{x \in X_f} \{f(x)\} \tag{7-3}$$

定义 7-3（支配关系） 设 u 和 v 是 R^n 中任意两个不同的向量,如果满足以下两个条件,则称 u 支配 v:

① $\forall i \in \{1,2,\cdots,n\}$,都满足 $u_i \geqslant v_i$;

② $\exists i \in \{1,2,\cdots,n\}$,使得 $u_i \geqslant v_i$。

在这种情况下,称 u 为非支配解,v 为支配解,记作 $u \prec v$。

定义 7-4（Pareto 占优） 设 $x_A, x_B \in X_f$ 是式(7-1)中的两个解,对两者进行比较,若 x_A 是 Pareto 占优,则需要满足式(7-4)所表示的条件。

$$\forall i=1,2,\cdots,m, f_i(x_A) \leqslant f_i(x_B) \wedge \exists j=1,2,\cdots,m, f_i(x_A) \leqslant f_i(x_B) \tag{7-4}$$

定义 7-5（Pareto 最优解） Pareto 最优解的条件如式(7-5)所示。

$$\neg \exists x \in X_f : x \succ x^* \tag{7-5}$$

满足上述条件的解 $x^* \in X_f$ 称为最优解。

定义 7-6（Pareto 最优解集） 满足多目标优化问题的解集中所有 Pareto 最优解的集合称为 Pareto 最优解集,其定义如式(7-6)所示。

$$p^* \triangleq \{x^* \,|\, \neg \exists x \in X_f : x \succ x^*\} \tag{7-6}$$

定义 7-7（Pareto 前沿面） 由 Pareto 最优解集 P^* 中所有 Pareto 最优解所对应的目标向量在目标空间内构成的曲面称为 Pareto 前沿面,记作:

$$\mathrm{PF}^* = \{\boldsymbol{F}(x^*) \triangleq (f_1(x^*), f_1(x^*), \cdots, f_1(x^*))^{\mathrm{T}} \,|\, x^* \in p^*\} \tag{7-7}$$

3. 多目标 Pareto 最优解集

在求解多目标优化算法的研究中,多目标进化算法逐渐为研究学者们所重视,其中最常见的方法是通过构造进化群体的非支配解集并在算法执行过程中不断进行补充,随着迭代过程逐渐接近真正的最优边界。因此,该方法相当于将构建多目标优化问题的最优解集转化为求解进化群体的非支配解集。影响这类进化算法效率的主要因素是构造非支配解集的过程,因为每一次迭代即进化过程都需要构建一次非支配集。高效的构建过程会对算法整体效率的提升起至关重要的作用。常用的构造非支配集的方法主要有庄家法、擂台赛法、递归法和快速排序法。这些方法都有自己的长处和不足,但都是常见的效率较高的方法,这里主要介绍一下庄家法和擂台赛法。

(1) 庄家法构造 Pareto 最优解集

步骤 1:初始集合为 P,设构造集为 Q,初始时 $Q=P$,P 的非支配解集为 NDSet,算法开始时 NDSet$=\varnothing$。

步骤 2:从 Q 中随机取出一个解 x,使得 $Q=Q-\{x\}$,初始化偏序集 $D=\varnothing$。

步骤 3:令 $D=D\cup\{y\,|\,x\succ y,\forall\,y\in Q\}$。

步骤 4:令 $Q=Q-D$,若 $\not\exists\,z\in Q$,使得 $z\succ x$,则令 NDSet$=$NDSet$\cup\{x\}$。

步骤 5:当 $Q\neq\varnothing$ 时,跳到步骤 2,否则输出 NDSet。

(2) 擂台赛法构造 Pareto 最优解集

步骤 1:初始集合为 P,目标个数为 r,设构造集为 Q,初始时 $Q=P$,P 的非支配解集为 NDSet,算法开始时 NDSet$=\varnothing$,从 Q 中随意选择一个个体 x,并使用 x 作为比较对象。

步骤 2:令 $Q=Q-x$,PK$=\varnothing$,$R=\varnothing$。

步骤 3:当 $Q\neq\varnothing$ 时,跳到步骤 4,否则跳到步骤 5。

步骤 4:从 Q 中按顺序取出个体,设为 y,并将 y 与 x 进行比较,共有如下 3 种情况。

· 如果 $x\succ y$,则令 $Q=Q-y$,跳到步骤 3。

· 如果 $y\succ x$,则令 $x=y$,$Q=Q-y$,PK$=$PK$\cup R$,$R=\varnothing$,跳到步骤 3。

· 如果 x 和 y 无关,则令 $R=R\cup\{y\}$,$Q=Q-y$,跳到步骤 3。

步骤 5:令 PK$'=\{y\in$PK$\,|\,$not$(x\succ y)\}$,NDSet$=$NDSet$\cup\{x\}$。

步骤 6:令 $Q=$PK$'\cup R$,如果 $|Q|>1$,则跳到步骤 1,否则令 NDSet$\cup Q$,输出 NDSet。

4. 多目标群体分布性

多目标进化算法中一个重要的内容是解群体的多样性。当在进化的过程中由于进化算子的影响,收敛陷入单个解时,往往得到的解集会聚集到一个小的范围之内,无法得到最优的解集,因此如何保持进化群体的多样性是得到一个好的解集的关键问题。保持多目标进化群体分布性的方法主要有小生境技术、信息熵技术、聚集密度方法、网格和聚类方法[4],本书主要介绍前两种方法。

(1) 小生境技术

小生境技术的核心是 3 种机制:预选择机制、排挤机制和共享机制。其实现思想是在群体周围设置一个共享半径,称为小生存半径,计算在小生存半径内群体个体的相似程度。

设个体 i 的适应度是 fitness(i)，m_i 为个体 i 的小生存计数，如式(7-8)所示。

$$m_i = \sum_{j \in \text{Pop}} \text{sh}[d(i,j)] \tag{7-8}$$

其中，Pop 代表的是进化群体，$d(i,j)$ 表示个体 i 和个体 j 之间的相似程度，sh[d] 为共享函数，其定义为

$$\text{sh}[d] = \begin{cases} 0, & d > \sigma_{\text{share}} \\ 1 - \dfrac{d}{\sigma_{\text{share}}}, & d \leqslant \sigma_{\text{share}} \end{cases} \tag{7-9}$$

其中，σ_{share} 代表小生境半径，在计算时既可以设定为常数，也可以进行动态调整，其动态调整公式如下。

$$\sigma_{\text{share}} = N^{\frac{1}{1-m}} \times \frac{d^n}{x} \tag{7-10}$$

其中：d^n 代表第 n 代的超球半径，其决定因素为非劣解所构建的均衡面；m 代表目标函数的个数；N 代表种群的规模。

定义共享适应度为 fitness(i)/m_i，个体的适应度利用群体中的支配关系来定义，非支配集 NDSet 中的非支配个体的个体适应度定义为

$$\text{fitness}(i) = N_i/(N+1) \tag{7-11}$$

其中，$i \in$ NDSet，N_i 代表个体 i 在群体进化中所支配的个体数目。

支配个体的适应度定义为

$$\text{fitness}(j) = 1 + \sum_{i \in \text{NDSet}, i > j} \text{fitness}(i) \tag{7-12}$$

根据上文的讨论可知，个体的适应度为

$$\text{fitness}(k) = \begin{cases} [0,1), & k \text{ 为非支配个体} \\ [1,N), & k \text{ 为支配个体} \end{cases} \tag{7-13}$$

（2）信息熵技术

设群体 Pop=$\{X_1, X_2, \cdots, X_n\}$ 规模为 N，个体的组成为 L 个基因，$X_i = [X_i^{(1)}, X_i^{(2)}, \cdots, X_i^{(L)}]$，$i \in \{1,2,\cdots,N\}$，$\overline{X} = \{\overline{x}^{(1)}, \overline{x}^{(2)}, \cdots, \overline{x}^{(L)}\}$ 是个体的期望，具体定义如下：

$$\overline{x}^{(j)} = \sum_{i=1}^{N} (x_i^{(j)} - \overline{x}^{(j)})^2 / N \tag{7-14}$$

则解集的方差为 $D = (D^{(1)}, D^{(2)}, \cdots, D^{(L)})$，其中个体方差定义为

$$D^{(j)} = \sum_{i=1}^{N} (\overline{x}^{(j)}/N), \quad j = 1, 2, \cdots, L \tag{7-15}$$

将规模为 N 的群体根据下列性质划分为 m 个子集 $P_1, P_1, \cdots, P_m$，其划分的规则如下：$\bigcup_{p \in \{P_1, P_1, \cdots, P_m\}} P = \text{Pop}, \forall i,j \in \{1,2,\cdots,m\} \wedge i \neq j, P_i \bigcap P_j = \varnothing$。定义解集的熵为 $E = -\sum_{i=1}^{m} q_i \log q_i$，其中 $q_i = |P_i|/N$，$|P_i|$ 表示 P_i 的规模[5]。解集的方差代表的是解集的群体在求解空间中的分布情况，如果解的群体都是相同的，即 $m = 1$，这种情况下熵的值为 0，是最小值；当 $m = N$ 时，熵则取最大值，为 $E = \log N$。如果个体越多，并且在求解空

间中分布得越均匀,则解群体的熵就越大。

7.1.3 多目标测试用例优先级排序

由于测试用例优先级排序的度量标准和目标函数往往不唯一,如需求覆盖、缺陷检查率或者代码覆盖率等,因此测试用例优先级排序往往是一个多目标优化的过程,根据对多目标优化问题的分析讨论,多目标测试用例优先级排序的问题定义如下。

已知:一个测试用例集 T、T 中测试用例所有可能排序组成的集合 PT 及一个目标函数向量 $\boldsymbol{F}=(f_1(p),f_2(p),\cdots,f_i(p),\cdots,f_M(p)),p\in\mathrm{PT},1\leqslant i\leqslant M$,其中,$f_i$ 表示第 i 个优化目标函数,$f_i:\mathrm{PT}{\rightarrow}R,R$ 是实数。

同时给出以下定义:T,一组测试用例集;PT,T 的所有可能的优先级排列集合;求解目标为找到 $\mathrm{PT}'\in\mathrm{PT}$,使得 $\forall p'\in\mathrm{PT}'\wedge\boldsymbol{F}(p')$ 达到 Pareto 最优。

7.1.4 测试用例集排序的评测指标

在进行测试用例优先级排序时,最理想的情况是选择将故障检测率作为优化的目标,这样才可以优先运行能检测出故障的测试用例,但是由于实际的故障是未知的,故障检测率是没有办法在测试之前得到的,因此在实际的测试中,测试人员往往根据软件开发可能产生的影响以及实际测试的需求进行综合考虑来选取优化目标和设置适应度函数。

测试用例优先级排序的优化目标有很多,首先,为了快速检查出错误,Rotheme 指出可以用测试用例和软件缺陷之间的关系进行量化,提出了缺陷检测平均百分比(Average Percentage of Fault Detection,APFD)的评价指标[6]。在对一个排序序列进行评价时,APFD 指标的意义是在软件测试时可以得到检测到全部缺陷的平均累计比例。Elbaum 等人对 APFD 进行了公式化,假设测试用例集 T 共有 N 个测试用例,被测程序中存在 M 个缺陷,TF_i 代表首次发现第 i 个缺陷的测试用例在该序列中所在的位置,则 APFD 的计算公式[1]为

$$\mathrm{APFD}=1-\frac{\mathrm{TF}_1+\mathrm{TF}_2+\cdots+\mathrm{TF}_M}{NM}+\frac{1}{2N} \qquad (7\text{-}16)$$

APFD 的取值范围是 $0\sim100\%$,越大的 APFD 表示缺陷检测的速率越快。

但是测试人员未经测试无法知道测试用例的缺陷检测信息,而在实际工作中,测试人员要求在设计测试用例序列时对测试用例序列检测错误的能力有一定的判断,因此李征等人在 APFD 的基础上提出了模块检测平均百分比(Average Percentage of Block Coverage,APBC)、语句检测平均百分比(Average Percentage of Decision Coverage,APDC)和判定检测平均百分比(Average Percentage of Statement Coverage,APSC)等系列指标,可以判定序列对测试程序不同指标的覆盖速率,APBC、APDC 和 APSC 等指标分别代表块覆盖率、语句覆盖率、判定覆盖率等不同覆盖率信息来量化目标[7]。这些指

标的计算公式与 APFD 相似,以 APSC 为例,其计算公式为

$$\text{APSC}=1-\frac{\text{TS}_1+\text{TS}_2+\cdots+\text{TS}_M}{NM}+\frac{1}{2N} \tag{7-17}$$

其中,TS_i 表示首次检测到语句 i 的测试用例在执行序列中的位置。

在黑盒测试中,测试人员要求遵循软件规格说明的规则来设计测试用例。一般情况下,会根据一些特定的分析方法,将软件需求转化为测试需求,进而分解为测试点,因此就有针对测试点覆盖的评价指标——测试点检测平均百分比(Average Percentage of Test-point Coverage,APTC),其公式为

$$\text{APTC}=1-\frac{\text{TT}_1+\text{TT}_2+\cdots+\text{TT}_M}{NM}+\frac{1}{2N} \tag{7-18}$$

其中,TT_i 表示首次检测到测试点 i 的测试用例在执行序列中的位置。

考虑到每个测试用例的成本不同,再引入另一种根据测试成本设计的指标测试用例序列的有效执行时间(Effective Execution Time,EET),它表示测试用例序列首次达到最大语句覆盖率时所执行的测试用例消耗的时间,其定义为

$$\text{EET} = \sum_{i=1}^{N'} \text{ET}_i \tag{7-19}$$

其中,N' 表示首次达到最大语句覆盖率时所执行的测试用例的数量,ET_i 表示执行第 i 个测试用例需要消耗的时间。

7.2 基于人工免疫算法的测试用例优先级排序

7.2.1 优化目标选取

针对测试用例优先级排序优化问题,本书实验选取测试用例序列的判定检测平均百分比(APSC)作为优化目标[8]。

7.2.2 人工免疫算法

人工免疫算法(Artificial Immune Algorithm,AIA)是模仿生物免疫机制,结合基因的进化机理,人工构造出的一种新型智能优化算法。它具有一般免疫系统的特征,采用群体搜索策略,通过迭代计算,最终以较大的概率得到问题的最优解。相较于其他算法,免疫算法利用自身产生多样性和维持机制的特点,保证了种群的多样性,克服了一般寻优过程(特别是多峰值的寻优过程)中不可避免的"早熟"问题,可以求得全局最优解。免疫算法具有自适应性、随机性、并行性、全局收敛性、种群多样性等优点。

1. 编码策略设计

在测试用例优先排序问题中,输入为测试用例集 T,抗体个体为一个测试用例序列。

本书将测试用例集的不同序列作为抗体的编码,放入免疫算法中,即为每一个测试用例编一个序号,不同顺序组成的序列作为一个抗体的编码。假设测试用例集为 $T=\{t_1, t_2,\cdots,t_n\}$,则其中一个抗体个体的编码如图 7-1 所示。

| t_1 | t_2 | t_3 | $\cdots$ | t_n |

图 7-1　抗体个体编码示意图

2. 亲和度函数设计

亲和度表征免疫细胞与抗原的结合强度,与遗传算法中的适应度类似。亲和度的评价与问题具体相关,针对不同的优化问题,应该在理解问题实质的前提下,根据问题的特点定义亲和度评价函数。通常函数优化问题可以用函数值或对函数值的简单处理(如取倒数、相反数等)作为亲和度评价,而对于组合优化问题或应用中更为复杂的优化问题,则需要具体问题具体分析[1]。

在本书中亲和力则可以评价抗体个体与最优解之间的相似度,这在免疫系统中是用来衡量抗原和抗体之间的匹配程度的函数。本书将每个测试用例序列对应的 APSC 作为生物的亲和度指标,APSC 越接近 1,说明生物亲和度越高,该测试用例序列越接近最优解。

3. 抗体浓度设计

抗体浓度($\mathrm{den}(x):S->[0,1]$)表征抗体种群的多样性好坏,抗体浓度过高意味着种群中非常类似的个体大量存在,则寻优搜索会集中于可行解区间的一个区域,不利于全局优化。因此,优化算法中应对浓度过高的个体进行抑制,保证个体的多样性[1]。

本书中抗体个体为测试用例集序列编码,所以采用抗体之间的海明距离作为抗体-抗体之间亲和度的判定方式,海明距离的计算公式为

$$\mathrm{aff}(\mathrm{ab}_i,\mathrm{ab}_j)=\sum_{k=0}^{L-1}\partial_k \qquad (7\text{-}20)$$

其中,在本书中,将两个抗体之间编码的相似程度作为海明距离的计算方式,∂_k 的定义为

$$\partial_k=\begin{cases}1, & \mathrm{ab}_{i,k}=\mathrm{ab}_{j,k} \\ 0, & \mathrm{ab}_{i,k}\neq\mathrm{ab}_{j,k}\end{cases} \qquad (7\text{-}21)$$

在抗体种群中,两个抗体个体的编码相似度越高,海明距离越大,抗体浓度越高。

4. 抗体激励度设计

抗体激励度是指抗体种群中抗体应答抗原和被其他抗体激活的综合能力,主要受亲和度和浓度影响,与亲和度成正比,与浓度成反比[1]。本书中利用抗体亲和度和抗体浓度评价结果进行简单的数学运算得到抗体激励度,如式(7-22)所示:

$$\mathrm{act}(\mathrm{ab}_i)=a\times\mathrm{aff}(\mathrm{ab}_i)-b\times\mathrm{den}(\mathrm{ab}_i) \qquad (7\text{-}22)$$

其中,$\mathrm{act}(\mathrm{ab}_i)$ 为抗体 ab_i 的激励度,a 和 b 是常量。

5. 基于 AIA 的测试用例优先级排序优化算法流程

本书基于人工免疫算法提出的测试用例优先级排序优化算法如算法 7-1 所示。

算法 7-1 基于 AIA 的测试用例优先级排序算法

---

begin

1：输入测试用例集 T

2：初始化算法参数（pop、iter_time、a、b、mp）

3：初始化抗体种群 antibodies

4：get_affinity() //求取抗体亲和度

6：$m=1$

7：**while**（$m \leqslant$ iter_time）：

8： get_density() //获取抗体间浓度 densities

9： get_inspire() //获取抗体间激励度 inspire_values

10： get_selection() //选择优质抗体，使其活化

11： get_clone() //对活化的抗体进行克隆复制，得到若干副本

12： get_density() //更新抗体间浓度 densities

13： get_inspire() //更新抗体间激励度 inspire_values

14： 求取进行克隆抑制的种群激励度的范围 ins_selection

15： **for** $i=1$：pop：

16：   **if** inspire_values[i] $<$ ins_selection：

17：   随机生成一个抗体个体，并计算其对应的抗体亲和度

18：   **if** antibody_aff $>$ affinity_values[i]：

19：   antibodies[i] = antibody

20：   affinity_values[i] = antibody_aff

21：   **end if**

22：   **end if**

23：   **if** affinity_values[i] $>$ aff_max：

24：   aff_max = affinity_values[i]

25：   best = antibodies[i]

26：   **end if**

27： **end for** i

28： $m++$

29：**end while**

30：结果后处理及可视化

end

在上述算法中，第 1 行代表输入；第 2、3 行代表初始化算法参数和抗体种群；第 4 行代表对种群中的每一个可行解进行亲和度评价，得到当前种群中亲和度的最大值 aff_max 及其对应的抗体个体 best；第 5～28 行代表进行抗体种群迭代寻优，其中的免疫处理方法有免疫选择、克隆、变异和克隆抑制等；第 29 行代表进行结果后处理及可视化。

本书的免疫处理部分针对智能终端测试用例优先级排序问题做了相应的改变，具体如算法 7-2 所示。

算法 7-2　免疫处理算法

---

begin

1：输入：测试用例集 T

2：输出：免疫选择数组 imm_selection

3：输出：经过克隆变异后的抗体种群 antibodies 及其对应的 affinity_values

4：**def** get_selection()：　//免疫选择

5：　　获取抗体种群的最小抗体激励度 min_inspire

6：　　获取抗体种群的最大抗体激励度 max_inspire

7：　　limit ＝ min_inspire ＋ (max_inspire − min_inspire) * 0.3

8：　　得到抗体激励中大于免疫界定线的一个 boolean 数组

9：　　returnimm_selection

10：　**def** get_clone()：　//进行克隆变异操作

11：　　根据抗体亲和度和 imm_selection 数组得到要进行免疫克隆变异的抗体个体数量 m_nums

12：　**for** $i=1$：pop：

13：　　　**if** imm_selection$[i]$：

14：　　　　　num ＝ int(m_nums$[i]$)　//第 i 个抗体对应的克隆变异数量

15：　　　　　克隆得到 num 数量的抗体 i 所形成的数组 clone_abi

16：　　　　　clone_abi ＝ mutation(clone_abi)　//进行抗体变异操作

17：　　　　　**for** j：num：

18：　　　　　　　得到第 j 个克隆变异个体对应的亲和度 clone_abi_aff

19：　　　　　　　**if** clone_abi_aff ＞ affinity_values$[i]$

20：　　　　　　　　antibodies$[i]$ ＝ clone_abi$[j]$

21：　　　　　　　　affinity_values$[i]$ ＝ clone_abi_aff

22：　　　　　　**end if**

23：　　　　　**end for**

24：　　　**end if**

25：　**end for**

26：　return antibodies，affinity_values

end

在上述算法中，第 1～3 行代表算法的输入、输出；第 4～9 行代表对当前抗体种群进行免疫选择；第 10～26 行代表对抗体种群进行免疫克隆选择。

7.2.3　实验分析

1. 测试用例集

本次实验的被测程序是智能终端程序中的 5 个模块代码，为不同的被测程序准备了不同规模的测试用例集，可实现程序语句全覆盖，具体信息如表 7-1 所示。

表 7-1　被测程序信息

被测程序	语句数	测试用例集规模	描述
ap_ad.c	167	1 050	AD 检测模块
ap_CommProgram.c	355	1 014	编程记录标志清零及相应的事件记录
drv_communicate.c	104	866	Uart 参数配置模式初始化
ap_FarControlCommExplain.c	130	1 432	将远程命令全部转移到全局变量中
ap_dataResume.c	114	2 035	电参数检验计量芯片数据校验

2．实验设计及结果分析

（1）实验一：探究种群迭代次数对测试用例优先级排序算法的影响

这个实验主要是为了探究一定抗体种群数量下不同的迭代次数对基于 AIA 的测试用例优先级排序算法的影响。分别设定迭代次数为 50、100、150 和 200，对收集的 5 个智能终端被测程序的测试用例集进行优先级排序，记录不同迭代次数下得到的最优测试用例序列及相应的 APSC，在不同迭代次数下得到的 APSC 如图 7-2 所示。

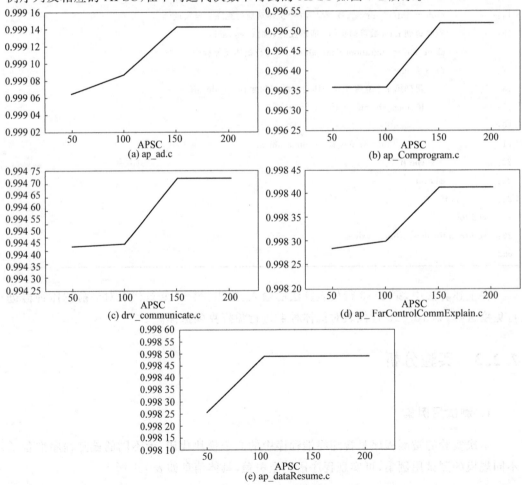

图 7-2　被测程序在不同迭代次数下的 APSC 分布

由图 7-2 可以看出,在抗体种群数量一定的情况下,随着基于 AIA 的测试用例优先级排序算法的迭代次数不断增加,智能终端被测程序的 APSC 逐渐趋于最优,并且在一定的迭代次数后,APSC 趋于稳定,不再发生显著的变化。

(2) 实验二:人工免疫算法和遗传算法的比较

这个实验是为了通过与基于传统遗传算法的测试用例优先级排序算法的对比,验证本书提出的基于 AIA 的测试用例优先级排序算法的有效性。本实验设定种群规模为 50,迭代次数为 200。实验过程复现了文献[9]中的遗传排序算法。实验过程中会分别对测试程序采用遗传算法和 AIA 进行测试用例优先级排序,二者得到的 APSC 如图 7-3 所示。

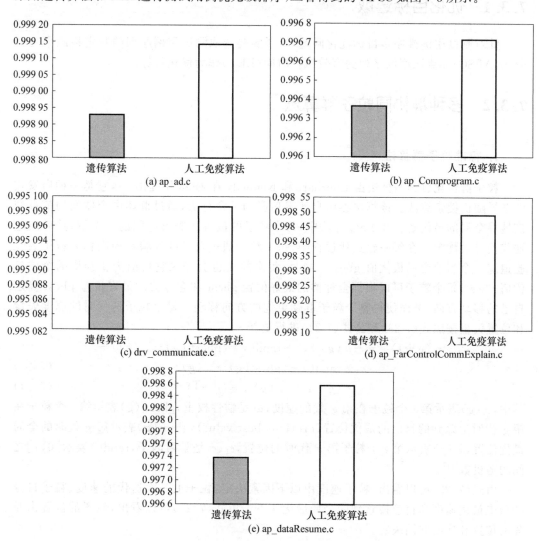

图 7-3　被测程序在不同算法下的 APSC 比较

由图 7-3 可以看出,针对一定规模的测试程序,当测试用例优先级排序的 APSC 达到稳定时,基于 AIA 的测试用例优先级排序算法得到的 APSC 要明显优于基于遗传算法的测试用例优先级排序算法。在解决测试用例优先级排序问题方面,本书采用的人工免疫算法可以更好地保存迭代过程中获得的最优解,并不断全局搜索可能存在的最优解,有效地避免了陷入局部最优的情况。

7.3 基于多种群粒子群算法的多目标测试用例优先级排序

7.3.1 优化目标选取

针对测试用例排序多目标优化问题,本书实验选取测试用例序列的判定检测平均百分比(APSC)和测试用例序列的有效执行时间(EET)作为优化目标。

7.3.2 多种群协同粒子群算法

1. 标准粒子群算法

粒子群优化(PSO)算法由 Eberhart 和 Kennedy 在 1995 年提出[10],它是一种启发式的全局随机搜索算法。该算法参照自然界鸟群的觅食行为,通过群体中个体间的信息交流搜寻全局的最优解。在 PSO 算法中,每个粒子的位置代表解空间的一个解,然后通过迭代搜寻最优解。在每一轮迭代过程中,每个粒子通过自己的经验和周围相邻粒子的经验追踪一个当前全局最优值 gbest。同时,每个粒子也会记录它目前为止经历的个体最优值 pbest,每个粒子可以根据全种群的最好位置 gbest 和它过去的最好位置 pbest 确定自己的移动方向,进而使得整个粒子群朝更优的方向移动。每个粒子迭代时的速度矢量和位置矢量按照式(7-23)和公式(7-24)进行更新:

$$v_i(g+1) = w * v_i(g) + c_1 * \text{rand}() * (\text{pbest}_i(g) - x_i(g)) +$$
$$c_2 * \text{rand}() * (\text{gbest}(g) - x_i(g)) \tag{7-23}$$
$$x_i(g+1) = x_i(g) + v_i(g+1) \tag{7-24}$$

其中,$v_i(g)$ 表示第 i 个粒子在第 g 代的速度,w 是惯性权重,$\text{pbest}_i(g)$ 表示第 i 个粒子在第 g 代时追踪到的自己的最优位置(previous best value),$\text{gbest}(g)$ 表示第 g 代时的全局最优位置,$x_i(g)$ 表示第 i 个粒子第 g 代时的位置,c_1、c_2 是学习因子,$\text{rand}()$ 表示 $[0,1]$ 之间的随机数[11]。

由式(7-23)可以看出,粒子速度由以下因素决定:粒子上一次迭代的速度、粒子自身的历史最优速度和目前搜索到的全局最优速度。由式(7-24)可以看出,粒子的位置由原先的位置和速度共同决定。

2. 多种群协同粒子群算法

虽然标准粒子群算法在全局寻优问题上表现出了出色的性能,但其仍然存在一些问题。因为在 PSO 算法中,所有的粒子都可能被任何一个粒子吸引到最佳位置,所以在迭代中可能会丢失粒子的多样性。针对这个问题,文献[12]提出了一种多种群协同粒子群优化(MCPSO)算法。在该算法中,会初始化 N 个粒子群,其中包括一个主粒子群和 $N-1$ 个副粒子群。每个副粒子群按照标准粒子群算法独立进化。主粒子群在迭代过程中需要按照式(7-25)和式(7-26)更新速度和位置:

$$v_{id}^M = wv_{id}^M + R_1 c_1(p_{id}^M - x_{id}^M) + R_2 c_2(p_{gd}^M - x_{id}^M) + R_3 c_3(p_{gd}^S - x_{id}^M) \tag{7-25}$$

$$x_{id}^M = x_{id}^M + v_{id}^M \tag{7-26}$$

其中,M 代表主粒子群,v_{id}^M 表示主粒子群第 i 个粒子的速度,x_{id}^M 表示主粒子群第 i 个粒子的位置,w 为惯性权重,R_1、R_2、R_3 表示[0,1]之间的随机数,c_1、c_2、c_3 表示权重因子(迁移系数),p_{id}^M 表示主粒子群的历史最好位置,p_{gd}^M 表示主粒子群的全局最优位置,p_{gd}^S 表示副粒子群的历史最好位置。

由式(7-25)和式(7-26)可以看出,主粒子群在迭代过程中,会同时基于主粒子群的搜索结果和副粒子群的搜索结果来更新粒子的状态。

7.3.3 基于多种群粒子群算法的多目标测试用例优先级排序

1. 算法的基本流程

在基于多种群粒子群算法的多目标测试用例优先级排序算法中,会建立多个副粒子群和 1 个主粒子群,多个副粒子群独立并行迭代,主粒子群会参照副粒子群的寻优结果进行自身种群的迭代,最后由主粒子群产生全局的测试用例优先级排序 Pareto 最优解集。算法的基本过程如算法 7-3 所示。

算法 7-3 基于多种群粒子群算法的多目标测试用例优先级排序算法

输入:测试用例集中的 L 个测试用例;种群数 N;种群大小 n;算法迭代次数 iterate_num

输出:测试用例排序的 Pareto 最优解集

1:对主粒子群初始化;

2:初始化主粒子群的全局最优解集 Mgbest 和每个粒子历史最优解集 Mpbest;

3: **for** $i=1$ to $N-1$

4: 初始化一个副粒子群;

5: 初始化单个副粒子群的全局最优解集 Sgbest(i)和每个粒子的历史最优解集 Spbest(i);

6: **end for**

7:初始化多副粒子群的全局最优解集 Ssbest;

8: **for** $i=1$ to iterate_num

9: **for** $j=1$ to $N-1$

10: **for** $k_1=1$ to n

11: 副粒子群中的每个粒子基于 Sgbest(i)和 Spbest(i)更新自己的速度和位置;

12: 分别计算粒子基于每个优化目标函数的适应度;

13: 根据粒子的适应度按照 Pareto 支配关系更新副粒子群的全局最优解集 Sgbest(i)和每个粒子的历史最优解集 Spbest(i);

14: **end for**

15: 根据该副粒子群的全局最优解集 Sgbest(i)更新多副粒子群的全局最优解集 Ssbest;

16： **end for**
17： **for** $k_2 = 1$ **to** n
18： 主粒子群中的每个粒子基于 Mgbest、Mpbest 和 Ssbest 更新自己的速度和位置；
19： 分别计算粒子给予每个优化目标函数的适应度；
20： 根据粒子的适应度按照 Pareto 支配关系更新主粒子群的全局最优解集 Mgbest 和每个粒子的历史最优解集 Mpbest；
21： **end for**
22： **end for**

2. 粒子编码方式和种群的初始化

（1）粒子编码方式

每个粒子表示一个测试用例排序序列，采用的编码方式为序列编码，即对于一个包含 L 个测试用例的测试用例集，每个粒子可以编码为一个长度为 L 的整数数组，数组中第 i 项的值表示序列中第 i 个执行的测试用例序号。

（2）种群初始化

算法需要对 $N(N > 2)$ 个种群进行初始化，其中包含 1 个主粒子群，$N - 1$ 个副粒子群。每个粒子群包含 $n(n > 2)$ 个粒子。每个粒子随机初始化为 L 个测试用例编号的一种排列。

3. 粒子位置和速度的更新

（1）交叉操作

在测试用例优先级排序问题中，针对粒子按照测试用例编号序列进行编码的方式，标准粒子群算法中的速度和位置更新公式（式（7-23）和式（7-24））不再适用。为此，文献[13]在求解多目标测试用例预优化问题时，已经将遗传算法中的交叉操作引入粒子群算法的粒子速度和位置更新操作中。本书采用了单点交叉操作对粒子的速度和位置进行更新。针对本书测试用例排序采用的粒子编码方式，单点交叉操作的基本流程如算法 7-4 所示。

算法 7-4 单点交叉操作的基本流程

输入：父个体 A_1 和 A_2

输出：子个体 B_1 和 B_2

1：随机选取一个交叉位置 k，$k \in \{0, \cdots, L\}$，L 为粒子个体的编码长度，即测试用例的个数；

2：父个体 A_1 的前 k 个基因直接作为子个体 B_1 的前 k 个基因；

3：从头开始遍历父个体 A_2 的基因序列，从中剔除与父个体 A_1 前 k 个基因相同的基因，得到剩余的长度为 $L - k$ 的基因序列 S_1；

4：从 B_1 的第一个空基因开始，依次放入序列 S_1 的基因，子个体 B_1 的基因序列构造完成；

5：子个体 B_2 的基因构造过程与子个体 B_1 类似；

6：**end**

（2）副粒子群中粒子位置和速度的更新

多个副粒子群独立进化，每个粒子群中粒子的速度和位置按照式（7-27）～式（7-29）进行更新：

$$v_i'(k+1) = p_i(k) \oplus p_g(k) \tag{7-27}$$

$$v_i(k+1) = v_i'(k+1) \oplus v_i(k) \tag{7-28}$$

$$x_i(k+1) = x_i(k) \oplus v_i(k+1) \tag{7-29}$$

其中,k 表示迭代次数,$\oplus$ 表示交叉操作,$p_i(k)$ 表示该粒子群中第 i 个粒子前 k 次迭代后的历史最优值,$p_g(k)$ 表示该粒子群前 k 次迭代后的全局最优值,$v_i'(k+1)$ 可以看作第 $k+1$ 次迭代时的速度增量。式(7-28)表示将速度增量 $v_i'(k+1)$ 和粒子上一次迭代的速度 $v_i(k)$ 做交叉操作,得到新的速度 $v_i(k+1)$。式(7-29)表示将粒子上一次迭代的位置 $x_i(k)$ 和新的速度 $v_i(k+1)$ 做交叉操作,得到粒子新的位置 $x_i(k+1)$。

针对 $\oplus$ 交叉操作后会产生两个子代个体,如果两个子代个体不满足非支配关系,则选择较优的子代个体作为交叉结果;如果两个子代个体满足支配关系,则随机选取一个子代个体作为交叉结果。

需要说明的是,在算法 7-3 中,每一轮迭代,$N-1$ 个副粒子群的状态更新是依次进行的。由于 $N-1$ 个副粒子群之间是独立进化的,所以 $N-1$ 个副粒子群的状态更新是可以同时并行处理的,有利于提高算法的效率。所以为了陈述方便,算法 7-3 按照依次处理的方式书写。

(3) 主粒子群中粒子位置和速度的更新

主粒子群中的粒子在状态更新时,会基于副粒子群的全局最优解集更新自己的速度和位置。首先,主粒子群中的粒子会根据式(7-30)计算第 $k+1$ 次迭代的速度增量 $v_i'(k+1)$:

$$v_i'(k+1) = p_i^M(k) \oplus p_g^M(k) \oplus p_g^S(k) \tag{7-30}$$

其中,$p_i^M(k)$ 表示主种群中第 i 个粒子前 k 次迭代后的历史最优值,$p_g^M(k)$ 表示主种群前 k 次迭代后的全局最优值,$p_g^S(k)$ 表示全部副粒子群前 k 次迭代后的全局最优值。

然后,主粒子群中的粒子会根据式(7-28)和式(7-29)更新自己的速度和位置。需要说明的是,因为主粒子群中粒子需要根据全部副粒子群前 k 次迭代后的全局最优值 $p_g^S(k)$ 来计算速度增量,所以在一轮迭代中,主粒子群需要在全部副粒子群状态更新完毕后,才能进行状态更新。

4. 全局最优解集和历史最优解集更新

在基于多种群协同粒子群算法的测试用例优先级排序算法(算法 7-3)中,每个副粒子群需要维护自己种群的全局最优解集,每个粒子需要维护自己的历史最优解集,全部副粒子群需要维护副粒子群的全局最优解集,主粒子群需要维护自己的全局最优解集和每个粒子的历史最优解集。这些最优解集的维护过程大致相似,都可以看作一个新粒子加入时,根据目前最优解集中粒子与新粒子的支配关系,来更新 Pareto 最优解集。其基本流程如算法 7-5 所示。

算法 7-5　更新 Pateto 最优解集

输入:新产生的粒子个体 t, 测试用例集原先的 Pateto 最优解集 tbest

输出:更新后的 Pareto 最优解集 tbest

1: **for** b in tbest

2: **if**(t 被 b 所支配) then

```
3：    return tbest
4：    end if
5：    if (t 支配 b)  then
6：      tbest 中剔除 b
7：    end if；
8：  end for
9：将 t 加入 tbest 中
10：return tbest；
```

7.3.4　实验分析

1. 测试用例集

本书实验从软件基础设施库(Software-artifact Infrastructure Repository,SIR)中选取了 8 个 C 语言被测程序。实验程序的相关信息如表 7-2 所示。其中前 7 个规模较小的实验程序由西门子研究实验室编写,space 是一个 ADL 语言解释器,它是由欧洲航天局研发的规模较大的程序。

表 7-2　被测程序信息

被测程序	语句数(代码行数)	程序个数	用例池规模	程序描述
printtokens	402	18	4 130	词法分析器
printtokens2	483	19	4 115	词法分析器
replace	516	21	5 542	模式替换
schedule	299	18	2 650	优先级调度程序
schedule2	297	16	2 710	优先级调度程序
tcas	148	9	1 608	飞机防撞系统
totinfo	346	7	1 052	信息累计器
space	6 218	136	13 585	ADL 语言解释器

由于 8 个被测程序的测试用例池中包含大量的冗余测试用例,所以在实验准备阶段从测试用例池中选取了一个冗余度相对较小的测试用例集作为实验的测试用例集,选取的准则是使实验的测试用例集的语句覆盖率达到用例池的最大语句覆盖率。

2. 实验设计和结果分析

(1) 实验一:探究迭代次数对本书测试用例排序算法的影响

这个实验主要是为了探究一定粒子群大小下不同的迭代次数对基于多种群粒子群算法的多目标测试用例排序算法的影响。实验设定的单个种群规模为 50,副粒子群为 4

个,分别对测试程序记录不同迭代次数下得到的 Pareto 最优解集。实验过程中会对被测程序尽可能迭代多次,使得非支配最优解集趋于稳定状态。8 个被测程序不同迭代次数下得到的 Pareto 最优解的分布如图 7-4 所示。图 7-4 中横坐标表示测试用例序列的有效执行时间,单位为秒(s),纵坐标表示测试用例序列的平均语句覆盖率 APSC。图 7-4 中的每一个点代表一个最优非支配解。

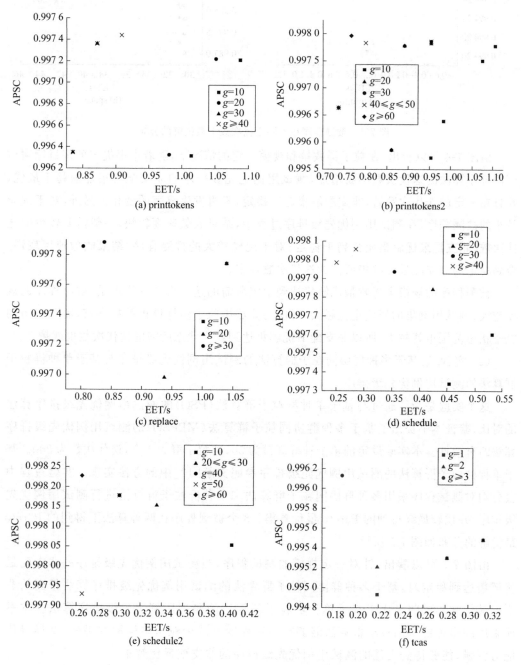

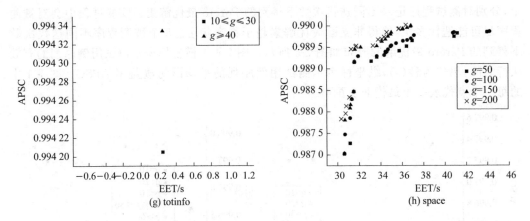

图 7-4   被测程序在不同迭代次数下最优解的分布

由图 7-4 可以看出,在粒子群数量和规模一定的情况下,随着本书提出的多目标测试用例排序算法的迭代次数不断增加,测试用例优先级排序的非支配解集逐渐趋于最优,并且在一定的迭代次数后,非支配解集趋于稳定,不再发生显著的变化。另外,对于规模较小的被测程序,在测试用例优先级排序过程中,结果收敛速度较快,一般需要较少的迭代次数,非支配最优解集便会趋于稳定;对于规模较大的被测程序,结果收敛速度较慢,得到稳定的非支配最优解集所需的迭代次数较多。

被测程序的规模会影响最优解集达到稳定所需的迭代次数的原因是,被测程序的规模越大,测试用例集的规模也就越大,对应的算法中粒子多样性也就越丰富,需要遍历的粒子状态范围也就越大,所以非支配最优解集达到稳定状态所需的迭代次数也就越多。

(2) 实验二:基于多种群协同粒子群算法的测试用例优先级排序与基于单种群粒子群算法的测试用例优先级排序

这个实验是为了通过与基于单种群粒子群算法(PSO)的测试用例优先级排序算法的对比,验证本书提出了基于多种群协同粒子群算法(MPPSO)的测试用例优先级排序算法的有效性。本实验设定的单个种群规模为50,副粒子群为 4 个,迭代次数为200。基于单种群粒子群算法的测试用例优先级排序参照文献[13]中的方法实现。实验过程中会分别对测试程序采用多种群协同粒子群算法和单种群粒子群算法进行测试用例优先级排序,并比较最终得到的 Pareto 最优解集。8 个被测程序在两种算法下得到的 Pareto 最优解的分布如图 7-5 所示。

由图 7-5 可以看出,针对一定规模的测试程序,当测试用例优先级排序的非支配最优解集达到稳定时,基于多种群协同粒子群算法的测试用例优先级排序算法得到的非支配最优解集要明显优于基于单种群粒子群算法的测试用例优先级排序算法。本书所采用的多种群协同粒子群算法能够在一定程度上减少粒子多样性的丢失,全局寻优能力较强,能够得到更优的测试用例优先级排序的非支配最优解集。

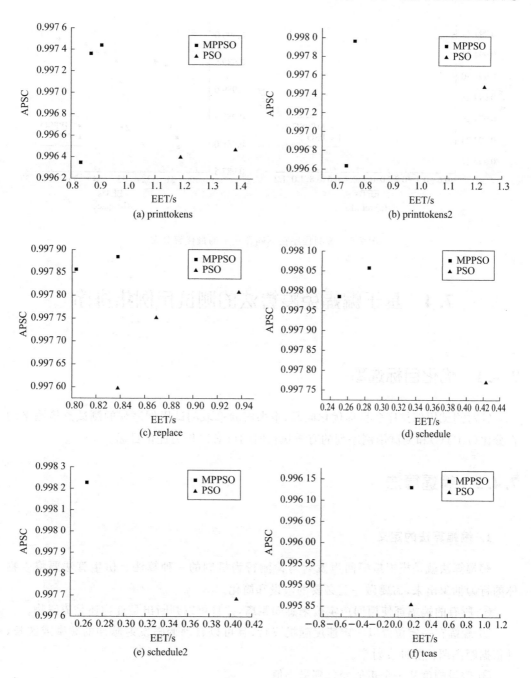

(a) printtokens

(b) printtokens2

(c) replace

(d) schedule

(e) schedule2

(f) tcas

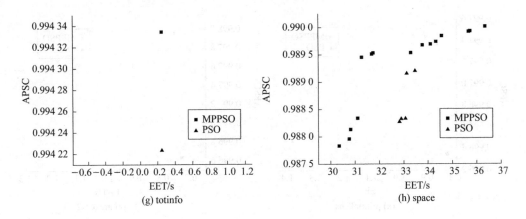

图 7-5　被测程序在不同算法下的最优解分布

7.4　基于蝙蝠免疫算法的测试用例集排序

7.4.1　优化目标选取

针对测试用例排序多目标优化问题,本书实验选取测试用例序列的测试点检测平均百分比(APTC)和测试用例序列的有效执行时间(EET)作为优化目标。

7.4.2　蝙蝠算法

1. 蝙蝠算法的定义

蝙蝠算法就是模拟蝙蝠回声发射与检测行为机制的一种算法。仿生算法要将生物体的行为抽象出来,需要做一些必要的假设和简化。

① 所有的蝙蝠都使用回声定位来感知距离,并且可以判断出是食物还是障碍物。

② 蝙蝠在一定位置以一定速度随机飞行,且可以自动调整发射脉冲的频率或波长,并依据距离调整脉冲发射率。

③ 假设响度从一个正值变化到最小值。

④ 估计时延和三维地形时不使用射线追踪。

⑤ 频率 f 在$[f_{\min},f_{\max}]$范围内,对应的波长 λ 在$[\lambda_{\min},\lambda_{\max}]$范围内。

2. 蝙蝠算法的实现

① 需要在每一时间内模拟蝙蝠的位置和速度更新,其公式为式(7-31)~式(7-33)。

$$f_i = f_{\min} + (f_{\min} - f_{\max})\beta \tag{7-31}$$

$$v_i^{t+1} = v_i^t + (x_i^t - x_*)f_i \tag{7-32}$$

$$x_i^{t+1} = x_i^t + v_i^{t+1} \tag{7-33}$$

式中,$\beta \in [0,1]$是服从均匀分布的随机变量,x_*是全局最优解。

② 确定一个解后,随机游走产生一个新解,其实现过程如式(7-34)所示。

$$x_{\text{new}} = x_{\text{old}} + \varepsilon * A^{(t)} \tag{7-34}$$

式中,$\varepsilon \in [-1,1]$是一个随机数,$A^{(t)}$是当前时步内所有蝙蝠的平均响度。在实际问题中,提供一个缩放参数来控制步长,则式(7-34)转变为式(7-35)。

$$x_{\text{new}} = x_{\text{old}} + \sigma \varepsilon_t * A^{(t)} \tag{7-35}$$

式中,ε_t服从高斯正态分布$N[0,1]$,σ是缩放因子。

③ 响度和脉冲发射也需要更新,分别为式(7-36)和式(7-37)。

$$A_i^{t+1} = \alpha A_i^t \tag{7-36}$$

$$r_i^{t+1} = r_i^0 [1 - \exp(-\gamma t)] \tag{7-37}$$

式中,α和γ是常数,对于任意$0 < \alpha < 1$、$\gamma > 0$,有$A_i^t \to 0$,$r_i^t \to r_i^0$,$t \to \infty$。

3. 蝙蝠算法的流程

基于以上分析,基本蝙蝠算法实现的步骤如下。

步骤 1:初始化参数,包括种群规模 m、迭代次数 maxGEN、蝙蝠位置$x_i (i = 1, 2, \cdots, m)$和速度$v_i$、声波频率$f_i$、声波响度$A_i$以及频度$r_i$,输入目标函数 $f(x)$。

步骤 2:找出当前种群中最优蝙蝠位置x^*,并根据公式(7-31)~式(7-33)对蝙蝠的速度和位置进行更新。

步骤 3:在区间[0,1]上生成随机数 rand1,如果 rand1 > r_i,就在最佳蝙蝠中挑选一个最优的个体,根据式(7-35)在被选择的最优个体周围随机生成局部解,否则使用式(7-33)对蝙蝠的位置进行更新。

步骤 4:在区间[0,1]上生成随机数 rand2,如果 rand2 < A_i,同时目标函数的适应度比步骤 3 中的新解高,则更新为该位置,并使用式(7-36)和式(7-37)调整减小A_i和增大r_i。

步骤 5:对该种群中的个体按照适应度进行排序,并找到当前最佳x^*。

步骤 6:如果未达到最大迭代次数,则跳到步骤 2,否则结束算法。

因此,基本蝙蝠算法的实现如下。

算法 7-6　蝙蝠算法

输入:目标函数

输出:最优解

begin:

1: **initialize** $x_i, v_i, \text{maxGEN}, f_i, r_i, A_i$

2: **while** $t < \text{maxGEN}$:

3: **find** fitness for x_i using f_i;

4: 　**update** x_i and v_i using formula (7-31) to (7-33)

```
5：      if rand1>r_i:
6：          find best solution x' in x_i;
7：          find partial solution using x';
8：      end if
9：      find x* by random flight;
10：     if rand2<A_i & fitness(x_i)<fitness(x*):
11：         update x_i
12：         increase r_i and decrease A_i;
13：     end if
14：     find best solution x*
15：  end while
16：  return x*
17：  end
```

7.4.3 人工免疫系统

在群智能算法的研究中,很多时候为了提升算法的性能,会将群智能算法进行优化,其中提升算法种群的多样性是一种常见的优化方向,一种普遍的方法是将人工免疫系统中的免疫操作引入群智能算法,本节主要介绍人工免疫系统的概念及原理。

人工免疫系统(Artificial Immune System, AIS)是一种在群智能算法和进化算法之后诞生的智能算法,与群智能算法的共同点是它们都是通过对生命科学的观察迁移到计算机科学之中的算法,与群智能算法不同的是,AIS 是建立在医学发展中对细胞免疫等行为的启发上的,而不是基于宏观个体的行为。它旨在通过深入研究生物体在发生生物免疫时体内免疫系统的信息处理机制,并通过对该机制的观察,使用数学知识进行相应的建模,建立相应的算法以及工程模型。目前,人工免疫算法在智能信息处理领域有着良好的表现。

1. 人工免疫系统的基本概念

定义 7-8 (免疫) 免疫生物体发生特异性的免疫应答,在面临感染时具有相应的抵抗力,对抗原性异物进行排斥,防止自身传染病被感染,保证机体的正常运转。

定义 7-9 (抗原) 在算法中抗原代表的是需要求解的问题,除了求解函数外还包括多种规定,一般为变量的取值范围、编码的方法、求解的精度和停止条件等属性。

定义 7-10 (抗体) 抗体代表的是需要求解问题的候选解。

定义 7-11 (染色体) 染色体是一种数据结构,表示需要求解问题的解的编码形式。

定义 7-12 (基因) 基因是染色体编码中的编码片段,可以遗传给子代,使得后代与亲代具有相同的遗传信息。

2. 人工免疫算法的基本框架

人工免疫系统的基本组成包括多种算子,下面逐一进行介绍。

(1) 亲和度计算算子

算子形式为 $\mathrm{aff}(x):S{\to}R$,其中 S 代表可行解区间,R 代表实数域。亲和度用来描述两个抗体之间的相似程度,常用的计算方法有 4 种,假设 ab_i 为抗体 i,$\mathrm{ab}_{i,k}$ 为抗体 i 的第 k 位,L 为抗体编码总维数,则 4 种方法的实现分别如下。

① 抗体-抗原计算方法

该计算方法的表达式为

$$\mathrm{aff}(\mathrm{ab}_i,\mathrm{ab}_j)=\begin{cases}1, & \mathrm{aff}(\mathrm{ab}_i)=\mathrm{aff}(\mathrm{ab}_j)\\ \dfrac{1}{1+|\mathrm{aff}(\mathrm{ab}_i)-\mathrm{aff}(\mathrm{ab}_j)|}, & \text{其他}\end{cases} \tag{7-38}$$

② 欧氏距离计算方法

该计算方法的表达式为

$$\mathrm{aff}(\mathrm{ab}_i,\mathrm{ab}_j)=\sqrt{\sum_{k=0}^{L-1}(\mathrm{ab}_{i,k}-\mathrm{ab}_{j,k})^2} \tag{7-39}$$

③ 海明距离计算方法

当抗体采用二进制方式编码时,等价为

$$\mathrm{aff}(\mathrm{ab}_i,\mathrm{ab}_j)=\sum_{k=0}^{L-1}|\mathrm{ab}_{i,k}-\mathrm{ab}_{j,k}| \tag{7-40}$$

④ 信息熵计算方法

群体 G 的平均信息熵为

$$H(G,N)=\frac{1}{l}\sum_{j=1}^{l}H_j(G,N) \tag{7-41}$$

若 M 为二进制字符集,则抗体 $\mathrm{ab}_{i,k}$ 和 $\mathrm{ab}_{j,k}$ 的亲和度为

$$\mathrm{aff}(\mathrm{ab}_i,\mathrm{ab}_j)=H(G,N),G=\{\mathrm{ab}_{i,k},\mathrm{ab}_{j,k}\} \tag{7-42}$$

(2) 抗体浓度评价算子

算子形式为 $\mathrm{den}(x):S{\to}[0,1]$,假设种群规模为 N,其具体的计算方法通常定义为

$$\mathrm{den}(\mathrm{ab}_i)=\frac{1}{N}\sum_{j=0}^{N-1}\mathrm{aff}(\mathrm{ab}_i,\mathrm{ab}_j) \tag{7-43}$$

(3) 激励度计算算子

抗体激励度是指抗体群中抗体应答抗原和被其他抗体激活的综合能力,主要受亲和度和浓度影响,与亲和度成正比,与浓度成反比。根据条件不同,有两种常见的计算方式,分别为

$$\mathrm{act}(\mathrm{ab}_i)=a\times\mathrm{aff}(\mathrm{ab}_i)-b\times\mathrm{den}(\mathrm{ab}_i) \tag{7-44}$$

$$\mathrm{act}(\mathrm{ab}_i)=\mathrm{aff}(\mathrm{ab}_i)\times e^{-\frac{\mathrm{den}(\mathrm{ab}_i)}{\beta}} \tag{7-45}$$

其中:$\mathrm{act}(\mathrm{ab}_i)$ 为抗体 ab_i 的激励度;a 和 b 是常量,一般根据实际应用场景进行设置;β 是

调节因子,$\beta \geqslant 1$。

(4) 免疫选择算子

算子形式为 $T_s:S \rightarrow S$,其作用是根据激励度对抗体是否进入克隆选择操作进行筛选。设激励度阈值为 T,免疫选择算子通常为

$$T_s(ab_i) = \begin{cases} 1, & act(ab_i) \geqslant T \\ 0, & act(ab_i) < T \end{cases} \tag{7-46}$$

(5) 变异算子

算子形式为 $T_m:S \rightarrow S$,其作用是引入基因突变,增强局部的搜索能力,提升染色体多样性。高斯变异是常用的变异算子,该方法为

$$\begin{cases} G'_M = G_M + \gamma \times N(0,1) \\ \gamma = \dfrac{1}{\eta} \times e^{-f} \end{cases} \tag{7-47}$$

其中,G 和 G' 分别表示父抗体和子抗体的基因,M 是种群的规模,$N(0,1)$ 是均值 $\mu=1$、方差 $\sigma=1$ 的高斯变量,f 代表亲和度函数,η 代表控制参数。

(6) 克隆抑制算子

算子形式为 $T_r:S \rightarrow S$,其作用是根据亲和度保留部分抗体到下一代种群,通常定义为

$$T_r(X_{ij}) = ab'_i \tag{7-48}$$

其中,X_{ij} 是经过克隆操作、选择操作和变异操作后产生的临时抗体群,ab'_i 为集合 X_{ij} 中亲和度最高的抗体,$aff(ab'_i) = max(aff(ab_k), ab_k \in X_{ij})$。

(7) 种群更新算子

算子形式为 $T_d:S \rightarrow S$,其作用是淘汰激励度低抗体,随机生成新抗体加入种群,以提升种群的多样性。

3. 人工免疫算法的流程

步骤 1:对抗原进行识别,定义亲和度评价函数和抗体浓度函数,$t=0$。

步骤 2:初始化生成抗体种群 $A(t) = \{ab_1, ab_2, \cdots, ab_N\}$。

步骤 3:计算 $A(t)$ 中个体抗体的亲和度。

步骤 4:判断 t 是否达到最大迭代次数,如果达到则结束算法;否则执行步骤 5。

步骤 5:对 $A(t)$ 中的个体抗体的浓度进行计算。

步骤 6:根据亲和度和浓度生成激励度,并根据激励度对抗体进行增生和抑制操作。

步骤 7:令 $t=t+1$,对种群进行更新,跳到步骤 3。

该算法的流程如图 7-6 所示。

7.4.4 多目标蝙蝠免疫算法

免疫蝙蝠算法是把生物免疫系统中的多样性和免疫记忆等特性引入蝙蝠算法中,一方面弥补了蝙蝠算法多样性较差的缺点,能够解决传统 BAT 算法"早熟收敛"的问题;另

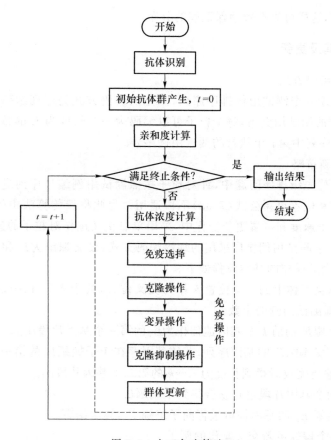

图 7-6　人工免疫算法

一方面对人工免疫算法收敛较慢的缺点进行了改善,该算法结合了两种算法的优点,使寻优结果能较好地满足实际要求。

由于在多目标优化问题中求得的解是一个 Pareto 最优解集,而不是唯一解,所以要对传统的进化算法进行改进,主要考虑以下两点。

（1）全局最优值的选择

在式(7-28)中,蝙蝠需要通过全局最优值更新速度,但是多目标优化问题的解是解集,因此本书采用小生境技术和轮盘选择法来选择全局最优值,可以保证全局的蝙蝠向 Pareto 最优解集中密度较小的解收敛,保证了解集的分布。

（2）解集构造方法

每次迭代后,对蝙蝠进行分类,分为支配解集和非支配解集,分别将非支配集中的解依次加入 Pareto 最优解集中,并在加入过程与 Pareto 最优解集进行比较判断。如果非支配集中的解支配 Pareto 最优解集中的解,则将后者从 Pareto 最优解集删去;如果 Pareto 最优解集中的解支配非支配集中的解,则不将该解加入 Pareto 最优解集中;若两个互不支配,则加入 Pareto 最优解集中。另外由于随着迭代过程,Pareto 最优解集不断增加,会对算法的性能产生影响,所以一般会提前设置好 Pareto 最优解集的容量,当 Pareto 最优解集超过容量时,就采用小生境技术计算 Pareto 最优解集中解的适应值,删除最小的部分解,这样可以有效地保证解的分布。

1. 蝙蝠编码及更新

(1) 蝙蝠的编码方式

每个粒子表示一个测试用例排序序列,采用的编码方式为序列编码,即对于一个包含 L 个测试用例的测试用例集,每个粒子可以编码为一个长度为 L 的整数数组,数组中第 i 项的值表示序列中第 i 个执行的测试用例序号。

(2) 蝙蝠更新策略

在测试用例优先级排序问题中,针对粒子按照测试用例编号序列进行编码,标准蝙蝠算法中的速度和位置更新公式(7-33)不再适用。为此将遗传算法中的交叉操作引入粒子群算法的粒子速度和位置更新操作中,采用单点交叉操作对粒子的速度和位置进行更新[14]。针对本书测试用例排序采用的蝙蝠编码方式,设父蝙蝠为 F_1 和 F_2,要得到子个体 B_1 和 B_2,单点交叉操作的基本流程如下。

步骤 1:选取染色体上的一个位置 k 作为交叉位置,其中 $k \in \{1, \cdots, L\}$,L 为蝙蝠个体的编码长度,即测试用例的个数。

步骤 2:父蝙蝠 F_1 的前 k 个基因遗传作为 B_1 的第一个基因片段 $B_{1,1}$。

步骤 3:遍历父蝙蝠 F_2 的基因序列,若该基因存在于子蝙蝠 B_1 的第一个基因片段中,则删除该基因,遍历完成后得到长度为 $L-k$ 的第二个基因片段 $B_{1,2}$。

步骤 4:将两个基因片段进行整合得到子蝙蝠 B_1。

步骤 5:子蝙蝠 B_2 的基因构造过程同子蝙蝠 B_1,算法结束。

这里给出一个蝙蝠更新交叉操作的例子。

假设存在父蝙蝠 F_1 和 F_2,蝙蝠的编码长度 $L=5$,其表现形式如图 7-7 所示。

F_1 | 1 | 3 | 2 | 4 | 5

F_2 | 5 | 1 | 3 | 2 | 4

图 7-7 父蝙蝠的编码

第一步:假设生成交叉位置为 $k=2$,则根据步骤 2,得到基因片段 $B_{1,1}$,如图 7-8 所示。

$B_{1,1}$ | 1 | 3

图 7-8 得到的基因片段

第二步:根据步骤 3,依次遍历 F_2 的基因序列,由于 1 和 3 两个基因片段在 $B_{1,1}$ 中出现,将其删除,遍历完成后得到基因片段 $B_{1,2}$,如图 7-9 所示。

$B_{1,2}$ | 5 | 2 | 4

图 7-9 删除后得到的基因片段

第三步:对基因片段$B_{1,1}$和$B_{1,2}$进行整合,得到子蝙蝠B_1,如图 7-10 所示。

$$B_1 \quad \boxed{1 \quad 3 \quad 5 \quad 2 \quad 4}$$

图 7-10　得到的子蝙蝠B_1

第四步:生成子蝙蝠B_2的操作与B_1类似,得到的B_2如图 7-11 所示,算法至此结束。

$$B_2 \quad \boxed{5 \quad 1 \quad 3 \quad 2 \quad 4}$$

图 7-11　得到的子蝙蝠B_2

根据上述的分析研究,得到了蝙蝠速度和位置更新的表达式,所以对式(7-31)~式(7-33)进行更新,具体表现形式如式(7-49)~式(7-51)所示。

$$f_{i1}, f_{i2} = \text{randi}(1, L) \tag{7-49}$$

$$v_i^{t+1} = \text{cross}_{f_{i1}}(v_i^t, x_*) \tag{7-50}$$

$$x_i^{t+1} = \text{cross}_{f_{i2}}(v_i^{t+1}, x_i^t) \tag{7-51}$$

其中,$\text{randi}(x, y)$代表随机生成$[x, y]$区间内一个正整数,$\text{cross}_k(x, y)$代表对x和y两个染色体以k为交叉点进行交叉操作。

(3) 蝙蝠变异策略

蝙蝠免疫算法包含变异机制,常规的变异方法已经不适用于测试用例优先级排序的问题,所以本书提出基因优化置换操作,其思想是从基因中随机选择一定数目的基因,在后面的基因中随机选择该位置最优的基因进行替换,基因优化置换操作的步骤如下。

步骤 1:随机选取一个变异数目k,$k \in \{0, \cdots, L\}$,L 为粒子个体的编码长度,即测试用例的个数。

步骤 2:随机选择一个基因,计算该基因前所有基因对测试点的覆盖。

步骤 3:根据指定规则选择该基因后面的基因,与该基因进行对比,选择其中对未覆盖的测试点覆盖率/时间消耗最小的基因与选择的基因进行置换。

步骤 4:判断迭代次数是否达到变异数目,如果没有,则跳回步骤 2;否则输出变异后的基因。

2. 算法流程

基于以上分析,可以得出蝙蝠免疫算法的步骤如下。

步骤 1:初始化参数,包括蝙蝠种群规模 m、迭代次数 maxGEN、蝙蝠位置x_i($i = 1$, $2, \cdots, m$)和速度v_i、声波频率f_i、声波响度A_i以及频度r_i,输入目标函数$f(x)$,设置 Pareto 最优解集 NDSet,初始为空。

步骤 2:将蝙蝠分为支配解集和非支配解集,非支配解集中的集加入 NDSet,同时设置复制蝙蝠群体得到一个新蝙蝠群体。

步骤 3:根据轮盘选择法找出当前种群中的最优蝙蝠位置 x^*,并根据式(7-49)~式(7-51)对蝙蝠的速度和位置进行更新。

步骤 4:开始对蝙蝠进行更新操作,在区间$[0,1]$上生成随机数 rand1,如果 rand1 > r_i,根据式(7-34)在被选择的全局最优解周围随机生成局部解,否则使用式(7-33)对蝙蝠的位置进行更新。

步骤 5：在区间[0,1]上生成随机数 rand2，如果 rand2＜A_i，这个时候有以下 3 种可能。

- 步骤 4 中的新解支配原蝙蝠，则更新为新解位置，并使用式(7-36)和式(7-37)减小A_i和增大r_i。
- 原蝙蝠支配步骤 4 中的新解，则不做任何操作。
- 若两者无支配关系，则将新解加入复制的新蝙蝠群体中，更新为新解位置，并使用式(7-36)和式(7-37)减小A_i和增大r_i。

步骤 6：判断所有蝙蝠的更新操作是否完成，没有则返回步骤 4，否则对新蝙蝠群体进行克隆免疫选择操作。

步骤 7：判断是否满足最大迭代次数，没有的话跳到步骤 4，否则输出 NDSet。

7.4.5 实验分析

1. 测试用例集

本节实验从 SIR 中选取了 5 个 C 语言被测程序，分别是 flex、grep、space、schedule 和 printtokens。程序中包含源代码、测试用例集、注入的故障点、运行的脚本等内容，本节选用测试点为开发者注入的故障点，并写脚本获得测试用例的执行时间作为成本，具体内容如表 7-3 所示。

表 7-3 测试程序

程序名称	描述	LOC	测试用例数量	测试点数目
flex	快速词法分析器	10 459	567	14
grep	正则表达式应用程序	10 058	809	18
space	ADL 语言解释器	9 126	13 585	35
schedule	用于优先级调度程序的程序	299	2 650	9
printtokens	词法分析器	420	4 130	7

由于 5 个被测程序的测试用例池中包含大量的冗余测试用例，所以在实验准备阶段从测试用例池中选取了一个冗余度相对较小的测试用例集作为实验的测试用例集。

本节主要从以下两个方向讨论测试用例优先级相关问题。

① Pareto 最优解集的分布情况。

② 对 APTC 指标的优劣进行分析。

2. 实验设计和结果分析

本书算法的参数设置为种群数 100，克隆群体数为 50，α 为 0.8，γ 为 1.5，迭代次数为 100。测试程序中 flex、grep、schedule 和 printtokens 选择了 50 个测试用例，space 选择了 200 个测试用例。本书复现了多目标粒子群算法的测试用例优先级排序算法(Additional-Particle Swarm Optimization，A-PSO)[15]，该算法实现了一种多目标粒子群算法来解决测试用例优先级排序问题,将排序问题转化为有向图,并对粒子采用了序列编码来表示测试用例的排序,同时为了解决易陷入局部最优问题引入了 Additional 策略。

(1) 问题一

为了验证 AIBAT 得到的 Pareto 解集的质量,用 AIBAT 与对比算法来对测试用例集进行排序,并把二者所得的解集进行比较。二者的 Pareto 解集分布如图 7-12 所示。其中,横坐标代表 EET,纵坐标代表 APTC,图中·表示用 AIBAT 得到的 Pareto 解集,★表示用 A-PSO 得到的 Pareto 解集。

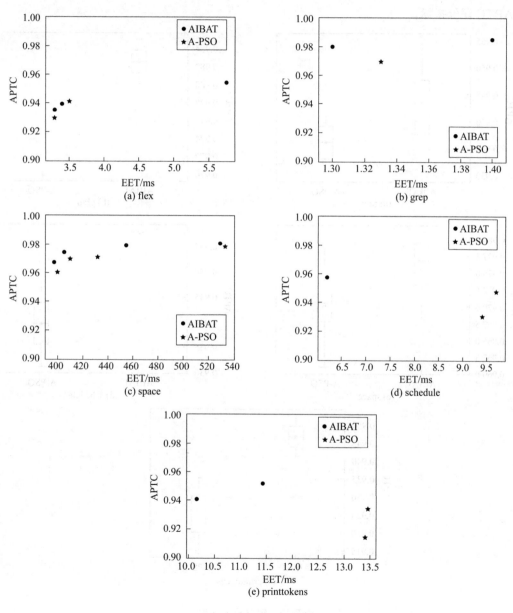

图 7-12　Pareto 解集

比较图 7-12 中不同程序的实验结果,可以看出用 AIBAT 算法得到的结果总体上更偏向于左上方,即解收益型优化目标 APTC 较大,这代表 AIBAT 算法可以更快地检测到被测程序的测试点,消费型优化目标 EET 较小,代表经过排序后的测试用例可以更快地覆盖所有测试点,所以整体解和分布是优于 A-PSO 算法的。总体来说,AIBAT 算法得到的解能在更短的时间内更高效地得到较高的测试点覆盖率。

(2)问题二

缺陷检测速率如图 7-13 所示。其中,横坐标为不同的 TCP 问题求解方法,纵坐标为 APTC 评价指标。

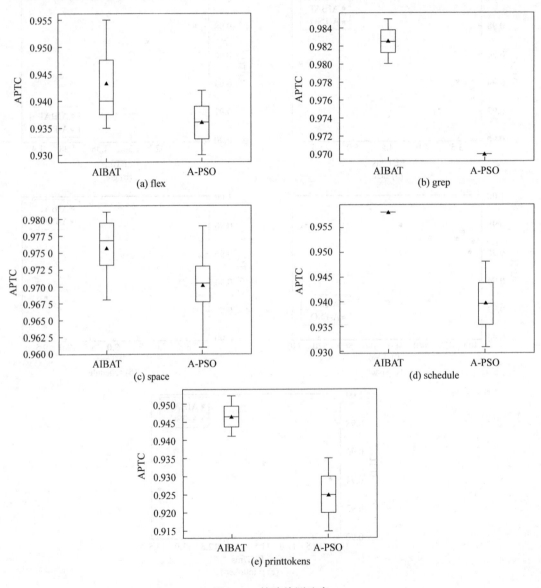

图 7-13　缺陷检测速率

分析一下本节算法和对比算法求出来的不同测试程序的 APTC 指标,图 7-13 中主要体现了两种信息,分别是范围和均值。首先看范围,由于不同的测试用例集大小、覆盖率等环境不同,可以看出经过排序后的解集中,APTC 的数量范围等没有明显的规律,例如,在 flex、grep 和 space 3 个被测程序中,APTC 的范围和波动较大,而在 schedule 和 printtokens 测试程序中,APTC 的范围与波动较小,这与测试用例集有关。但是从均值上来看,本书提出的算法均值普遍高于 A-PSO 算法,因此在这个方面,本节提出的算法具有更好的求解能力。

本章参考文献

[1] Rothermel G,Untch R H,Chu C,et al. Prioritizing test cases for regression testing[J]. IEEE Transactions on Software Engineering,2000,27(5):102-112.

[2] 郑金华. 多目标进化算法及其应用[M]. 北京:科学出版社,2007.

[3] Pareto V. Cours Economic Politique,volume I and II [M]. Lausanne and Paris: Rougeand Cie,1897.

[4] Michalewicz Z,Krawczyk J B,Kazemi M,et al. Genetic algorithms and optimal control problems[C]//IEEE Conference on Decision & Control. IEEE,1990.

[5] Cavicchio J,Daniel J. Reproductive adaptive plans[C]//In Proc of the ACM 1972 Annual Conf. ,1972.

[6] Colorni A. Distributed optimization by ant colonies[C]//Proc of the First European Conference on Artificial Life. The MIT Press,1991.

[7] Elbaum S,Malishevsky A,Rothermel G. Incorporating varying test costs and fault severities into test case prioritization[C]//Icse. IEEE,2001.

[8] Li Z,Harman M,Hierons R. Search Algorithms for Regression Test Case Prioritization [J]. IEEE Transactions on Software Engineering,2007,33(4):225-237.

[9] 张卫祥,魏波,杜会森. 一种基于遗传算法的测试用例优先排序方法[J]. 小型微型计算机系统,2015,36(9):1998-2002.

[10] Kennedy J,Eberhart R. Particle Swarm Optimization[C]//Icnn95-international Conference on Neural Networks. IEEE,1995.

[11] Tyagi M,Malhotra S. Test case prioritization using multi objective particle swarm optimizer[C]//2014 International Conference on Signal Propagation and Computer Technology (ICSPCT). IEEE,2014.

[12] Niu B,Zhu Y,He X. Multi-population Cooperative Particle Swarm Optimization [C]// ECAL'05,Springer,Berlin,Heidelberg,2005:874-883.

[13] Chen Y,Li Z,Zhao R. Applying PSO to multi-objective test cases prioritization

[J]. Computer Science,2014,41(5)：72-77.

[14]　陈云飞,李征,赵瑞莲.基于 PSO 的多目标测试用例预优化[J].计算机科学,2014,41(5):72-77.

[15]　杨芳.基于多目标粒子群算法的测试用例优先级排序研究[D].重庆:西南大学,2017.